Leitfäden und Monographien der Informatik

Ingo Wegener
Theoretische Informatik

Leitfäden und Monographien der Informatik

Die Leitfäden und Monographien behandeln Themen aus der Theoretischen, Praktischen und Technischen Informatik entsprechend dem aktuellen Stand der Wissenschaft. Besonderer Wert wird auf eine systematische und fundierte Darstellung des jeweiligen Gebietes gelegt. Die Bücher dieser Reihe sind einerseits als Grundlage und Ergänzung zu Vorlesungen der Informatik und andererseits als Standardwerke für die selbständige Einarbeitung in umfassende Themenbereiche der Informatik konzipiert. Sie sprechen vorwiegend Studierende und Lehrende in Informatik-Studiengängen an Hochschulen an, dienen aber auch in Wirtschaft, Industrie und Verwaltung tätigen Informatikern zur Fortbildung im Zuge der fortschreitenden Wissenschaft.

Theoretische Informatik

Eine algorithmenorientierte Einführung

Von Prof. Dr. math. Ingo Wegener
Universität Dortmund

B. G. Teubner Stuttgart 1993

Prof. Dr. math. Ingo Wegener

Geboren 1950 in Bremen, Studium der Mathematik und Soziologie in Bielefeld, Diplom 1976, Promotion 1978, Habilitation 1981. Von 1980 bis 1987 zunächst als Gastprofessor dann als C3-Professor am Fachbereich Informatik der Johann Wolfgang Goethe-Universität in Frankfurt am Main, seit 1987 als C4-Professor für das Gebiet Komplexitätstheorie und Effiziente Algorithmen am Fachbereich Informatik der Universität Dortmund.

Die Deutsche Bibliothek - CIP-Einheitsaufnahme

Wegener, Ingo:
Theoretische Informatik : eine algorithmenorientierte Einführung / von Ingo Wegener. - Stuttgart : Teubner, 1993
(Leitfäden und Monographien der Informatik)

ISBN 978-3-519-02123-0 ISBN 978-3-322-94687-4 (eBook)

DOI 10.1007/978-3-322-94687-4

Gesamtherstellung: Zechnersche Buchdruckerei GmbH, Speyer
Einband: P.P.K,S.-Konzepte, T. Koch, Ostfildern/Stuttgart

Vorwort

Die Theoretische Informatik ist älter als die Praktische, Angewandte oder Technische Informatik. Daher ist sie als wissenschaftliche Disziplin bereits weiter ausgebaut als andere Bereiche der Informatik, und ihre Ergebnisse sind schwerer zugänglich, da sie auf ein größeres und tieferes Fundament aufbauen. Stark verästelte Theorien tendieren dazu, sich als Selbstzweck aufzufassen und als l'art pour l'art betrieben zu werden. In der vorliegenden Einführung in die Theoretische Informatik begegnen wir dieser Gefahr, indem wir die Orientierung moderner Theorien an den Anwendungen in den Mittelpunkt stellen. Schon Novalis (1772–1801) hat darauf hingewiesen, daß die Theorie häufig den Anwendungen vorauseilt: „Wenn die Theorie auf die Erfahrung warten sollte, so käme sie nie zustande."

Nicht immer sind die Anwendungen von Ergebnissen der Theoretischen Informatik so direkt zu sehen wie die Anwendungen anderer Zweige der Informatik. Dies gilt insbesondere für negative Resultate. Dabei sind deren Konsequenzen klar. Wenn wir beweisen, daß es bestimmte für die Praxis wünschenswerte Werkzeuge oder Algorithmen nicht geben kann, muß die unsinnige, weil hoffnungslose Arbeit an diesen Werkzeugen oder Algorithmen eingestellt und statt dessen die Suche nach bestmöglichen Auswegen begonnen werden.

Andererseits sind positive Resultate nicht automatisch anwendungsorientiert. Existenzaussagen oder Algorithmen mit exponentieller oder noch größerer Laufzeit sind häufig praktisch wertlos. Das Neue an der vorliegenden Einführung in die Theoretische Informatik ist die konsequent algorithmenorientierte Sichtweise (zum didaktischen Hintergrund siehe Wegener (1992)). Stets wurde bei positiven Resultaten eine Umsetzung in praktisch und theoretisch effiziente Algorithmen angestrebt. Um den Rahmen nicht zu sprengen, geben wir uns in einigen wenigen Fällen mit einfachen effizienten Algorithmen zufrieden, wenn eine weitere Effizienzsteigerung nur mit komplizierten Datenstrukturen möglich und die Verbesserung marginal ist.

Das Buch enthält eine Einführung in die zentralen Gebiete der Theoretischen Informatik: Komplexitätstheorie mit den Bereichen Entscheidbarkeit und NP-Vollständigkeit, Automatentheorie, Grundlagen von Programmiersprachen und Syntaxanalyse. Die Kernbereiche des Buches bilden den Stoff einer vierstündigen Einführungsvorlesung in die Theoretische Informatik, so wie sie an den deutschen Universitäten vorgesehen ist. Als Umfang einer derartigen Vorlesung schlage ich die folgenden Kapitel vor: 1, 2.1–2.5, 2.6 bis 2.6.8, 2.7, 2.8, 3.1–3.4, 4.1–4.3, 4.4. bis 4.4.6, 4.6, 5.1, 5.2, 5.3 bis 5.3.4, 6.1, 6.2 bis 6.2.2, 6.3–6.5, 6.6 bis 6.6.2, 6.7, 7.1 bis 7.1.3, 7.2–7.4 und 9.1. Die weiteren Kapitel bieten Stoff für sinnvolle Ergänzungen, die als spezielle Schwerpunkte in die Vorlesung eingebaut werden können. Es kann aber auch empfohlen werden, einige der ergänzenden Abschnitte in einem die Vorlesung begleitenden Proseminar zu behandeln. Die vorgeschlagenen Übungsaufgaben beziehen sich vor allem auf die Kernbereiche und sind in ihrem Schwierigkeitsgrad auf Studierende im Grundstudium zugeschnitten. Das Buch schließt mit einer Zusammenfassung der erzielten Resultate, um Querverbindungen aufzuzeigen, und einer Liste von typischen Prüfungsfragen über den behandelten Stoff.

Für die sorgfältige und rasche Erstellung des Manuskripts bedanke ich mich bei Matthias Bußmann, Werner Traidl, Ludwig Voß und vor allem bei Heike Griehl. Für Anregungen, Diskussionen, Beispiele und Korrekturen danke ich Bea Bollig, Martin Dietzfelbinger, Matthias Frommknecht, Heike Griehl, Jozef Gruska, Thomas Hofmeister, Friedhelm Meyer auf der Heide, Uwe Schöning, Ricki Wegner, Derick Wood und Detlef Wotschke. Christa danke ich dafür, daß sie mich anregt, nicht nur die Theoretische Informatik von immer neuen Seiten zu betrachten.

Dortmund/Bielefeld, im Oktober 1992 Ingo Wegener

Inhaltsverzeichnis

1 Einleitung

Einführungen in die Theoretische Informatik gehören an allen deutschen Universitäten im Studiengang Informatik zu den Pflichtvorlesungen im Grundstudium. Häufig bilden sie jedoch die ungeliebteste Grundstudiumsveranstaltung. Dies liegt nur teilweise an falschen Erwartungen an ein Informatikstudium. Die Inhalte der Theoretischen Informatik sind nicht so direkt anwendbar wie viele Inhalte der Grundvorlesungen über Programmierung, Rechnerarchitektur, Hardware, Datenstrukturen und den Entwurf effizienter Algorithmen. Dafür sind die Erkenntnisse der Theoretischen Informatik oft allgemeiner, umfassender und weitreichender als in den anderen Gebieten der Informatik. Mit dem vorliegenden Buch sollen die Leserinnen und Leser (wenn sie es nicht schon sind) davon überzeugt werden, daß die Theoretische Informatik nicht eine lästige Pflichtvorlesung ist, sondern daß moderne Informatikerinnen und Informatiker keine qualifizierte Arbeit ohne solide Theoriekenntnisse leisten können und daß diese Kenntnisse in der praktischen Arbeit anwendbar sind.

Im Gegensatz zu vielen anderen einführenden Lehrbüchern in die Theoretische Informatik richtet sich der Aufbau hier nicht nach der Berechnungskraft der behandelten Rechnermodelle. Stattdessen wurde eine Themenfolge gewählt, in der die behandelten Probleme gut motiviert werden können.

In anderen Vorlesungen im Grundstudium wird gezeigt, wie Probleme mit Rechnerhilfe gelöst werden können und wie gute Rechner konzipiert sind. Grenzen scheinen vor allem in der „noch nicht genügend großen“ Rechengeschwindigkeit und den „noch nicht genügend leistungsstarken“ Speichermedien zu liegen. Gibt es auch prinzipielle Grenzen? Gibt es also (wichtige, interessante) Probleme, die prinzipiell, fernab von physikalischen und elektrotechnischen Beschränkungen, nicht von Rechnern gelöst werden können?

Vor einer Beantwortung dieser Fragen müssen wir klären, was wir unter Rechnern und was wir unter Problemen verstehen wollen. Dazu stellen wir in Kapitel 2 Registermaschinen und Turingmaschinen vor. Registermaschinen bilden ein stark vereinfachtes Modell realer Rechner und dienen daher auch als Basis für realistische Rechenzeitbetrachtungen. Turingmaschinen wirken dagegen wie Steinzeitrechner, deren Betrachtung überholt ist. Es stellt sich jedoch heraus, daß alle bekannten Modelle universeller Rechner, darunter auch die Modelle der Registermaschinen und Turingmaschinen, die gleiche Klasse von Problemen lösen können. Darüber hinaus hängt die Rechenzeit zwar vom Rechnermodell ab, aber was in einem Modell effizient, d. h. in polynomieller Zeit, berechenbar ist, ist auch in den anderen Modellen effizient berechenbar. Die Churchsche These (und eine Verallgemeinerung) erweitert dies zu der umfassenden Hypothese, daß die Frage, ob ein Problem mit Rechnerhilfe (effizient) lösbar ist, für alle universellen Rechnermodelle die gleiche Antwort hat. Damit haben wir die Basis geschaffen, um die Frage zu behandeln, ob ein bestimmtes Problem mit Rechnerhilfe lösbar ist. Viele unserer Betrachtungen basieren auf dem Modell der Turingmaschine, da einzelne Rechenschritte einer Turingmaschine nur sehr lokale Wirkungen haben und es daher für Turingmaschinen einfacher als für andere Rechnermodelle ist, den Rechenweg formal zu verfolgen. Turingmaschinen bilden somit ein Modell, für das sich auf relativ einfache Weise Erkenntnisse für alle Rechner ableiten lassen. Niemand wird aufgefordert, Turingmaschinen zu bauen oder praktisch zu benutzen.

Was sind Probleme? Für bestimmte Eingaben sollen bestimmte Ausgaben produziert werden. Die Ausgabe muß dabei nicht eindeutig sein. Bei Optimierungsproblemen suchen wir normalerweise nach einer von eventuell vielen optimalen Lösungen und nicht nach einer bestimmten optimalen Lösung. Eingaben und Ausgaben werden dabei über einem endlichen Alphabet Σ, rechnerintern $\Sigma = \{0,1\}$, codiert. Damit ist ein für die Behandlung in einem Rechner geeignetes Problem eine Relation R auf $\Sigma^* \times \Sigma^*$, wobei Σ^* die Menge aller endlichen Strings (Wörter, manchmal auch Folgen) über dem Alphabet Σ ist. Das Paar (x, y) liegt in R, wenn y eine zulässige Ausgabe zu der Eingabe x ist.

Wenn wir nach negativen Aussagen suchen (ein Problem kann von keinem Rechner gelöst werden), genügt es, eingeschränkte Klassen von Problemen zu betrachten. Häufig beschränken wir uns auf Funktionen $f : \Sigma^* \to \Sigma^*$, bei denen jeder Eingabe genau eine Ausgabe zugeordnet ist. Viele Probleme lassen sich sogar als Ja-Nein-Fragen formulieren „Gibt es ...?“ und somit durch Funktionen $f : \Sigma^* \to \{0,1\}$ ausdrücken. Derartige Probleme identifizieren wir mit der „Sprache“ $L := f^{-1}(1)$. Der Ausdruck Sprache beruht auf dem wichtigen Problem der Erkennung syntaktisch korrekter Programme. Es sei $f(w) = 1$ genau dann, wenn der String w ein syntaktisch korrektes Programm in einer gegebenen Programmiersprache darstellt. Dann ist $f^{-1}(1)$ die Menge der syntaktisch korrekten Programme und kann mit der zugehörigen Programmier„sprache“ identifiziert werden. Indem wir Relationen, Funktionen und Sprachen als Probleme auffassen, haben wir eine umfassende Beschreibung aller (prinzipiell für Rechner geeigneten) Probleme.

Im weiteren Verlauf von Kapitel 2 wird für einige konkrete und wichtige Probleme gezeigt, daß sie von keinem Rechner gelöst werden können. Bereits hier in der Einleitung wollen wir klarmachen, daß Existenzaussagen oft zwar einfach zu erzielen sind, aber für die Praxis wertlos sein können.

Es ist nämlich sehr einfach, die Existenz von Funktionen $f : \{0,1\}^* \to \{0,1\}$ zu beweisen, die von keinem !-Rechner mit ?-Programmen berechnet werden können, selbst wenn Speicherplatz und Rechenzeit nicht begrenzt sind. Die Leserin und der Leser dürfen bei diesen Überlegungen !-Rechner und ?-Programme durch ihre Lieblingsrechner und Lieblingsprogrammiersprachen ersetzen. Wir müssen uns nur darüber einig sein, daß Programme Texte endlicher Länge über einem endlichen Alphabet sind. Daraus folgt nämlich, daß es nur abzählbar unendlich viele verschiedene Programme gibt, während es überabzählbar unendlich viele Funktionen $f : \{0,1\}^* \rightarrow \{0,1\}$ gibt. Da jedes Programm nur eine Funktion berechnet, muß es nicht berechenbare Funktionen geben. Wir können noch mehr zeigen. Zwischen der Menge der reellen Zahlen in $[0,1]$ und der Menge der Funktionen $f : \{0,1\}^* \rightarrow \{0,1\}$ existiert eine bijektive Abbildung g. Wir wählen nun eine zufällige Funktion f, indem wir $a \in [0,1]$ nach der Gleichverteilung und f als $g(a)$ wählen. Analog zu der Aussage der Wahrscheinlichkeitstheorie, daß a mit Wahrscheinlichkeit 0 eine rationale Zahl ist, folgt, daß $g(a)$ mit Wahrscheinlichkeit 0 eine berechenbare Funktion ist. Trotzdem gibt es natürlich rationale Zahlen und berechenbare Funktionen. Im normalen Leben begegnen wir sogar fast nur rationalen Zahlen und berechenbaren Funktionen. Unsere Überlegungen sollten ja auch nur nachweisen, wie wenig wir teilweise mit Existenzaussagen im Alltag und in den Anwendungen der Informatik anfangen können. Vielleicht sind alle uns interessierenden Probleme lösbar und alle uns interessierenden Funktionen berechenbar?! In diesem Buch suchen wir daher nach konkreten Antworten und nicht nach Existenzaussagen.

Die Theoretische Informatik wird auch deswegen oft als „schwer" empfunden, weil wichtige Resultate erst nach einigen Umwegen gefunden werden. So werden wir in Kapitel 2 auch erst für ein konkretes, aber praktisch völlig uninteressantes Problem nachweisen, daß es von Rechnern nicht gelöst werden kann. Mit Hilfe dieses Ergebnisses ist es möglich, zu einem praktisch relevanten Resultat zu gelangen. Wir alle wissen, daß Programme oft nicht das tun, was sie tun sollen. Dies kann genauso an Denkfehlern beim Programmentwurf wie an Programmierfehlern liegen. Es wäre also schön, wenn wir die Korrektheit von Programmen mit Rechnerhilfe beweisen könnten. Ein Teilproblem ist die Entscheidung, ob ein Programm auf einer Eingabe nach endlicher Zeit stoppt. Für dieses sogenannte Halteproblem werden wir zeigen, daß es mit Rechnerhilfe nicht lösbar ist. Neben dem Ziel des Nachweises, daß dieses und weitere Probleme nicht von Rechnern gelöst werden können, verfolgen wir (hier und in den folgenden Kapiteln) das Ziel, Methoden vorzustellen und einzuüben, so daß die Leserin und der Leser für sie interessierende Probleme in der Lage sind, selber Beweise für deren Nichtlösbarkeit zu führen.

Haben derartige Resultate neben dem Erkenntnisgewinn (dem prinzipiellen Streben nach Erkenntnis und Wahrheit) auch praktischen Nutzen? Wenn wir nicht wüßten, daß es kein Programm für das Halteproblem gibt, würden wohl viele Informatikerinnen und Informatiker viel Zeit darauf verwenden, zu versuchen, ein Programm zur Lösung des Halteproblems zu schreiben. Negative Erkenntnisse führen nicht zu neuen Programmen, aber dazu, die Arbeit an nicht erreichbaren Zielen aufzugeben.

In Kapitel 3 wenden wir uns wieder lösbaren Problemen zu. Es gibt viele Optimierungsprobleme, die trivialerweise lösbar sind, da wir für jede Eingabe nur unter endlich vielen Alternativen eine beste auswählen müssen. Der naive Ansatz, alle Alternativen zu vergleichen, ist praktisch oft wertlos, da die Zahl der Alternativen exponentiell groß ist. Wir suchen daher nicht nur nach Algorithmen, sondern nach möglichst effizienten, zumindest aber polynomiellen Algorithmen. Wann dürfen wir aufgeben, wenn wir für ein Problem keinen effizienten Algorithmus finden? Sicher dann, wenn wir beweisen können, daß es für das untersuchte Problem keinen effizienten Algorithmus gibt. Allerdings sind unsere Beweismethoden für derartige Ergebnisse noch so schwach, daß es mehr als 1000 wichtige und praktisch relevante Probleme aus allen Bereichen der Informatik gibt, für die weder effiziente Algorithmen noch Beweise, daß es keine effizienten Algorithmen gibt, bekannt sind. Mit der NP-Vollständigkeitstheorie läßt sich nachweisen, daß es entweder für all diese Probleme polynomielle Algorithmen gibt oder für keines dieser Probleme. Da unsere Methoden zum Entwurf effizienter Algorithmen weit besser entwickelt sind als Methoden für den Nachweis der Unmöglichkeit polynomieller Algorithmen, wird allgemein angenommen, daß es für NP-vollständige Probleme keine effizienten Algorithmen gibt. Wenn diese sogenannte NP≠P-Vermutung akzeptiert wird, dient der Beweis der NP-Vollständigkeit eines Problems als Nachweis für die Nichtexistenz effizienter Algorithmen. Es lohnt sich dann nicht, weiter nach effizienten Algorithmen zu suchen. Statt dessen ist es vernünftig, nach Auswegen zu fahnden: effiziente Algorithmen für fast optimale, aber nicht notwendigerweise optimale Lösungen, Algorithmen, die für viele Eingaben effizient sind, probabilistische Algorithmen, die mit Zufallszahlen arbeiten und oft gute Resultate erzielen, oder heuristische Algorithmen. Die Erweiterung der NP-Vollständigkeitstheorie führt zu Methoden, um zu entscheiden, welche dieser Auswege für bestimmte Probleme ebenfalls ausgeschlossen sind. Die Fähigkeit, wichtige neue Varianten von bekannten Problemen nach ihrer Komplexität zu klassifizieren, also effiziente Algorithmen zu entwerfen oder deren Unmöglichkeit unter der NP≠P-Vermutung zu beweisen, gehört heute zum notwendigen Handwerkszeug von Informatikerinnen und Informatikern.

Bisher haben wir nach Algorithmen z. B. für Funktionen $f : \{0,1\}^* \rightarrow \{0,1\}$ gesucht. Derartige Algorithmen stellen Softwarelösungen dar, deren einzelne Schritte letztendlich auf Hardwareebene realisiert werden. Diese Ebene besteht aus Schaltwerken, also aus getakteten Schaltkreisen mit Rückkopplungen, die über Flip-Flops verzögert werden. Die Flip-Flops bilden einen Speicher fester Größe. Wenn dieser Speicher nicht ausreicht, müssen Daten auf andere Speichermedien ausgelagert werden. Probleme, für die eine solche Auslagerung von Daten notwendig ist, sind also von Schaltwerken nicht direkt lösbar. Es stellt sich daher die Frage, welche Probleme überhaupt und gegebenenfalls wie effizient von Schaltwerken gelöst werden können. Endliche Automaten werden sich in Kapitel 4 als in der Berechnungskraft äquivalent zu Schaltwerken erweisen. Außerdem bilden sie die naheliegende Beschreibungsform von durch Kontaktschwellen und Druckknöpfe gesteuerten Ampelanlagen, automatischen Waschmaschinen u. ä. Der Entwurf effizienter Schaltwerke besteht also aus zwei Phasen, dem Entwurf „kleiner" Automaten für ein Problem und deren Übersetzung in „kleine" Schaltwerke. Wir werden die erste Phase behandeln, die zweite muß Spezialvorlesungen vorbehalten bleiben. Für verschiedene Automatenmodelle wird gezeigt, daß sie die gleichen Probleme lösen, sich aber in ihrer minimalen Größe für ein Problem erheblich unterscheiden können. Wir geben uns dabei nicht mit Aussagen wie „Wenn es einen Automaten des Modells A für das Problem P gibt, dann gibt es auch einen Automaten des Modells B für P" oder „Wenn es Automaten für die Probleme P_1 und P_2 gibt, dann gibt es auch einen Automaten für das auf bestimmte Weise aus P_1 und P_2 zusammengesetzte Problem P" zufrieden, sondern entwerfen jeweils effiziente Algorithmen zur Konstruktion der neuen Automaten.

Erstaunlicherweise gibt es sogar effiziente Algorithmen, um aus einem Automaten einen Automaten minimaler Größe für das gleiche Problem zu konstruieren. In diesem Teilbereich können wir aus einem „Algorithmus" (Automaten) effizient einen „optimalen Algorithmus" (minimalen Automaten) berechnen. Darüber hinaus werden Methoden vorgestellt, mit denen nachgewiesen werden kann, daß es für bestimmte Probleme keine endlichen Automaten und damit keine Schaltwerke gibt.

Nach dieser Einführung in die Komplexitäts- und Automatentheorie wenden wir uns dem zweiten Hauptzweig der Theoretischen Informatik, der Grundlagen von Programmiersprachen, Syntaxanalyse, Semantik und Compilerbau umfaßt, zu. Programmiersprachen werden durch Regelsysteme definiert, die in Analogie zu den Regelsystemen natürlicher Sprachen Grammatiken genannt werden. Wie können wir entscheiden, ob eine Klasse von Grammatiken geeignet ist, Programmiersprachen zu beschreiben? Grundlegend sind zwei Forderungen. Einerseits muß die Klasse der Grammatiken so umfassend sein, daß moderne Programmiersprachen beschrieben werden können. Andererseits muß es effiziente Algorithmen für die Syntaxanalyse und insbesondere das Wortproblem geben. Das Wortproblem ist das Problem, für einen gegebenen String zu entscheiden, ob er ein syntaktisch korrektes Programm darstellt. Die Syntaxanalyse verlangt darüber hinaus eine Zerlegung des Programms anhand der Regeln der der Programmiersprache zugrundeliegenden Grammatik.

In Kapitel 5 werden die vier Grammatikklassen der Chomsky-Hierarchie vorgestellt. Erstaunlicherweise kennen wir zwei Klassen bereits. Die allgemeinste Grammatikklasse beschreibt die Klasse der von Turingmaschinen semientscheidbaren Sprachen. Sie ist für den Entwurf von Programmiersprachen ungeeignet, da das Wortproblem nicht einmal entscheidbar ist. Zu der eingeschränktesten Grammatikklasse gehört die Klasse der von endlichen Automaten entscheidbaren Sprachen. Da von ihr nicht einmal wohlgeformte Klammerausdrücke erzeugt werden können, ist diese Grammatikklasse zu eingeschränkt, um als Grundlage für den Entwurf von Programmiersprachen dienen zu können. Es bleiben noch die Klassen der kontextfreien und kontextsensitiven Grammatiken übrig. Bei der Untersuchung kontextsensitiver Sprachen helfen uns unsere Erkenntnisse aus der Komplexitätstheorie. Es gelingt, die Klasse der kontextsensitiven Sprachen als Klasse der von geeignet speicherplatzbeschränkten Turingmaschinen erkannten Sprachen zu charakterisieren. Damit ist das Wortproblem selbst für spezielle kontextsensitive Grammatiken NP-vollständig, während wir für die Syntaxanalyse sehr effiziente Algorithmen brauchen.

In Kapitel 6 wenden wir uns den kontextfreien Sprachen zu. Sie sind mächtig genug, um moderne Programmiersprachen zu beschreiben, und es gibt für sie effiziente Algorithmen, um sie in eine Form zu bringen, für die ein Syntaxanalysealgorithmus mit kubischer Laufzeit existiert. Es gibt auch effiziente Algorithmen, um aus kontextfreien Grammatiken kontextfreie Grammatiken für zusammengesetzte Sprachen zu erzeugen, und Hilfsmittel, um zu zeigen, daß Sprachen nicht kontextfrei sind. Zu diesen guten Nachrichten gesellen sich auch schlechte Nachrichten. So ist die Klasse der kontextfreien Sprachen nicht gegen Komplementbildung und Durchschnitt abgeschlossen, und wichtige Probleme sind mit Rechnerhilfe gar nicht lösbar. Dazu gehört das Problem, für zwei kontextfreie Grammatiken zu entscheiden, ob sie die gleiche Programmiersprache beschreiben. In Kapitel 7 ergänzen wir unsere Kenntnisse über kontextfreie Sprachen durch die Einführung eines Maschinenmodells, mit dem das Wortproblem genau für kontextfreie Sprachen entschieden werden kann.

Für die Anwendungen sind die Syntaxanalysealgorithmen für kontextfreie Sprachen noch zu langsam. Gesucht sind Grammatikklassen mit linearen Syntaxanalysealgorithmen, die aber noch mächtig genug sind, um moderne Programmiersprachen beschreiben zu können. In Kapitel 8 werden daher Einschränkungen an die Klasse der kontextfreien Grammatiken und Sprachen diskutiert, die diesem Ziel dienen.

Das abschließende Kapitel 9 ist als Serviceleistung zu verstehen. Zunächst werden die erzielten Resultate nach verschiedenen Kriterien zusammengefaßt, um weitere Querverbindungen aufzuzeigen. Zur Lernkontrolle folgt eine Sammlung von Testfragen, wie sie typischerweise in Vordiplomprüfungen gestellt werden.

Das Schriftenverzeichnis geht auf den Lehrbuchcharakter des vorliegenden Buches ein. Es wird eine Reihe von Lehrbüchern genannt, die sich mit ähnlichen oder weiterführenden Inhalten beschäftigen. Sie sind so ausgewählt, daß sie in Aufbau und Stil eine große Bandbreite darstellen und daher als Ergänzung und als Vergleich zu Rate gezogen werden können. Darüber hinaus ist es nicht das Ziel gewesen, ein möglichst umfassendes Schriftenverzeichnis zu erstellen. Es werden die Quellen der wichtigsten und berühmtesten Sätze ebenso genannt wie die Quellen spezieller Resultate, jedoch wird für die zum Allgemeingut gehörenden Resultate häufig auf Literaturhinweise verzichtet.

Der Leserin und dem Leser wünsche ich nun viel Spaß und Erfolg bei der Erarbeitung der grundlegenden Ergebnisse der Theoretischen Informatik.

2 Turingmaschinen, Churchsche These und Entscheidbarkeit

2.1 Registermaschinen und deterministische Turingmaschinen

Aussagen zur Komplexität von Problemen und zur Effizienz von Algorithmen sind nur dann von allgemeiner Bedeutung, wenn sie nur unwesentlich von der verwendeten Programmiersprache und dem zugrundeliegenden Rechnertyp abhängen. Turingmaschinen werden sich als geeignetes Modell erweisen, um zu prüfen, welche Probleme berechenbar und welche Probleme in polynomieller Zeit lösbar sind. Turingmaschinen sind aber im allgemeinen um nicht zu vernachlässigende polynomielle Faktoren langsamer als reale Rechner. Weit näher an reale Rechner angelehnt ist das Modell der Registermaschinen (random access machine = RAM). Wir werden dieses Modell hier vorstellen, um in Kapitel 2.3 zu zeigen, daß Turingmaschinen und reale Rechner sich gegenseitig ohne superpolynomiellen Zeitverlust simulieren können. Die konkreten Aussagen über die Laufzeit von Algorithmen beziehen sich in diesem Buch immer auf reale Rechner, d. h. wir bewerten arithmetische Operationen, Zuweisungen, Vergleiche, usw. als elementare Rechenschritte. Der schematische Aufbau einer Registermaschine ist in Abb. 2.1.1 dargestellt.

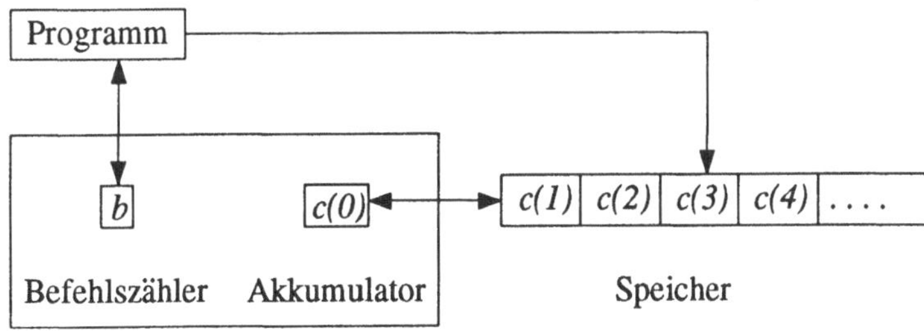

Abb 2.1.1: Aufbau einer RAM

Die Inhalte des Befehlszählers, des Akkumulators und der Register sind natürliche Zahlen, die beliebig groß sein können. Alle Register zusammen bilden den Speicher der RAM. Die Anzahl der Register ist unbeschränkt, damit Programme für beliebige Eingabelängen laufen können. Die Register haben auf natürliche Weise Adressen. Ein Programm ist eine endliche Folge von Befehlen aus einer noch zu spezifizierenden Befehlsliste. Die Programmzeilen sind, mit 1 beginnend, durchnumeriert. Der Befehlszähler b startet mit dem Wert 1 und steht später auf der Nummer des auszuführenden Befehls. In den ersten Registern des Speichers steht zu Beginn die Eingabe, in den weiteren Registern ebenso wie im Akkumulator 0. Am Ende der Rechnung stehen die Ausgabedaten in vorher festgelegten Registern. Der Inhalt von Register i wird mit $c(i)$ (c = *contents*) bezeichnet.

Wir listen nun die zulässigen Befehle auf.

LOAD i :	$c(0) := c(i),\ b := b+1.$
STORE i :	$c(i) := c(0),\ b := b+1.$
ADD i :	$c(0) := c(0) + c(i),\ b := b+1.$
SUB i :	$c(0) := \max\{c(0) - c(i), 0\},\ b := b+1.$
MULT i :	$c(0) := c(0) * c(i),\ b := b+1.$
DIV i :	$c(0) := \lfloor c(0)/c(i) \rfloor,\ b := b+1.$
GO TO j	$b := j.$
IF $c(0)?\ l$ *GO TO* j	$b := j$ falls $c(0)?\ l$ wahr ist, und
	$b := b+1$ sonst.
	(Dabei ist $? \in \{=, <, \leq, >, \geq\}$).
END	$b := b.$

Die Befehle *CLOAD*, *CADD*, *CSUB*, *CMULT* und *CDIV* entsprechen den Befehlen ohne den Präfix *C* (für Konstante), wobei auf der rechten Seite $c(i)$ durch die Konstante i ersetzt wird. Die Befehle *INDLOAD*, *INDSTORE*, *INDADD*, *INDSUB*, *INDMULT* und *INDDIV* entsprechen den Befehlen ohne den Präfix *IND* (für indirekte Adressierung), wobei in den jeweiligen Zeilen $c(i)$ durch $c(c(i))$ ersetzt wird.

Es sollte klar sein, daß es zwar mühevoll, aber nicht schwierig ist, alle Algorithmen und Programme auf Registermaschinen zu übertragen. Ganze Zahlen lassen sich in zwei, rationale Zahlen in vier Registern darstellen. Arrays und lineare Listen können ebenso benutzt werden wie allgemeine *if*-Abfragen und Schleifen. Durch die ausschließliche Benutzung von *GO-TO*-Sprungbefehlen werden die Programme schwer verständlich. Wir werden Programme und Algorithmen daher nicht auf Registermaschinen übertragen (das wäre eine schlimme Strafe). Die Zahl der Rechenschritte einer RAM unterscheidet sich jeweils nur um einen konstanten Faktor von der Zahl der Rechenschritte konkreter Rechner. Daher werden wir häufig auch vor allem die Größenordnung der Anzahl der Rechenschritte betrachten, da der konstante Faktor vom Rechnermodell abhängt.

Üblicherweise wird das uniforme Kostenmaß verwendet, wobei jede Programmzeile mit Ausnahme des Befehls *END* eine Kosteneinheit verursacht. Dieses Maß ist gerechtfertigt, solange nicht mit sehr großen Zahlen gerechnet wird. Rechenschritte mit sehr großen Zahlen können viele normale Rechenschritte in sich „verstecken". Dann ist das logarithmische Kostenmaß realistischer. Die Kosten eines Rechenschrittes entsprechen der Zahlenlänge der dabei benutzten Zahlen.

Wie schon in der Einleitung motiviert, werden wir Turingmaschinen als Rechnermodell benutzen. Sie wurden von Turing (1936) eingeführt. Wie bei den Registermaschinen (RAM's) gibt es einen unendlichen Speicher, den wir uns hier als zweiseitig unbeschränktes Band vorstellen. Die einzelnen Zellen des Bandes entsprechen den Registern der RAM. Allerdings können sie jeweils nur einen Buchstaben (ein Symbol) aus dem endlichen Bandalphabet Γ enthalten und nicht beliebige Zahlen. Auch haben die Zellen keine Adressen. Der Rechnerkopf schaut jeweils auf eine Zelle des Bandes. Der Zelle, auf die er zu Beginn schaut, geben wir die Nummer 1, die weiteren Zellen erhalten dann nach rechts die Nummern $2, 3, \ldots$ und nach links $0, -1, -2, \ldots$. Es sei noch einmal betont, daß diese Nummern nur für uns ein Hilfsmittel sind. Der Befehlszähler der Registermaschine wird hier durch eine endliche Zustandsmenge Q ersetzt. Der Rechner ist also zu jedem Zeitpunkt in einem Zustand $q \in Q$ und liest in einer Zelle einen Buchstaben $a \in \Gamma$. Das Programm ist nun eine Zustandsüberführungsfunktion $\delta : Q \times \Gamma \rightarrow Q \times \Gamma \times \{R, L, N\}$, die eine vollständige Beschreibung der Handlung darstellt. Da die Maschine im Zustand q ist und a liest, handelt sie gemäß der Anweisung $\delta(q, a) = (q', a', d)$. Sie wechselt in den Zustand q', ersetzt in der gelesenen Zelle den Buchstaben a durch a' und bewegt sich in Richtung d. Falls $d = R$, geht sie einen Schritt nach rechts, falls $d = L$, einen Schritt nach links, falls $d = N$, bewegt sie sich nicht.

Die Ausgangssituation ist die folgende. Die Eingabe ist ein Wort w über dem Eingabealphabet $\Sigma \subseteq \Gamma$, d. h. $w = (w_1, \ldots, w_n) \in \Sigma^*$. Hier, wie auch an vielen anderen Stellen, unterscheiden wir Vektoren $(w_1, \ldots, w_n)$ nicht von Strings $w_1 \ldots w_n$. Dabei steht w_1 in Zelle 1 und allgemein w_i in Zelle i. Alle anderen Zellen stellen wir uns als leer vor. Formal enthalten sie den ausgezeichneten Blankbuchstaben $B \in \Gamma - \Sigma$. Die Maschine befindet sich zu Beginn der Rechnung in einem ausgezeichneten Anfangszustand q_0. Zustände q, für die $\delta(q, a) = (q, a, N)$ für alle $a \in \Gamma$ gilt, heißen Stop- oder Endzustände. Die Maschine stoppt auch, wenn sie im Zustand q den Buchstaben a liest und $\delta(q, a) = (q, a, N)$ nur für diesen Buchstaben gilt. Wenn die Turingmaschine stoppt, steht das Ergebnis auf dem Band beginnend an der Kopfposition und endend in Zelle i, wenn Zelle $i + 1$ die erste Zelle rechts von der Kopfposition ist, die den Blankbuchstaben enthält. Wenn die Antworten binär sind, also nur aus „Ja" oder „Nein" bzw. 1 oder 0 bestehen, sagen wir, daß eine Eingabe akzeptiert wird bzw. nicht akzeptiert wird. In diesem Fall können wir die Ausgabe in die Zustände integrieren. Eine Eingabe wird dann akzeptiert, wenn die Rechnung in einem akzeptierenden Zustand $q \in F \subseteq Q$ stoppt. Wir können annehmen, daß alle akzeptierenden Zustände Stopzustände sind. Die Rechenzeit ist die Zahl der Zustandsübergänge, bis die Turingmaschine stoppt.

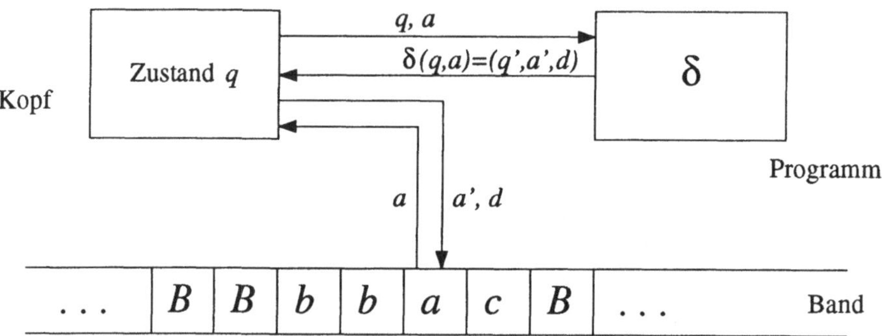

Abb. 2.1.2: Aufbau einer Turingmaschine

Formal besteht eine deterministische Turingmaschine (DTM oder TM) also aus folgenden Komponenten:

- Q, die endliche Zustandsmenge
- Σ, das endliche Eingabealphabet
- $\Gamma \supseteq \Sigma$, das endliche Bandalphabet
- $B \in \Gamma - \Sigma$, der Blankbuchstabe
- $q_0 \in Q$, der Anfangszustand
- δ, die Zustandsüberführungsfunktion ($\delta : Q \times \Gamma \to Q \times \Gamma \times \{R, L, N\}$)
- eventuell $F \subseteq Q$, die Menge der akzeptierenden Endzustände.

2.1.1 Definition

i) Eine Funktion $f : \Sigma^* \to \Sigma^*$ heißt total rekursiv (berechenbar), wenn es eine Turingmaschine gibt, die aus der Eingabe x den Funktionswert $f(x)$ berechnet.

ii) Eine Funktion $f : \mathbb{N}^k \to \mathbb{N}$ (beachte, daß $\mathbb{N}$ kein endliches Alphabet ist) heißt total rekursiv, wenn es eine Turingmaschine gibt, die für Eingaben vom Typ bin(i_1)#bin(i_2)#bin(i_3)#...#bin(i_k)# mit Ergebnis bin(m) stoppt, wenn $m = f(i_1, \ldots, i_k)$ ist. Dabei ist bin(j) die Binärdarstellung von j.

2.1.2 Definition

i) Eine Sprache $L \subseteq \Sigma^*$ heißt rekursiv (entscheidbar), wenn es eine Turingmaschine gibt, die auf allen Eingaben stoppt und die Eingabe w genau dann akzeptiert, wenn $w \in L$ ist.

ii) Eine Sprache $L \subseteq \Sigma^*$ heißt rekursiv aufzählbar (semientscheidbar), wenn es eine Turingmaschine gibt, die genau die Eingaben w akzeptiert, die aus L sind.

Die Turingmaschine in der Definition des Begriffs „rekursiv aufzählbar" muß also nicht für alle Eingaben stoppen. Für „schlechte Eingaben $w \notin L$" muß sie nie feststellen, daß $w \notin L$ ist. Sie darf nur nie entscheiden, daß w akzeptiert wird. Zum momentanen Zeitpunkt scheint dieser Begriff sinnlos zu sein. Dies ist aber nicht der Fall. Wenn wir in einem formalen System basierend auf endlich vielen Axiomen mit endlich vielen Schlußfolgerungsregeln Beweise führen (wie z. B. bei Korrektheitsbeweisen mit Hilfe der Prädikatensemantik), gilt, daß die Menge der Beweise rekursiv ist, während die Menge der wahren Theoreme (beweisbaren Theoreme) nur rekursiv aufzählbar ist. Dies wollen wir uns hier nur intuitiv klarmachen.

Wenn eine Zeichenkette gegeben ist, können wir leicht überprüfen, ob sie einen korrekten Beweis darstellt. Es darf nur auf Axiome zurückgegriffen werden. Für jede Schlußfolgerung können wir die Gültigkeit der Voraussetzungen ebenso überprüfen wie die Korrektheit der Folgerung. Wenn die Menge der Theoreme rekursiv wäre, würden sich viele Bereiche der Informatik und Mathematik erübrigen. Warum ist die Menge der Theoreme jedoch rekursiv aufzählbar? Wir können alle Zeichenketten aufzählen, für jede Zeichenkette können wir überprüfen, ob sie ein Beweis ist, und im positiven Fall nachschauen, ob sie das „Eingabetheorem" beweist. Wenn die Eingabe ein Theorem ist, finden wir irgendwann den Beweis und akzeptieren die Eingabe. Unser Verfahren stoppt allerdings für „Nichttheoreme" nie. Dies scheint auch notwendig so zu sein, da wir ja nie sicher sein können, daß nicht noch ein Beweis für unser Theorem in der Aufzählung unserer Beweise folgt. Die obige Argumentation ist zum momentanen Zeitpunkt höchst spekulativ. Wir haben über Algorithmen gesprochen, die alle möglichen Konzepte wie z. B. das Schleifenkonzept benutzen, während wir es doch mit Turingmaschinen zu tun haben. Unser Ziel ist es also, zu zeigen, daß wir über Turingmaschinen wie über „Rechner" reden können. Wir beginnen mit einem einfachen Entwurf einer Turingmaschine.

2.1.3 Beispiel Für Buchstaben a ist a^n der String, der n-mal den Buchstaben a enthält. Wir wollen die Sprache $L = \{0^n 1^n \mid n \geq 1\}$ erkennen. Dazu entwerfen wir zunächst einen Algorithmus, den wir dann in ein Turingmaschinenprogramm übersetzen.
Phase 1: Wir stellen fest, ob die Eingabe vom Typ $0^i 1^j$ mit $j \geq 1$ ist. Im negativen

Fall verwerfen wir die Eingabe.
Phase 2: Wir testen, ob $i = j$ ist.

Dazu benötigen wir die folgenden Zustände.

q_0: Lesen der Eingabe, solange nur Nullen gefunden werden; beim Finden einer Eins Wechsel in q_1. Wird keine Eins gefunden, Fehler.

q_1: Weiteres Lesen der Eingabe, solange Einsen gefunden werden. Wird noch eine Null gefunden, Fehler. Wird ein Blank gefunden, ist Phase 1 erfolgreich durchlaufen. Wechsel nach q_2 und zurück zum letzten Buchstaben.

q_2: Falls letzter Buchstabe eine 0, Fehler. Ebenso, falls letzter Buchstabe Blank. Sonst Eliminieren der letzten 1, Schritt nach links, Wechsel in q_3.

q_3: Überlaufen des Wortes nach links bis zum ersten Blank, dort nach rechts, Wechsel in q_4.

q_4: Wenn der linkeste Buchstabe eine 1 ist, gibt es mehr Einsen als Nullen, also Fehlermeldung, ebenso, wenn es keinen linkesten Buchstaben gibt, also ein Blank gefunden wird. Wenn jedoch eine 0 gefunden wird, wird diese gelöscht, Wechsel nach q_5. Wir haben jetzt die linkeste 0 und die rechteste 1 gelöscht.

q_5: Wir testen, ob das Restwort leer ist. In diesem Fall Wechsel in den akzeptierenden Zustand q_7. Sonst zu q_6.

q_6: Überlaufen des Restwortes nach rechts, bis der erste Blankbuchstabe gefunden wird, dann wieder nach links und in den Zustand q_2.

q_7: Akzeptierender Endzustand.

Wir geben nun die Funktionstafel für δ an, wobei wir der Übersichtlichkeit halber ein Stoppen (d. h. $\delta(q,a) = \delta(q,a,N)$) durch einen Strich anzeigen.

δ	0	1	B
q_0	$(q_0,0,R)$	$(q_1,1,R)$	–
q_1	–	$(q_1,1,R)$	(q_2,B,L)
q_2	–	(q_3,B,L)	–
q_3	$(q_3,0,L)$	$(q_3,1,L)$	(q_4,B,R)
q_4	(q_5,B,R)	–	–
q_5	$(q_6,0,R)$	$(q_6,1,R)$	(q_7,B,R)
q_6	$(q_6,0,R)$	$(q_6,1,R)$	(q_2,B,L)
q_7	–	–	–

Zur Korrektheit müßten wir eigentlich einen Induktionsbeweis über die Länge der Eingabe führen. Dies ersparen wir uns, da dieser Beweis im wesentlichen nur verifizieren müßte, daß unsere vorgegebene Interpretation der Zustände korrekt ist.

Für derartige Beweise ist der Begriff der Konfiguration einer Turingmaschine nützlich. Konfigurationen sind Momentaufnahmen während einer Rechnung.

2.1.4 Definition

i) Eine Konfiguration einer Turingmaschine ist ein String $\alpha q\beta$ mit $\alpha \in \Gamma^*$, $q \in Q$ und $\beta \in \Gamma^*$. Sie bedeutet, daß auf dem Band die Inschrift $\alpha\beta$ eingerahmt von lauter Blankbuchstaben steht, die Maschine im Zustand q ist und der Kopf auf die Zelle zeigt, die den ersten Buchstaben von β enthält.

ii) $\alpha' q' \beta'$ ist direkte Nachfolgekonfiguration von $\alpha q\beta$, wenn $\alpha' q' \beta'$ in einem Rechenschritt aus $\alpha q\beta$ entsteht, Notation $\alpha q\beta \vdash \alpha' q' \beta'$.

iii) $\alpha'' q'' \beta''$ ist Nachfolgekonfiguration von $\alpha q\beta$, wenn $\alpha'' q'' \beta''$ in endlich vielen Rechenschritten aus $\alpha q\beta$ entsteht, Notation $\alpha q\beta \overset{*}{\vdash} \alpha'' q'' \beta''$. Es gilt stets $\alpha q\beta \overset{*}{\vdash} \alpha q\beta$, da „kein Rechenschritt" auch in der Notation „endlich viele Rechenschritte" enthalten ist.

2.1.5 Beispiel (Fortsetzung von Beispiel 2.1.3)
Sei die Eingabe 0011. Mit ε bezeichnen wir das leere Wort. Dann sieht die Rechnung folgendermaßen aus.
$\varepsilon q_0 0011 \vdash 0q_0 011 \vdash 00q_0 11 \vdash 001q_1 1 \vdash 0011q_1 B \vdash 001q_2 1 \vdash 00q_3 1 \vdash 0q_3 01 \vdash \varepsilon q_3 001 \vdash \varepsilon q_3 B001 \vdash \varepsilon q_4 001 \vdash \varepsilon q_5 01 \vdash 0q_6 1 \vdash 01q_6 B \vdash 0q_2 1 \vdash \varepsilon q_3 0 \vdash \varepsilon q_3 B0 \vdash \varepsilon q_4 0 \vdash \varepsilon q_5 B \vdash \varepsilon q_7 B$. Hier stoppt die Rechnung. Da q_7 als akzeptierend definiert wurde, wird 0011 als Element der Sprache $\{0^n 1^n | n \geq 1\}$ erkannt. Es gilt $\varepsilon q_0 0011 \overset{*}{\vdash} \varepsilon q_7 B$. Allgemein gehört w zu der Sprache L, die eine Turingmaschine akzeptiert, wenn es eine Konfiguration $\alpha q\beta$ mit $q \in F$ gibt, so daß $\varepsilon q_0 w \overset{*}{\vdash} \alpha q\beta$ gilt.

Unsere Turingmaschine für $L = \{0^n 1^n | n \geq 1\}$ hat offensichtlich eine Laufzeit von $\Theta(n^2)$. Dagegen ist es trivial, ein Programm für eine Registermaschine (oder in MODULA) zu schreiben, das in Linearzeit arbeitet. Auf Effizienz unserer Turingmaschinenprogramme können wir, da wir beispielsweise im Speicher linear suchen müssen, nicht hoffen. Wir wollen in Zukunft Turingmaschinenprogramme weniger formal beschreiben. Dazu zeigen wir, daß wir die üblichen Techniken beim Programmentwurf nachahmen können.

2.2 Techniken zur Programmierung von Turingmaschinen

1.) Endliche Speicher mit schnellem Zugriff. Sollen Daten aus einer endlichen Menge A, wie z. B. Γ^k, gespeichert werden, können wir diesen Speicher in die Zustandsmenge Q integrieren, d. h. $Q_{\text{neu}} := Q \times A$. Ein Zustandswechsel beinhaltet dann eine Änderung des eigentlichen Zustandes und des Speichers. Der Speicher wird also permanent gelesen.

2.) Mehrspurenmaschinen. Wir ersetzen Γ durch $\Sigma \cup \Gamma^k$, wobei B^k der neue Blankbuchstabe ist. Auf diese Weise können wir bequem addieren und multiplizieren. Zur Addition benutzen wir drei Spuren. Die Eingabe besteht aus den beiden Summanden. Zunächst ersetzen wir den ersten Summanden $a_{n-1}, \ldots, a_0$ durch (a_{n-1}, B, B), $\ldots, (a_0, B, B)$, d. h. wir schaffen unterhalb des ersten Summanden Platz für zwei weitere Zahlen. Dann kopieren wir den zweiten Summanden $b_{n-1}, \ldots, b_0$ in die zweite Spur unterhalb des ersten Summanden. Dann können wir bequem die Methode der Schriftlichen Addition anwenden. Bei der Multiplikation geht es darum, den ersten Faktor mit den einzelnen Bits des zweiten Faktors zu multiplizieren und die passende Zahl von Nullen anzuhängen. Diese passende Anzahl hängt davon ab, wieviele Bits im zweiten Faktor auf das betrachtete Bit folgen. Danach geht es darum, diese Teilergebnisse zu addieren.

3.) Unterprogramme. Unterprogramme werden in einem bestimmten Zustand aufgerufen, wobei gewisse Daten übergeben werden sollen. Wir kopieren die zu übergebenden Daten auf einen weit rechts (oder links) liegenden Bereich von freien Speicherzellen. Falls vorhanden, kann auch eine freie Spur benutzt werden. Spezielle Marker (Buchstaben aus Γ) sorgen dafür, daß Speicherbereiche sich nicht überlagern. Nötigenfalls muß ein Speicherbereich verschoben werden. Es gibt eine Teilmenge von Zuständen, die nur für das betrachtete Unterprogramm reserviert sind. Wir arbeiten das Unterprogramm also in einem separaten Speicherbereich in einem separaten Teil des Zustandsraumes (wir erinnern daran, daß Zustände bei Registermaschinen den Programmzeilen entsprechen) ab. Das Ergebnis wird in den vorgesehenen Bereich des Speichers, d. h. des Bandes, geschrieben. Es wird dann in den Zustand zurückgesprungen, in dem das übergeordnete Programm weiterarbeiten soll.

4.) Schleifen. Schleifen sind Unterprogramme mit bestimmten Abbruchkriterien. Bei einer *for*-Schleife ist der entsprechende Zähler zu vergrößern oder zu verkleinern und mit dem Abbruchwert zu vergleichen. Bei einer *while*-Schleife ist an passender Stelle das Abbruchkriterium zu überprüfen.

5.) Mehrbandmaschinen. Unter einer Turingmaschine mit k Bändern verstehen wir im Gegensatz zu einer Turingmaschine mit einem Band und k Spuren eine Turingmaschine mit k Rechenköpfen, die auf je einem Band lesen. In einen Rechenschritt gehen die Informationen, die alle Köpfe lesen, ein. Die Köpfe können sich in verschiedene Richtungen bewegen. Die Zustandsüberführungsfunktion ist daher eine Funktion $\delta : Q \times \Gamma^k \to Q \times \Gamma^k \times \{R, L, N\}^k$. Bei der schon zuvor angesprochenen Multiplikation ist es z. B. angenehm, wenn wir den zweiten Faktor auf ein zweites Band kopieren können. Allerdings können wir die entstehenden n Summanden bei der Multiplikation von Zahlen der Länge n nicht auf n Bänder schreiben, da n von der Eingabe abhängt, wohingegen k eine Konstante sein soll. Während die bisherigen Techniken im Modell der Turingmaschinen bleiben, ist eine k-Band Turingmaschine keine Turingmaschine im Sinne von Definition 2.1.1. Wir müssen daher zeigen, daß wir k-Band Turingmaschinen durch Turingmaschinen (effizient) simulieren können. Unter einer Simulation einer Maschine M durch eine Maschine M' verstehen wir dabei stets den Entwurf einer Maschine M', die das Verhalten von M nachahmt. Der einfachste Simulationstyp ist die Schritt-für-Schritt Simulation, bei der jeder Rechenschritt von M nachgeahmt wird. Zur Beurteilung der Effizienz berücksichtigen wir die Ressourcen Zeit und Platz, wobei Platz bei Turingmaschinen die Zahl der Zellen ist, in denen irgendwann ein Buchstabe $a \in \Gamma - \{B\}$ steht.

2.2.1 Satz *Eine k-Band Turingmaschine M, die mit Rechenzeit $t(n)$ und Platz $s(n)$ auskommt, kann von einer Turingmaschine M' mit Zeitbedarf $O(t^2(n))$ und Platzbedarf $O(s(n))$ simuliert werden.*

Beweis Wir benutzen eine Turingmaschine M' mit $2k+1$ Spuren, die die folgende Bedeutung haben. Nach Simulation des t-ten Rechenschrittes $(0 \le t \le t(n))$ von M soll folgendes erfüllt sein. Die ungeraden Spuren $1, 3, \ldots, 2k-1$ enthalten das, was die k Bänder von M enthalten. Die geraden Spuren $2, 4, \ldots, 2k$ enthalten jeweils genau eine Markierung # an der Position, wo der entsprechende Kopf von M steht. Auf der letzten Spur stehen zwei Markierungen # und ##, wobei # die linkeste von einem Rechnerkopf von M erreichte Position angibt und ## die entsprechende rechteste Position bezeichnet. Damit sich die Markierungen nicht überlagern, soll ## zu Beginn in Zelle 2 stehen.

Die Initialisierung für $t = 0$ ist in Zeit $O(1)$ möglich. Zu Beginn der Simulation des t-ten Rechenschrittes steht der Kopf von M' auf der Zelle, die in der letzten Spur # enthält. Außerdem enthält der Zustand von M' den zu Beginn des t-ten Rechenschrittes erreichten Zustand von M. Der Rechnerkopf läuft nach rechts bis zur Markierung ## auf der letzten Spur und merkt sich in einem endlichen Speicher, was die k Köpfe von M lesen würden. Damit kennt er die Information, die M hat, und weiß, was M tun würde. Der Kopf von M' läuft nach links. An den entsprechenden Markierungen werden die Bandinschriften so verändert, wie es M auf den k Bändern machen würde. Die Markierungen für die Kopfpositionen werden gegebenenfalls nach links oder rechts verschoben. Falls nötig, werden auch die Markierungen # und ## um eine Position nach links bzw. rechts verschoben. Darüber hinaus merkt sich M' den Zustand, in den M wechselt. Am Ende steht der Kopf von M' auf der Position, die in der letzten Spur # enthält, und die Ausgangssituation für die Simulation des $(t+1)$-ten Rechenschrittes ist gegeben.

Der Abstand der Markierungen # und ## ist durch $t(n)$ und $s(n)$ beschränkt. Daher kann jeder Rechenschritt von M durch M' in Zeit $O(t(n))$ simuliert werden. □

6.) Unbeschränkter Speicher. Dafür können wir nun ein Extraband benutzen. Für die Adressen kann ein weiteres Band zur Verfügung gestellt werden. Indem die Information mit Adresse 0 auf einer Extraspur markiert wird, kann nach rechts bzw. links gesucht werden. Die Informationen sind durch bestimmte Markierungen voneinander getrennt. Bei Überlaufen einer derartigen Markierung wird 1 von der Adresse subtrahiert (bei negativen Adressen muß 1 addiert werden). Wenn die Adresse 0 wird, ist die gesuchte Information gefunden. Soll eine Information durch eine längere Information ersetzt werden, muß eventuell der Bandinhalt rechts von unserer Position verschoben werden.

7.) Sortieren. Offensichtlich ist das Zwei-Phasen Drei-Band Sortieren gut geeignet für Turingmaschinen.

8.) Datenstrukturen. Es ist eine gute Übung, sich zu überlegen, daß wir alle uns bekannten Datenstrukturen auch in der Umgebung von Turingmaschinen einsetzen können.

2.3 Simulationen zwischen Turingmaschinen und Registermaschinen

Wir wollen nun Turingmaschinen durch Registermaschinen und umgekehrt simulieren, um exemplarisch festzustellen, wie eng verschiedene Rechnermodelle verknüpft sind. Es ist eine gute Übung, diese Simulationen für Turingmaschinen und MODULA-Programme selbst durchzuführen.

2.3.1 Satz *Jede logarithmisch $t(n)$-zeitbeschränkte Registermaschine kann für ein Polynom q durch eine $O(q(n+t(n)))$-zeitbeschränkte Turingmaschine simuliert werden.*

B e w e i s Wir benutzen eine Schritt-für-Schritt Simulation. Das Programm P der zu simulierenden Registermaschine bestehe aus p Befehlen.

Wir beschreiben zunächst, wie wir eine Registermaschinenkonfiguration innerhalb einer Turingmaschine darstellen. Wir werden der Turingmaschine $p+2$ Unterprogramme geben, M_0 für die Initialisierung, $M_1, \ldots, M_p$ für die p Programmzeilen des Registermaschinenprogramms und M_{p+1} für die Ausgabe des Resultats. Die Registermaschinenkonfiguration können wir durch b, die aktuelle Programmzeile, und die partielle Abbildung $c : \mathbb{N}_0 \to \mathbb{N}_0$, die Speicherinhaltsfunktion, beschreiben. Damit wir c vollständig aufzählen können, treffen wir folgende Vereinbarung. Der Wert $c(i)$ ist nur definiert, wenn $i = 0$ ist (Akkumulator) oder der Inhalt des Registers i zur Eingabe gehört oder der Wert von $c(i)$ während der Rechnung dort abgespeichert wurde.

Band 2 der Turingmaschine benutzen wir zur Simulation des Speichers der Registermaschine. Wenn $i_0 = 0, i_1, \ldots, i_m$ die Registernummern sind, für die der Registerinhalt definiert ist, hat Band 2 der Turingmaschine folgendes Aussehen:

$$\#\#0\#\text{bin}(c(0))\#\#\text{bin}(i_1)\#\text{bin}(c(i_1))\#\# \ldots \#\#\text{bin}(i_m)\#\text{bin}(c(i_m))\#\#\#.$$

Das Unterprogramm M_0 dient der Initialisierung. Die Eingabe, die auf Band 1 steht, wird in der angegebenen Form auf Band 2 kopiert. Es wird dann der Anfangszustand von M_1 erreicht, da die Registermaschine in der ersten Programmzeile beginnt.

Die Simulation der einzelnen Schritte der Registermaschine geschieht mit den in Kapitel 2.2 beschriebenen Methoden. Die benötigten Informationen werden von Band 2 besorgt. Jeder Befehl kann, wenn auch umständlich, in polynomieller Zeit bezogen auf die Eingabelänge simuliert werden. Anschließend wird der Speicher auf Band 2 upgedatet. Am Ende wird der Inhalt der Register, die die Ergebnisse enthalten, auf Band 1 kopiert. Schließlich wird diese 2-Band Turingmaschine durch eine 1-Band Turingmaschine ersetzt (s. Satz 2.2.1).

Da $t(n)$ die Schranke für die Rechenzeit der Registermaschine bezüglich des logarithmischen Kostenmaßes ist, ist die Länge der Inschrift auf Band 2 durch $O(t(n))$ beschränkt, da alle dort stehenden Zahlen in die Berechnung der logarithmischen Kosten eingehen. Damit folgt auch die Schranke für die Rechenzeit. □

2.3.2 Satz *Jede $t(n)$-zeitbeschränkte Turingmaschine kann durch eine Registermaschine simuliert werden, die uniform $O(t(n)+n)$ und logarithmisch $O((t(n)+n)\log(t(n)+n))$ zeitbeschränkt ist.*

B e w e i s Wir bauen die Turingmaschine zunächst so um, daß sie mit der gleichen Rechenzeit auskommt, aber keine Position $p \leq 0$ erreicht (Übungsaufgabe).

Nun führen wir eine Schritt-für-Schritt Simulation durch. Die Zustände der Turingmaschine werden ebenso durchnumeriert, $Q = \{q_0, \ldots, q_t\}$, wie die Buchstaben des

Bandalphabets, $\Gamma = \{a_1, \ldots, a_s\}$. Im Register 1 soll die Kopfposition stehen, im Register 2 der Zustand (genauer der Index des Zustandes) der Turingmaschine. Register 3 reservieren wir für den Index des Buchstabens, den der Kopf der Turingmaschine liest. Zur Initialisierung müssen wir also die Eingabe um drei Register verschieben und die ersten drei Register mit 1 für die Kopfposition, 0 für den Anfangszustand und den Inhalt von Zelle 1 initialisieren. Auch später muß die Verschiebung um drei Register berücksichtigt werden.

Registermaschinen erlauben die Programmierung mit Unterprogrammen, die mit *goto*-Befehlen verknüpft werden können.

Für die Simulation eines Rechenschrittes der Turingmaschine wird zunächst getestet, ob der erreichte Zustand ein Endzustand ist, im positiven Fall kopiert die Registermaschine den Inhalt des Bandes in die Ausgaberegister und stoppt. Andernfalls wird das, was der Rechnerkopf der Turingmaschine liest, in das Register 3 geschrieben. Damit hat die Registermaschine Zugriff auf die Information, die die Turingmaschine in einem Schritt verarbeitet: den Zustand q_i und den Buchstaben a_j. Mit Hilfe von höchstens $|Q|\,|\Gamma|$ *if*-Befehlen wird der Anfang des Programms $P_{i,j}$ erreicht. Dieses Programm simuliert den zugehörigen Rechenschritt der Turingmaschine. Sei $\delta(q_i, a_j) = (q_{i'}, a_{j'}, d)$. Der Inhalt von Register 2 wird durch i' ersetzt. In das Register, dessen Adresse in Register 1 steht, wird j' geschrieben. Der Inhalt von Register 1 wird um 1 erhöht, falls $d = R$, bzw. um 1 erniedrigt, falls $d = L$. Da $|Q|$ und $|\Gamma|$ Konstanten sind, benötigt die simulierende Registermaschine bzgl. des uniformen Kostenmaßes $O(t(n) + n)$ Rechenschritte. Da die Turingmaschine in $t(n)$ Schritten nur Bandpositionen $p \leq t(n)$ erreichen kann, ist die Länge aller vorkommenden Zahlen durch $O(\log(t(n) + n))$ beschränkt. Damit folgt auch das Ergebnis über die logarithmische Zeitkomplexität. □

2.4 Universelle Turingmaschinen

Unsere bisherigen Betrachtungen haben gezeigt (exemplarisch gezeigt), daß wir Rechner durch Turingmaschinen simulieren können und der Zeitverlust bei ehrlicher Messung (z. B. logarithmisches Kostenmaß) polynomiell beschränkt ist. Allerdings hatten unsere Überlegungen einen Haken. Unsere Turingmaschinen waren special purpose Rechner, die für eine Aufgabe fest programmiert sind. So konnten sie einen programmierten Rechner simulieren. Dagegen fassen wir Rechner als general purpose Rechner auf, die als Eingabe ein Programm und eine spezielle Eingabe erhalten, auf der sie das Programm abarbeiten. In diesem Sinn sind Rechner universell.

Wir wollen nun eine universelle Turingmaschine entwerfen, die im gleichen Sinn programmierbar ist. Wir beschränken uns o. B. d. A. auf den Fall $\Sigma = \{0,1\}$. Indem das Bandalphabet Γ geeignet codiert wird, genügt es, über Turingmaschinen mit Bandalphabet $\{0,1,B\}$ zu reden. Eine Turingmaschine wird dann im wesentlichen durch die Zustandsüberführungsfunktion beschrieben. Hierbei benutzen wir die Zustandsmenge $Q = \{q_1,\ldots,q_t\}$, wobei q_1 der Anfangszustand und o. B. d. A. q_2 der einzige akzeptierende Zustand ist. (Natürlich genügt stets ein akzeptierender Zustand.) Sei $X_1 = 0$, $X_2 = 1$, $X_3 = B$, $D_1 = L$, $D_2 = N$ und $D_3 = R$. Dann codieren wir $\delta(q_i, X_j) = (q_k, X_l, D_m)$ durch $0^i10^j10^k10^l10^m$. Die Funktion δ läßt sich als endliche Funktionstabelle beschreiben. Sei s die Länge dieser Tabelle und code(z) die obige Codierung der z-ten Zeile. Dann ist die Gödelnummer der Turingmaschine gegeben durch

$$111\,\mathrm{code}(1)\,11\,\mathrm{code}(2)\,11\ldots11\,\mathrm{code}(s)\,111.$$

Die Gödelnummer der Turingmaschine M wird mit $\langle M\rangle$ bezeichnet und beschreibt das Programm von M.

Eine universelle Turingmaschine U soll als Eingabe ein Paar $(\langle M\rangle, w)$ erhalten, wobei $\langle M\rangle$ die Gödelnummer einer Turingmaschine M und $w \in \{0,1\}^*$ ist. U soll dann die Turingmaschine M auf der Eingabe w simulieren, d. h. das Programm $\langle M\rangle$ auf w anwenden.

Nach den Ergebnissen aus Kapitel 2.2 genügt es, für U eine 3-Band Turingmaschine zu entwerfen. Zunächst wird die syntaktische Korrektheit der Eingabe getestet. Die Eingabe muß mit 111 beginnen. Es müssen dann Codes der Form $0^i10^j10^k10^l10^m$ mit $i, k \geq 1$, $j, l, m \in \{1,2,3\}$ folgen, die jeweils durch 11 getrennt sind. Dabei darf es keine zwei Codes geben, die mit dem gleichen Präfix 0^i10^j1 beginnen. Die Gödelnummer muß mit 111 enden. Im Anschluß an die Gödelnummer muß ein Wort $w \in \{0,1\}^*$ folgen. Im Falle der syntaktischen Korrektheit bleibt w auf Band 1 stehen, Kopf auf dem ersten Buchstaben von w. Dort soll das Band von M simuliert werden. Das Programm $\langle M\rangle$ wird auf Band 2 kopiert und auf Band 1 gelöscht. Der Zustand q_i von M wird als 0^i auf Band 3 geschrieben. Zu Beginn ist dies 0^1. Wir beschreiben eine Schritt-für-Schritt Simulation von M durch U.

U liest auf Band 1, was auch M lesen würde, den Buchstaben X_j. Auf Band 3 steht 0^i als Symbol für den Zustand q_i. Nun sucht U auf Band 2 den Block 110^i10^j1. Gibt es diesen Block nicht, stoppt U analog zu M. Ist $i = 2$, wird die Eingabe akzeptiert. Wenn nicht nur akzeptiert werden soll, sondern eine Ausgabe berechnet werden soll, steht diese auf Band 1. Wenn der gesuchte Block gefunden wird, gibt die Fortsetzung $0^k10^l10^m11$ an, was M tun würde. Ist $k = i$, $l = j$ und $m = 2$, stoppt U ebenfalls. Ansonsten ersetzen wir die Inschrift auf Band 3 durch 0^k, den Buchstaben, den der Kopf auf Band 1 liest, durch X_l und bewegen diesen Kopf in Richtung D_m.

Für festes $\langle M\rangle$ ist die Rechenzeit von U auf $\langle M\rangle w$ nur um einen konstanten Faktor größer als die Rechenzeit von M auf w.

Turingmaschinen haben sich also als vollwertige Rechner erwiesen.

2.5 Die Churchsche These

Wir haben zu Beginn der Vorlesung das Ziel formuliert, für gewisse Probleme nachzuweisen, daß sie nicht berechenbar sind, oder nachzuweisen, daß sie nicht effizient berechenbar sind. Dieses Ziel ist allerdings nur sinnvoll, wenn die Antwort nicht vom Rechnermodell oder der verwendeten Programmiersprache abhängt.

Wir wollen den Begriff der Berechenbarkeit wieder aufgreifen. Für überall definierte Funktionen soll eine Funktion Turing-berechenbar heißen, wenn sie total rekursiv ist. Für partiell definierte Funktionen wird erlaubt, daß die Turingmaschine für Eingaben, die nicht im Definitionsbereich liegen, in eine unendliche Schleife gerät. Wenn wir dies ausschließen wollen, ist es ausreichend, den Bildbereich um ein neues Element # zu erweitern und alle Eingaben außerhalb des Definitionsbereiches auf # abzubilden.

Sprachen $L \subseteq \Sigma^*$ lassen sich auf zwei Weisen durch Funktionen ausdrücken. Die charakteristische Funktion $\chi_L : \Sigma^* \to \{0,1\}$ ist definiert durch

$$\chi_L(x) := \begin{cases} 1, & \text{falls } x \in L \\ 0, & \text{falls } x \notin L. \end{cases}$$

Die Sprache L ist rekursiv, falls χ_L Turing-berechenbar ist. Sei

$$\chi_L^*(x) := \begin{cases} 1, & \text{falls } x \in L \\ \text{undefiniert}, & \text{falls } x \notin L. \end{cases}$$

Die Sprache L ist rekursiv aufzählbar, falls χ_L^* Turing-berechenbar ist.

Turing wollte mit seinen Begriffsbildungen den intuitiven Begriff von Berechenbarkeit formalisieren. Hätte Turing als Formalisierung Registermaschinen erfunden, hätte er, wie wir gesehen haben, die gleiche Klasse berechenbarer Funktionen beschrieben. Dies haben wir in Kapitel 2.3 nachgewiesen. Gleiches gilt für die Berechenbarkeit durch MODULA-Programme, WHILE-Programme, GOTO-Programme, Markov-Algorithmen oder den Begriff der μ-rekursiven Funktionen. Dies sollte kein Zufall sein.

Churchsche These Die durch die formale Definition der Turing-Berechenbarkeit erfaßte Klasse von Funktionen stimmt mit der Klasse der intuitiv berechenbaren Funktionen überein.

Die These beinhaltet die Folgerung, daß es keinen umfassenderen Berechenbarkeitsbegriff gibt, der nicht außerhalb unserer Intuition liegt. Die These wird dadurch untermauert, daß alle anderen Versuche, den Begriff „berechenbar“ formal zu erfassen, keine größere Klasse berechenbarer Funktionen ergeben haben. Daß andererseits die Turing-berechenbaren Funktionen „berechenbar“ sind, stößt wohl nicht auf Widerspruch. Die Churchsche These kann prinzipiell nicht bewiesen werden. Sie könnte höchstens (was aber niemand glaubt) falsifiziert werden, indem nicht Turing-berechenbare Funktionen als berechenbar „nachgewiesen“ werden.

Heutzutage gehen wir noch einen Schritt weiter und glauben, daß Turingmaschinen sogar die Rechenzeit bis auf polynomielle Faktoren „richtig“ erfassen. Ein Problem heißt also genau dann effizient lösbar, wenn es von Turingmaschinen in polynomieller Zeit gelöst werden kann. Wir haben gesehen, daß wir mit Registermaschinen und dem logarithmischen Kostenmaß in der Tat die gleiche Klasse der in polynomieller Zeit lösbaren Probleme erhalten. Wir kommen hierauf in Kapitel 3 zurück.

2.6 Die Unentscheidbarkeit des Halteproblems

Wenn wir erstmals für einen Komplexitätsbegriff zeigen wollen, daß ein Problem komplex oder zu komplex ist, haben wir kein Hilfsmittel zur Hand. Es ist dann gerechtfertigt, sich ein Problem zu konstruieren, für das ein Beweis möglich ist. Dieser erste Beweis ist dann ein Schlüssel, um entsprechende Resultate für weitere, weitaus wichtigere Probleme viel einfacher zeigen zu können.

Analog zu dem Beweis, daß die Menge reeller Zahlen überabzählbar ist, zeigen wir für die sogenannte Diagonalsprache D, daß sie nicht rekursiv (oder entscheidbar) ist. Die kanonische Ordnung auf Mengen von Wörtern oder Strings ist folgendermaßen definiert. Ein Wort w steht vor einem Wort w', wenn es kürzer als w' ist oder bei gleicher Länge lexikographisch vor w' steht. Wir konstruieren nun eine unendliche Matrix. An der Position (i,j), $1 \leq i,j < \infty$, steht genau dann eine 1, wenn die Turingmaschine M_i, deren Gödelnummer an der i-ten Stelle in der kanonischen Ordnung aller Gödelnummern steht, das in der kanonischen Ordnung auf $\{0,1\}^*$ j-te Wort w_j in endlicher Zeit akzeptiert. Ansonsten steht an der Matrixposition (i,j) eine 0. Die Sprache D soll nun alle Wörter w_j enthalten, für die an der Position (j,j), also auf der Diagonalen der Matrix, eine 0 steht. Damit sichern wir, daß die Turingmaschine M_j die Sprache D nicht entscheidet, da sie auf der Eingabe w_j „falsch arbeitet“. Dieses Vorgehen werden wir nun formalisieren.

2.6.1 Definition Sei M_i die Turingmaschine, deren Gödelnummer in der kanonischen Ordnung aller Gödelnummern an der i-ten Stelle steht und sei w_i das i-te Wort in der kanonischen Ordnung auf $\{0,1\}^*$. Dann ist die Diagonalsprache D die Menge aller Wörter w_i, so daß M_i das Wort w_i nicht akzeptiert.

2.6.2 Satz *D ist nicht rekursiv.*

Beweis Falls D rekursiv ist, gibt es eine Turingmaschine M_j, die stets hält und genau die Eingaben aus D akzeptiert. Wir wenden M_j auf w_j an.

Falls $w_j \in D$, müßte M_j nach Voraussetzung w_j akzeptieren, während M_j nach Definition von D das Wort w_j nicht akzeptieren darf, Widerspruch.

Falls $w_j \notin D$, dürfte M_j nach Voraussetzung w_j nicht akzeptieren, während M_j nach Definition von D das Wort w_j akzeptieren muß, Widerspruch. □

2.6.3 Korollar $\overline{D}$ (das Komplement von D) ist nicht rekursiv.

Beweis Eine Turingmaschine, die stets hält und entscheidet, ob $w \in \overline{D}$ ist, kann leicht in eine entsprechende Turingmaschine für D abgeändert werden, indem die getroffene Entscheidung negiert wird. Also folgt die Aussage des Korollars direkt aus Satz 2.6.2. □

Wir kommen nun zu einem praktisch wichtigen Problem, dem Halteproblem. Nachdem wir ein Programm $\langle M\rangle$ entworfen haben, möchten wir wissen, ob dieses auf einer Eingabe w in eine Endlosschleife gerät. Dies läßt sich jedoch nicht mit Rechnerhilfe allgemein entscheiden.

2.6.4 Definition Das Halteproblem H ist definiert durch

$$H := \{\langle M\rangle w \mid M \text{ hält auf } w\}.$$

2.6.5 Satz *H ist nicht rekursiv.*

Beweis Wir zeigen den Satz indirekt. Wir nehmen an, daß es eine stets haltende Turingmaschine M gibt, die genau die Wörter aus H akzeptiert. Wir konstruieren daraus eine stets haltende Turingmaschine M', die genau die Wörter aus $\overline{D}$ akzeptiert, im Widerspruch zu Korollar 2.6.3. Sei w eine Eingabe, für die wir entscheiden wollen, ob $w \in \overline{D}$ ist. Wir berechnen das i, so daß w das i-te Wort aus $\{0,1\}^*$ in der kanonischen Reihenfolge ist, und berechnen daraus die Codierung $\langle M_i\rangle$. Wir wenden

M auf die Eingabe $\langle M_i \rangle w$ an. Wird diese Eingabe verworfen, hält M_i nicht auf w, und nach Definition ist $w \notin \overline{D}$. Ansonsten hält M_i auf w, und wir können mit Hilfe der universellen Turingmaschine M_i auf w simulieren. M_i akzeptiert w genau dann, wenn $w \in \overline{D}$ ist. □

Diese theoretische Aussage hat die praktische Konsequenz, daß wir niemals ein Programm schreiben können, das die semantische Korrektheit von Programmen prüft. Wir können ja nicht einmal prüfen, ob das gegebene Programm auf einer Eingabe hält. In der Semantik spricht man daher von partieller Korrektheit von Programmen, d. h. Programme berechnen das Gewünschte für alle Eingaben, für die sie stoppen. Mehr ist nach Satz 2.6.5 auch nicht allgemein zu erreichen. Es sollte dabei deutlich sein, daß die Gültigkeit von Satz 2.6.5 zwar von unserer Definition der Berechenbarkeit als Turing-Berechenbarkeit abhängt, wir jedoch mit der Churchschen These glauben, daß das Halteproblem im allgemeinen Sinn nicht berechenbar ist.

2.6.6 Definition Die universelle Sprache U ist definiert durch

$$U := \{\langle M \rangle w \mid M \text{ akzeptiert } w\}.$$

2.6.7 Satz *U ist nicht rekursiv.*

Beweis U ist eine Verallgemeinerung von $\overline{D}$. Für $\overline{D}$ wird für jede Turingmaschine M_i nur das i-te Wort w_i in der kanonischen Ordnung betrachtet und geprüft, ob M_i die Eingabe w_i akzeptiert. Für U betrachten wir für alle Turingmaschinen alle Eingaben. Eine Turingmaschine für U kann also leicht in eine Turingmaschine für $\overline{D}$ umgebaut werden. Für die Eingabe w berechnen wir das i, so daß w das i-te Wort in der kanonischen Aufzählung ist. Wir berechnen die Gödelnummer $\langle M_i \rangle$ und wenden die Turingmaschine für U auf die Eingabe $\langle M_i \rangle w$ an. □

2.6.8 Satz *U ist rekursiv aufzählbar.*

Beweis Wir benutzen die universelle Turingmaschine auf der Eingabe $\langle M \rangle w$. Falls M die Eingabe w akzeptiert, geschieht das nach endlich vielen Schritten, und wir akzeptieren $\langle M \rangle w$. Ob die universelle Turingmaschine, falls M die Eingabe w nicht akzeptiert, nach endlicher Zeit stoppt, ist uns egal. Wir werden in keinem Fall $\langle M \rangle w$ akzeptieren. □

Damit haben wir auch gezeigt, daß sich die Begriffe rekursiv und rekursiv aufzählbar wirklich unterscheiden.

Wir wissen bisher, daß wir kein Programm schreiben können, das für ein (Turingmaschinen-) Programm $\langle M\rangle$ und eine Eingabe w entscheidet, ob M auf der Eingabe w hält. Zunächst werden wir dieses Ergebnis verschärfen und zeigen, daß das Halteproblem bereits für die spezielle Eingabe $w = \varepsilon$ unentscheidbar ist. Dieses allgemeine Ergebnis dient uns jedoch nur als Zwischenresultat auf dem Weg zu dem Satz von Rice, der besagt, daß wir aus einem Programm im allgemeinen keine nicht triviale Eigenschaft der von dem Programm realisierten Funktion ableiten können. Damit können wir auf Algorithmen, die Eigenschaften von Programmen entscheiden, nur für den Fall hoffen, daß die Menge der Programme gegenüber der Klasse der Turingmaschinenprogramme oder der MODULA-Programme wesentlich eingeschränkt ist.

2.6.9 Definition Das spezielle Halteproblem H_ε ist definiert durch $H_\varepsilon := \{\langle M\rangle \mid M$ hält auf der Eingabe $\varepsilon\}$.

2.6.10 Satz *H_ε ist nicht rekursiv.*

Beweis Wir zeigen den Satz wieder indirekt und nehmen an, daß es eine Turingmaschine M' gibt, die H_ε entscheidet. Mit Hilfe von M' konstruieren wir im Widerspruch zu Satz 2.6.5 eine stets haltende Turingmaschine M'' für das allgemeine Halteproblem H, d. h. M'' akzeptiert genau die Eingaben $\langle M\rangle\, w$, für die M auf der Eingabe w hält.

Aus der Eingabe $\langle M\rangle\, w$ berechnet M'' zunächst die Gödelnummer $\langle M_w^*\rangle$ einer Turingmaschine M_w^*, die auf der leeren Eingabe startend, w auf das Band schreibt und dann M auf dieser Eingabe simuliert. Auf anderen Eingaben kann M_w^* sofort stoppen.

Dann simuliert M'' die Turingmaschine M' auf $\langle M_w^*\rangle$. Nach Voraussetzung akzeptiert M'' die Eingabe $\langle M\rangle\, w$ genau dann, wenn M_w^* auf der Eingabe ε hält. Dies ist aber äquivalent dazu, daß M auf der Eingabe w hält. □

Auch das Komplement $\overline{H_\varepsilon}$ von H_ε ist nicht rekursiv (siehe Satz 2.7.1), da wir bei stets haltenden Turingmaschinen die Mengen akzeptierender und nicht akzeptierender Zustände einfach austauschen können, um die Komplementsprache zu berechnen.

Für den angekündigten Satz von Rice (1953) erweitern wir den Begriff berechenbarer Funktionen aus Definition 2.1.1 auf partiell definierte Funktionen f, wobei eine Turingmaschine zur Berechnung von f auf Eingaben x, für die $f(x)$ undefiniert ist, nicht halten muß. Damit berechnet jede Turingmaschine eine Funktion.

2.6.11 Satz von Rice *Sei $\mathcal{R}$ die Menge der von Turingmaschinen berechenbaren Funktionen und S eine Teilmenge von $\mathcal{R}$ mit $S \neq \emptyset$ und $S \neq \mathcal{R}$, d. h. S ist eine nicht triviale Teilmenge aller berechenbaren Funktionen. Dann ist die Sprache*

$$L(S) := \{\langle M\rangle \mid M \text{ berechnet eine Funktion aus } S\}$$

nicht rekursiv.

Beweis Wir nehmen an, daß es eine Turingmaschine M_S gibt, die $L(S)$ entscheidet, und konstruieren daraus im Widerspruch zu Satz 2.6.10 und den nachfolgenden Bemerkungen eine Turingmaschine M', die $\overline{H}_\varepsilon$ entscheidet.

Mit u bezeichnen wir die überall undefinierte Funktion, die natürlich in $\mathcal{R}$ ist. Wir nehmen an, daß $u \in S$ ist. Ansonsten können wir die äquivalente Aussage, daß $\overline{L(S)}$ nicht rekursiv ist, beweisen. Da $S \neq \mathcal{R}$ ist, gibt es eine Funktion $f \in \mathcal{R} - S$, die von einer Turingmaschine M_f berechenbar ist. Falls $u \notin S$, können wir, da $S \neq \emptyset$, $f \in S$ wählen.

Wir beschreiben, wie M' für eine Eingabe $\langle M\rangle$ überprüft, ob M auf der Eingabe ε hält. Im ersten Schritt berechnet M' die Gödelnummer $\langle M''\rangle$ einer Turingmaschine M'', die folgendermaßen arbeitet. Die Turingmaschine M'' simuliert M auf der Eingabe ε. Falls M auf ε hält, simuliert M'' die Maschine M_f auf der M'' gegebenen Eingabe x.

Das Verhalten von M'' auf der Eingabe x ist leicht beschreibbar. Falls M auf ε nicht hält, hält M'' unabhängig von der Eingabe x nicht und berechnet daher die überall undefinierte Funktion u. Falls M auf ε hält, berechnet M'' nach Konstruktion $f(x)$.

Im zweiten Schritt simuliert M' die Turingmaschine M_S für $L(S)$ auf der Eingabe $\langle M''\rangle$. Nun können wir das Verhalten von M' auf der Eingabe $\langle M\rangle$ beschreiben. Wenn M auf ε nicht hält, berechnet M'' wie gesehen die Funktion $u \in S$, und M' akzeptiert $\langle M\rangle$. Wenn M auf ε hält, berechnet M'' die Funktion $f \notin S$, und M' akzeptiert $\langle M\rangle$ nicht. Also ist M' eine stets haltende Turingmaschine, die $\overline{H}_\varepsilon$ akzeptiert. □

Der Satz von Rice hat weitreichende Konsequenzen. Es ist für Programme nicht entscheidbar, ob diese eine konstante Funktion, die Nullfunktion, die nirgends definierte Funktion, eine an nur endlich vielen Stellen definierte Funktion, die Fakultätsfunktion, usw. berechnen. Da die Entscheidung von Sprachen der Berechnung ihrer charakteristischen Funktionen entspricht, ist für Programme nicht entscheidbar, ob die durch sie definierte Sprache endlich, leer, unendlich oder ganz Σ^* ist. Es ist nur entscheidbar, daß die durch ein Programm berechnete Funktion berechenbar ist, aber das ist eine definitionsgemäß triviale Entscheidung.

Wir halten noch einmal fest, daß wir nur die Unentscheidbarkeit von D direkt bewiesen haben. Alle anderen Beweise folgten einem anderen Schema. Wir haben Aussagen des folgenden Typs bewiesen:

Falls A rekursiv, ist B rekursiv.

Wir haben relative Aussagen bewiesen. Es ist unmöglich, daß A rekursiv und B nicht rekursiv ist. Falls wir im Augenblick weder wissen, ob A oder B rekursiv ist, kann die Aussage in Zukunft auf zwei Weisen wirksam werden. Wenn wir A als rekursiv nachweisen, ist auch B rekursiv. Wenn wir B als nicht rekursiv nachweisen, ist auch A nicht rekursiv. Benutzt haben wir diesen Beweistyp nur in Situationen, in denen wir bereits wußten, daß B nicht rekursiv ist. In Kapitel 2.8 werden wir dieses Vorgehen formalisieren.

2.7 Eigenschaften rekursiver und rekursiv aufzählbarer Sprachen

Wir wollen untersuchen, was wir für $\overline{L}$, $L_1 \cup L_2$ und $L_1 \cap L_2$ folgern können, wenn wir wissen, daß L, L_1 und L_2 rekursiv bzw. rekursiv aufzählbar sind. Dies sind nützliche Hilfsmittel, insbesondere, da im positiven Fall die Beweise algorithmisch geführt werden.

2.7.1 Satz *Es seien L, L_1 und L_2 rekursiv. Dann sind auch $\overline{L}$, $L_1 \cup L_2$ und $L_1 \cap L_2$ rekursiv.*

Beweis Die Aussage über $\overline{L}$ ist leicht zu zeigen. Sei M eine stets haltende Turingmaschine, die genau die Wörter aus L akzeptiert. Sei q^* ein neuer Zustand und M^* die Erweiterung von M, in der nach dem Stoppen in einem nicht akzeptierenden Zustand in den Zustand q^* gewechselt wird. Wenn wir definieren, daß q^* der einzige akzeptierende Zustand von M^* ist, hält M^* stets und akzeptiert $\overline{L}$.

Es seien M_1 und M_2 stets haltende Turingmaschinen, die L_1 bzw. L_2 akzeptieren. Wir konstruieren eine stets haltende Turingmaschine M, die $L_1 \cup L_2$ akzeptiert. M arbeitet auf zwei Bändern und schreibt zunächst eine Kopie der Eingabe auf Band 2. Dann wird M_1 auf Band 1 simuliert. Falls M_1 die Eingabe akzeptiert, akzeptiert auch M die Eingabe. Ansonsten wird M_2 auf Band 2 simuliert. M akzeptiert nun genau dann, wenn M_2 akzeptiert.

Wir wollen noch einen alternativen Beweis angeben. Es seien Q_1, δ_1 und Q_2, δ_2 die Zustandsmengen und Zustandsüberführungsfunktionen von M_1 und M_2. M arbeitet ebenfalls auf zwei Bändern und kopiert zunächst die Eingabe auf Band 2. Danach arbeitet sie auf der Zustandsmenge $Q_1 \times Q_2$ und arbeitet gleichzeitig wie M_1 auf Band 1 und wie M_2 auf Band 2. Es wird akzeptiert, wenn eine der beiden Maschinen gestoppt und akzeptiert hat, und verworfen, wenn beide Maschinen die Eingabe verworfen haben.

Die Beweise für die Rekursivität von $L_1 \cap L_2$ können analog geführt werden, nur der Akzeptanzmodus muß geändert werden, da nun w nur akzeptiert werden soll, wenn M_1 *und* (nicht mehr *oder*) M_2 akzeptieren.

Ein Beweis ist jedoch noch einfacher möglich. Es gilt nach den Regeln von de Morgan

$$L_1 \cap L_2 = \overline{(\overline{L_1} \cup \overline{L_2})}.$$

Nun folgt die Entscheidbarkeit von $L_1 \cap L_2$ direkt aus der Abgeschlossenheit der Klasse der rekursiven Mengen gegen Vereinigung und Komplementbildung. □

2.7.2 Satz *Es seien L_1 und L_2 rekursiv aufzählbar. Dann sind auch $L_1 \cup L_2$ und $L_1 \cap L_2$ rekursiv aufzählbar.*

Beweis Es seien M_1 und M_2 Turingmaschinen, die für Eingaben aus L_1 bzw. L_2 in endlicher Zeit stoppen und nur diese akzeptieren. Der erste Beweis, daß $L_1 \cup L_2$ rekursiv ist, falls es L_1 und L_2 sind, läßt sich nicht übertragen, da $w \in L_1 \cup L_2$ sein kann, ohne daß M_1 stoppt. Der zweite Beweis läßt sich jedoch übertragen. Wenn $w \in L_1 \cup L_2$ ist, wird M_1 oder M_2 (oder beide) nach endlicher Zeit w akzeptieren, und M kann w akzeptieren. Wenn $w \notin L_1 \cup L_2$, akzeptiert weder M_1 noch M_2 und damit auch nicht M. Für den Durchschnitt gilt für $w \in L_1 \cap L_2$, daß M_1 und M_2 nach endlicher Zeit akzeptieren und damit auch M. Für $w \notin L_1 \cap L_2$ akzeptiert mindestens eine der Maschinen M_1 und M_2 die Eingabe w nicht und damit auch M nicht.

2.7.3 Lemma Sind L und $\overline{L}$ rekursiv aufzählbar, ist L rekursiv.

Beweis Es seien M und $\overline{M}$ Turingmaschinen, die für $w \in L$ bzw. $w \in \overline{L}$ in endlicher Zeit stoppen und nur diese Eingaben akzeptieren. Analog zum Beweis von Satz 2.7.1 lassen wir M und $\overline{M}$ parallel laufen. Genau eine der beiden Maschinen akzeptiert w in endlicher Zeit. Wir wissen dann, ob $w \in L$ oder $w \in \overline{L}$ gilt, und können die entsprechende Antwort geben. □

2.7.4 Satz *Die Menge der rekursiv aufzählbaren Sprachen ist nicht gegen Komplementbildung abgeschlossen. Insbesondere gilt für die universelle Sprache U, daß U rekursiv aufzählbar und $\overline{U}$ nicht rekursiv aufzählbar ist.*

B e w e i s Nach Satz 2.6.8 ist U rekursiv aufzählbar. Falls $\overline{U}$ rekursiv aufzählbar ist, folgt nach Lemma 2.7.3, daß U rekursiv ist im Widerspruch zu Satz 2.6.7. Damit ist die Klasse der rekursiv aufzählbaren Sprachen nicht gegen Komplementbildung abgeschlossen. □

2.7.5 Korollar Für jede Sprache L gilt genau eine der folgenden drei Eigenschaften.

(1) L und $\overline{L}$ sind rekursiv (und damit auch rekursiv aufzählbar).

(2) L und $\overline{L}$ sind nicht rekursiv aufzählbar (und damit auch nicht rekursiv).

(3) Genau eine der beiden Sprachen L und $\overline{L}$ ist rekursiv aufzählbar, aber nicht rekursiv, die andere ist nicht rekursiv aufzählbar.

B e w e i s Alle anderen Möglichkeiten sind nach Satz 2.7.1 und Lemma 2.7.3 ausgeschlossen. □

2.8 Die Unentscheidbarkeit des Postschen Korrespondenzproblems

In Kapitel 2.6 haben wir für einige Probleme die Unentscheidbarkeit nachgewiesen. Die Probleme waren sich noch recht ähnlich, da sie sich mit dem Halten und Akzeptieren von Turingmaschinen befaßten. Wenn wir die Unentscheidbarkeit gänzlich verschiedener Problemtypen beweisen wollen, müssen wir eine Brücke schlagen. Für das Gebiet der Formalen Sprachen ist dies das Postsche Korrespondenzproblem. Die Formalen Sprachen befassen sich mit der Syntax von Programmiersprachen. Programmiersprachen sind, wie wir wissen, durch Regelsysteme definiert. Genau die Zeichenfolgen, die sich mit Hilfe des gegebenen Regelsystems ableiten lassen, bilden die Menge der syntaktisch korrekten Programme. Es wäre also schön, wenn wir für ein Regelsystem entscheiden könnten, ob es für jedes syntaktisch korrekte Programm genau eine korrekte Syntaxanalyse gibt. Mit Hilfe der Unentscheidbarkeit des Postschen Korrespondenzproblems werden wir in Kapitel 6.6 beweisen, daß das Eindeutigkeitsproblem für Regelsysteme, die durch kontextfreie Grammatiken beschrieben sind, unentscheidbar ist. Wir stellen in diesem Abschnitt also nur ein Hilfsmittel zur Verfügung, das wir später anwenden werden (Post (1946)).

2.8.1 Definition Postsches Korrespondenzproblem PKP.
Gegeben ist eine endliche Folge von Wortpaaren $K = ((x_1, y_1), \ldots, (x_k, y_k))$ über einem endlichen Alphabet Σ, wobei x_i und y_i nichtleere Wörter sind. Es soll entschieden werden, ob es eine Folge von Indizes $i_1, i_2, \ldots, i_n \in \{1, \ldots, k\}$, $n \geq 1$, gibt, so daß $x_{i_1} x_{i_2} \ldots x_{i_n} = y_{i_1} y_{i_2} \ldots y_{i_n}$ ist.

2.8.2 Beispiel Das Korrespondenzproblem $K = ((1, 111), (10111, 10), (10, 0))$ hat die Lösung $(2, 1, 1, 3)$, die wir leicht durch Ausprobieren finden. Es gilt nämlich

$$x_2 x_1 x_1 x_3 = 101111110 = y_2 y_1 y_1 y_3.$$

2.8.3 Beispiel Das Korrespondenzproblem $K = ((10, 101), (011, 11), (101, 011))$ hat keine Lösung. Offensichtlich müßte eine Lösung mit $i_1 = 1$ beginnen. Dann hat die y-Folge eine 1 Vorsprung. Als Fortsetzung ist nur $i_2 = 3$ möglich. Weiterhin hat die y-Folge eine 1 Vorsprung, und dieses Problem bleibt bis in alle Ewigkeit erhalten.

2.8.4 Beispiel Das Korrespondenzproblem $K = ((001, 0), (01, 011), (01, 101), (10, 001))$ hat eine Lösung $i_1, \ldots, i_n$. Leider ist das kleinstmögliche $n = 66$. Wer findet eine Lösung?

Bevor wir in den Beweis der Unentscheidbarkeit des PKP einsteigen, wollen wir unsere Vorgehensweise formalisieren.

2.8.5 Definition Es seien L_1 und L_2 Sprachen über Σ. Dann heißt L_1 auf L_2 reduzierbar, Notation $L_1 \leq L_2$, wenn es eine überall definierte und total rekursive Funktion $f : \Sigma^* \to \Sigma^*$ gibt, so daß für alle $w \in \Sigma^*$ gilt:

$$w \in L_1 \Leftrightarrow f(w) \in L_2.$$

2.8.6 Lemma Falls $L_1 \leq L_2$ und L_2 rekursiv, so ist L_1 rekursiv.

Natürlich gilt dann auch die für uns wichtigere Aussage: Falls $L_1 \leq L_2$ und L_1 nicht rekursiv, so ist L_2 nicht rekursiv. In diesem Sinn können wir $\leq$ als „nicht schwieriger" oder genauer, aber sprachlich schlechter, als „nicht berechenbarer" interpretieren.

Beweis von Lemma 2.8.6 Sei f die zu der Reduktion $L_1 \leq L_2$ gehörende Funktion. Sei M_2 eine stets haltende Turingmaschine, die genau die Wörter aus L_2 akzeptiert. Wir entwerfen eine stets haltende Turingmaschine M_1, die genau die Wörter aus L_1 akzeptiert. Auf die Eingabe w wendet M_1 die Funktion f an und berechnet $f(w)$. Dann simuliert M_1 auf $f(w)$ die Maschine M_2 und akzeptiert w genau dann, wenn M_2 das Wort $f(w)$ akzeptiert. Nach Definition 2.8.5 ist diese Entscheidung korrekt. □

Der Beweis von Lemma 2.8.6 läßt sich als „bedingt algorithmisch" bezeichnen. Wir erhalten einen Algorithmus zur Entscheidung von L_1, der allerdings als Unterprogramm einen unbekannten Algorithmus zur Entscheidung von L_2 enthält. Erst wenn wir einen Algorithmus zur Entscheidung von L_2 entworfen haben, erhalten wir tatsächlich einen Algorithmus zur Entscheidung von L_1.

In unserem Beweis für die Unentscheidbarkeit des PKP gehen wir einen Umweg über das modifizierte Postsche Korrespondenzproblem MPKP, bei dem für die Lösung zusätzlich $i_1 = 1$ gefordert wird.

2.8.7 Lemma MPKP $\leq$ PKP.

2.8.8 Lemma H $\leq$ MPKP.

2.8.9 Satz *Das Postsche Korrespondenzproblem PKP ist nicht rekursiv.*

Beweis Nach Satz 2.6.5 ist H nicht rekursiv. Nach Lemma 2.8.6 und 2.8.8 ist dann MPKP nicht rekursiv. Nach Lemma 2.8.6 und 2.8.7 ist schließlich PKP nicht rekursiv. □

Beweis von Lemma 2.8.7 Sei $K = ((x_1, y_1), \ldots, (x_k, y_k))$ eine Eingabe für das MPKP. Es seien # und \$ Buchstaben, die in K nicht vorkommen. Dann soll $f(K)$ folgende Eingabe für das PKP sein. Es sei $f(K) = ((x'_0, y'_0), (x'_1, y'_1), \ldots, (x'_k, y'_k), (x'_{k+1}, y'_{k+1}))$. Dabei entsteht x'_i aus x_i, $1 \leq i \leq k$, indem *hinter* jeden Buchstaben ein # eingefügt wird, d.h. aus $x_i = 0110$ wird $x'_i = 0\#1\#1\#0\#$. Es sei $x'_0 := \#x'_1$ und $x'_{k+1} = \$$. Das Wort y'_i, $1 \leq i \leq k$, entsteht aus y_i, indem *vor* jedem Buchstaben ein # eingefügt wird, dazu sei $y'_0 = y'_1$ und $y'_{k+1} = \#\$$.

Natürlich ist f berechenbar. Allerdings ist f bisher nur auf syntaktisch korrekten Eingaben für das MPKP definiert. Für alle syntaktisch inkorrekten Eingaben sei f die Identität.

Es bleibt nun zu zeigen

$$K \in \text{MPKP} \Leftrightarrow f(K) \in \text{PKP}.$$

„⇒" Sei $(1, i_2, \ldots, i_n)$ eine Lösung für K. Dann ist offensichtlich $(0, i_2, \ldots, i_n, k+1)$ eine Lösung für $f(K)$. Wenn nämlich gilt

$$x_1 x_{i_2} \ldots x_{i_n} = y_1 y_{i_2} \ldots y_{i_n} = a_1 a_2 \ldots a_s,$$

so gilt

$$x'_0 x'_{i_2} \ldots x'_{i_n} x'_{k+1} = y'_0 y'_{i_2} \ldots y'_{i_n} y'_{k+1} = \#a_1\#a_2\# \ldots \#a_s\#\$.$$

„$\Leftarrow$“ Sei $(i_1, \ldots, i_n)$ eine Lösung für $f(K)$. Nur x'_0 und y'_0 beginnen mit dem gleichen Buchstaben, und nur x'_{k+1} und y'_{k+1} enden mit dem gleichen Buchstaben. Also muß $i_1 = 0$ und $i_n = k+1$ sein. Die x'-Wörter enden stets mit # (bis auf x'_{k+1}), während die y'-Wörter anders enden. Es ist x'_0 das einzige x'-Wort, das mit # beginnt. Wenn es in der Mitte einer Lösung verwendet wird, kommen zwei Buchstaben # nebeneinander vor. Dies ist für die y'-Strings nicht möglich. Also ist $i_j \neq 0$ für $j \geq 2$. Da \$ nur in x'_{k+1} und y'_{k+1} vorkommt, ist nach dem ersten Vorkommen dieser Wörter Gleichheit erreicht, also gilt o. B. d. A. $i_j \neq k+1$ für $j \leq n-1$. In $x'_{i_1} \ldots x'_{i_n}$ wechseln sich # und andere Buchstaben daher stets ab. Da $x'_{i_1} \ldots x'_{i_n} = y'_{i_1} \ldots y'_{i_n}$, gilt diese Gleichheit auch, nachdem alle # und \$ gestrichen sind. Es folgt

$$x_1 x_{i_2} \ldots x_{i_{n-1}} = y_1 y_{i_2} \ldots y_{i_{n-1}}.$$

□

Beweis von Lemma 2.8.8 Wir suchen eine berechenbare Funktion f, die Eingaben für das Halteproblem, also Eingaben vom Typ $\langle M \rangle w$, so auf Eingaben für das MPKP abbildet, daß gilt:

$$M \text{ hält auf } w \Leftrightarrow f(\langle M \rangle w) \text{ hat eine Lösung.}$$

Dabei werden wir Strings, die syntaktisch nicht korrekt sind, also nicht von der Form $\langle M \rangle w$ sind, auf Strings abbilden, die keine syntaktisch korrekten Eingaben für das MPKP bilden.

Auf den ersten Blick haben H und MPKP nichts miteinander zu tun. Wir wollen die Berechnung von M auf w in eine Eingabe für das MPKP codieren. Dabei soll $x_1 = \#$ und $y_1 = \#\#q_0w\#$ sein. Damit zwingen wir eine Lösung für das MPKP, so zu beginnen, daß die y-Folge die Anfangskonfiguration von M auf Eingabe w darstellt, während die x-Folge „nichts“ darstellt. Wir wollen die Eingabe für das MPKP so definieren, daß jeder Lösungsversuch so aussehen muß, daß die x- und die y-Folge die Rechnung von M auf w simulieren, wobei die y-Folge eine Konfiguration im Vorsprung ist. Erst wenn die Konfiguration in der y-Folge einen Stopzustand beinhaltet, soll die x-Folge in der Lage sein „aufzuholen“.

Das Alphabet für das zu konstruierende MPKP $f(\langle M \rangle w)$ ist $\Gamma \cup Q \cup \{\#\}$, wobei Γ das Bandalphabet und Q die Zustandsmenge von M sind. Schließlich ist # ein weiterer Buchstabe. Dazu sei B der Blankbuchstabe. O. B. d. A. brauchen wir nur Turingmaschinen zu betrachten, bei denen das Stoppen der Rechnung nur vom erreichten Zustand abhängt. Dabei sei Q' die Menge der Stopzustände. Nun listen wir die Paare des MPKP $f(\langle M \rangle w)$ auf.

1. Anfangsregel
   $(\#, \#\#q_0w\#)$

2. Kopierregeln
   (a, a) für alle $a \in \Gamma \cup \{\#\}$.

3. Überführungsregeln
   $(qa, q'c)$, falls $\delta(q, a) = (q', c, N)$, für $q \in Q$, $a \in \Gamma$.
   (qa, cq'), falls $\delta(q, a) = (q', c, R)$, für $q \in Q$, $a \in \Gamma$.
   $(bqa, q'bc)$, falls $\delta(q, a) = (q', c, L)$, für $q \in Q$, $a \in \Gamma$, $b \in \Gamma$.
   $(\#qa, \#q'Bc)$, falls $\delta(q, a) = (q', c, L)$, für $q \in Q$, $a \in \Gamma$.
   $(q\#, q'c\#)$, falls $\delta(q, B) = (q', c, N)$, für $q \in Q$.
   $(q\#, cq'\#)$, falls $\delta(q, B) = (q', c, R)$, für $q \in Q$.
   $(bq\#, q'bc\#)$, falls $\delta(q, B) = (q', c, L)$, für $q \in Q$, $b \in \Gamma$.
   $(\#q\#, \#q'Bc\#)$, falls $\delta(q, B) = (q', c, L)$, für $q \in Q$.

4. Löschregeln
   (aq, q) und (qa, q) für $a \in \Gamma$ und $q \in Q'$.

5. Abschlußregeln
   $(q\#\#\#, \#)$ für $q \in Q'$.

Sei nun zunächst $\langle M\rangle w$ eine Eingabe aus H, d. h. M hält auf w. Damit gibt es eine Folge $k_0, k_1, \ldots, k_t$ von Konfigurationen der Turingmaschine M, so daß $k_0 = q_0 w$ die Anfangskonfiguration und k_t eine Stopkonfiguration ist, d. h. sie enthält einen Zustand $q \in Q'$. Darüber hinaus ist k_{i+1} direkte Nachfolgekonfiguration von k_i. Das zugehörige MPKP besitzt eine Lösung mit dem Lösungswort

$$\#\#k_0\#\#k_1\#\ldots\#\#k_t\#\#k_{t,1}\#\#\ldots\#\#k_{t,r}\#\#\#,$$

wobei $k_{t,i}$ aus k_t durch Löschen von i Buchstaben um den Stopzustand $q \in Q'$ von k_t entsteht. Schließlich ist $k_{t,r} = q$. Also ist r die Zahl der Buchstaben in k_t. Wir beginnen die Lösung mit $(\#, \#\#k_0\#)$. Danach wenden wir so lange Kopierregeln an, bis wir in der Konfiguration „in die Nähe" des Zustandes q_0 kommen. Es ist dann genau eine Überführungsregel anwendbar. Danach werden Kopierregeln angewendet, bis der Lösungsbeginn das Aussehen $(\#\#k_0\#\#, \#\#k_0\#\#k_1\#\#)$ hat. Die Argumentation wird bis zur Konfiguration k_t fortgesetzt. Dann können an Stelle der Überführungsregeln Löschregeln eingesetzt werden, bis die untere Folge nur noch um den String $q\#\#$ für einen Stopzustand q im Vorsprung ist. Mit der Abschlußregel wird die Lösung vollendet.

Sei nun andererseits das MPKP so beschaffen, daß es eine Lösung hat. Für die Regeln aus den Gruppen 1, 2 und 3 gilt, daß die rechten Seiten nicht kürzer als die linken sind. Da die rechte Seite der Anfangsregel länger als die linke Seite ist, muß jede Lösung des MPKP Regeln aus den Gruppen 4 und 5 benutzen. Dies geht erst dann, wenn durch eine Überführungsregel ein Stopzustand erzeugt wurde oder wenn q_0 Stopzustand ist. Wenn die x-Folge eine Konfiguration $k_i\#\#$ „nachhinkt", die noch keinen Stopzustand enthält, kann sie nur Kopierregeln und Überführungsregeln anwenden. Eine erneute Anwendung der Anfangsregel wäre nicht hilfreich. Auf diese Weise kann aber $k_i\#\#$ nur nachgebaut werden, indem in der y-Folge $k_{i+1}\#\#$ für die direkte Nachfolgekonfiguration k_{i+1} von k_i aufgebaut wird. Es muß also die Rechnung von M nachgeahmt werden. In der y-Folge kann also nur ein Stopzustand erzeugt werden, wenn M auf w hält. □

Übungen

1.) Beschreibe explizit eine Turingmaschine für die Sprache $L = \{0^n 1^n 0^n \mid n \geq 1\}$ und beweise, daß die Turingmaschine auf allen Eingaben in endlicher Zeit stoppt und genau die Wörter aus L akzeptiert.

2.) Welche Sprache wird durch die folgende Turingmaschine akzeptiert? Stoppt die Turingmaschine auf allen Eingaben?

$$Q = \{q_0, \ldots, q_5\},\ F = \{q_5\},\ \Sigma = \{0,1\},\ \Gamma = \{0,1,B,X,Y\}$$

δ	0	1	B	X	Y
q_0	(q_1, X, R)	–	–	–	–
q_1	$(q_1, 0, R)$	(q_2, Y, L)	–	–	(q_1, Y, R)
q_2	$(q_4, 0, L)$	–	–	(q_3, X, R)	(q_2, Y, L)
q_3	–	–	(q_5, Y, R)	–	(q_3, Y, R)
q_4	$(q_4, 0, L)$	–	–	(q_0, X, R)	–
q_5	–	–	–	–	–

3.) Biber ernähren sich zumindest teilweise von Fischen. Um Fische zu fangen, stauen sie Bäche, indem sie Holzstücke in den Bach tragen. Fleißige Biber tragen natürlich mehr Holzstücke zusammen als faule Biber. Da Holzstücke der englischen Schreibweise einer Eins „ähneln", heißt die folgende Funktion BB : $\mathbb{N} \to \mathbb{N}$ Busy-Beaver-Funktion.

Für die Definition von BB(n) werden alle Turingmaschinen M mit n Zuständen und dem Bandalphabet $\{1, B\}$ betrachtet. Es interessiert nur das Verhalten von M auf der Eingabe ε (noch kein Holzstück vorhanden). Der Wert von M ist 0, wenn M auf ε nicht stoppt oder auf dem Band nach dem Stoppen zwei Einsen durch Blankbuchstaben getrennt sind. Ansonsten steht auf dem Band beim Stoppen ein Block von Einsen (die Staumauer) umgeben von Blankbuchstaben. Der Wert von M ist gleich der Länge der Staumauer, also gleich der Zahl der Einsen im Einserblock. Schließlich ist BB(n) der maximale Wert aller Turingmaschinen mit n Zuständen, d. h. die Länge der längsten Staumauer, die ein Biber mit n Zuständen („Gehirnzellen“) bauen kann.

a) Berechne BB(2).

b) Schätze BB(3) und BB(4) möglichst gut nach unten ab.
(Die Funktion BB wächst so schnell, daß sie nicht rekursiv ist.)

4.) Zeige, daß die folgende Funktion $f_1 : \{0,1,\ldots,9\}^* \to \{0,1\}$ rekursiv ist. Es ist $f_1(x) = 1$ genau dann, wenn x das Anfangsstück in der Dezimaldarstellung der bekannten Zahl π ist.

5.) Diskutiere, ob die folgende Funktion $f_2 : \{0,1,\ldots,9\}^* \to \{0,1\}$ rekursiv ist. Es ist $f_2(x) = 1$ genau dann, wenn x als geschlossener Block in der Dezimaldarstellung von π vorkommt. Auch der Autor kann nicht beweisen, ob f_2 rekursiv oder nicht rekursiv ist.

6.) Zeige, daß die Sprache $f_2^{-1}(1)$ für die Funktion f_2 aus Aufgabe 5 rekursiv aufzählbar ist.

7.) Ist die folgende Funktion $f_3 : \{0,1,\ldots,9\}^* \to \{0,1\}$ rekursiv? Die Eingabe x wird als Dezimalzahl interpretiert. Es ist $f_3(x) = 1$ genau dann, wenn es in der Dezimaldarstellung von π einen geschlossenen Block von mindestens x Siebenen gibt. Hinweis: Zeige, daß $f_3(x+1) \leq f_3(x)$ ist. Welche „Form“ hat f_3?

8.) Für $f : \{0,1\}^n \to \{0,1\}$ gibt es eine Turingmaschine M_f, die $f^{-1}(1)$ in $n+1$ Schritten akzeptiert.

9.) Simuliere Turingmaschinen, die Eingaben mit Hilfe der Zustandsmenge F akzeptieren, ohne Zeitverlust durch Turingmaschinen, die die Position $p \leq 0$ nie besuchen.

10.) Simuliere zweidimensionale Turingmaschinen (der Speicher ist ein unendliches Schachbrett, es gibt für den Kopf fünf Bewegungsrichtungen Rechts, Links, Oben, Unten, Nicht bewegen) durch normale Turingmaschinen. Wie groß ist der Zeitverlust?

11.) Schreibe ein Programm in einer „modernen“ Programmiersprache, das bei Eingabe einer Gödelnummer $\langle M \rangle$ und eines Wortes $w \in \{0,1\}^*$ die Turingmaschine M auf der Eingabe w simuliert. Wie groß ist der Zeitverlust?

12.) Beschreibe für eine beliebige „moderne“ Programmiersprache, welche Probleme explizit gelöst werden müssen, um eine Turingmaschine zu definieren, die Programme in der vorgegebenen Programmiersprache simuliert. Wie groß wird der Zeitverlust?

13.) Das spezielle Halteproblem

$$\mathrm{SH} = \{\langle M \rangle \mid M \text{ hält auf } \langle M \rangle\}$$

ist nicht rekursiv.

14.) Sei $M = (Q, \Sigma, \delta, q_0, \Gamma, B, F)$ eine Turingmaschine, die auf Eingaben der Länge n nur die Bandzellen $1, \ldots, s(n)$ benutzt. Wenn M auf einer Eingabe der Länge n stoppt, dann stoppt M nach spätestens $|Q||\Gamma|^{s(n)}s(n)$ Schritten. Hinweis: Wann gerät M in eine Schleife?

15.) Seien L_1 und L_2 rekursiv aufzählbar. Muß $L_1 - L_2$ dann notwendigerweise rekursiv aufzählbar sein?

16.) L ist genau dann rekursiv, wenn es eine Turingmaschine gibt, die auf ein Ausgabeband alle Wörter $w \in L$, jeweils durch ein Sonderzeichen # getrennt, in kanonischer Reihenfolge aufschreibt („auflistet“).

17.) L ist genau dann rekursiv aufzählbar, wenn es eine Turingmaschine gibt, die auf ein Ausgabeband alle Wörter $w \in L$, jeweils durch ein Sonderzeichen # getrennt, in beliebiger Reihenfolge aufschreibt („aufzählt“).

18.) Das Reduktionskonzept $\leq$ ist transitiv.

19.) Gilt Lemma 2.8.6 auch für rekursiv aufzählbare Sprachen?

20.) Das Postsche Korrespondenzproblem PKP ist rekursiv aufzählbar.

21.) Das Postsche Korrespondenzproblem PKP ist bereits über dem Alphabet $\{0, 1\}$ unentscheidbar.

3 Die NP-Vollständigkeitstheorie

3.1 Die Klasse P

Wann ist die Aufgabe, einen effizienten Algorithmus für ein bestimmtes Problem zu finden, erfolgreich gelöst? Polynomielle Algorithmen für Registermaschinen gelten als effiziente Algorithmen. Nach den Ergebnissen aus Kapitel 2 können wir hierbei Registermaschinen durch Turingmaschinen, aber auch durch MODULA-Programme ersetzen.

3.1.1 Definition Sei M eine deterministische Turingmaschine auf dem Eingabealphabet Σ. Die worst case Rechenzeit $t_M(n)$ ist die maximale Anzahl von Rechenschritten, die M auf Eingaben aus Σ^n macht.

3.1.2 Definition P ist die Klasse der Probleme, für die es eine deterministische Turingmaschine M gibt, deren worst case Rechenzeit polynomiell beschränkt ist.

Was machen wir nun, wenn wir für ein Problem keinen polynomiellen Algorithmus finden? Irgendwie müssen wir dieses Dilemma unserem Auftraggeber ja erklären. Wenn wir ihm beweisen können, daß es für sein Problem keinen polynomiellen Algorithmus gibt, kann ein (vernünftiger) Auftraggeber mit uns nicht unzufrieden sein. Es gibt dann mehrere Auswege für ihn. Er kann sein Problem neu formulieren. Vielleicht interessiert ihn nur ein Spezialfall des allgemeinen Problems, und für diesen könnte es effiziente Algorithmen geben. Er kann sich auch mit approximativen Lösungen zufriedengeben. Oder mit Algorithmen, die in vielen Fällen eine erträgliche Rechenzeit haben.

Wie läßt sich nun zeigen, daß ein Problem nicht in P liegt?

Wir kennen Methoden, um zu zeigen, daß ein Problem nicht rekursiv ist. Dann ist es algorithmisch gar nicht lösbar. Dies ist eine viel stärkere Aussage als die Aussage, daß ein Problem nicht in P ist.

Ein Problem ist auch dann nicht in P, wenn die Länge des Ergebnisses nicht mehr polynomiell in der Länge der Eingabe beschränkt ist. Derartige Probleme sind oft

„falsch“ gestellt. Ein typisches Beispiel dafür bilden Optimierungsprobleme, bei denen wir nach allen optimalen Lösungen fragen.

Schließlich gibt es für einige rekursive Probleme mit kurzen Ausgaben Beweise, daß diese Probleme exponentielle oder gar doppelt exponentielle Rechenzeit benötigen. Ein Beispiel hierfür ist die Presburger Arithmetik, die Menge der korrekten quantifizierten Formeln über $\{+, -\}$.

Es gibt aber eine große Klasse von über 1000 Problemen, für die bisher nicht bewiesen werden kann, daß sie nicht in P enthalten sind. Wir können jedoch zeigen, daß sie entweder alle oder alle nicht in P enthalten sind. Es wird vermutet, daß sie alle nicht in P sind. Der Beweis, daß ein Problem zu dieser Klasse gehört, gilt als ein Nachweis, daß es (zumindest heutzutage) für dieses Problem keinen polynomiellen Algorithmus gibt.

Bevor wir uns der NP-Vollständigkeitstheorie zuwenden, wollen wir uns einige Probleme, deren NP-Vollständigkeit und damit Schwierigkeit wir später beweisen, schon einmal näher anschauen.

3.1.3 Definition In einem ungerichteten Graphen $G = (V, E)$ bildet die Knotenmenge $V' \subseteq V$ eine Clique, wenn für alle $v, v' \in V'$ gilt $\{v, v'\} \in E$.

In der Soziologie werden Beziehungsgraphen behandelt, d. h. Knoten symbolisieren Personen und Kanten enge Beziehungen. Damit wird die Bezeichnung Clique anschaulich klar. Graphentheoretisch bilden Cliquen Teilgraphen maximalen Zusammenhangs. Wir betrachten nun drei verschiedene Varianten des sogenannten Cliquenproblems CLIQUE.

Variante 1: Gegeben $G = (V, E)$ und $k \in \mathbb{N}$. Gibt es eine Clique der Größe k in G?

Variante 2: Gegeben $G = (V, E)$. Berechne das größte k, so daß G eine k-Clique enthält.

Variante 3: Gegeben $G = (V, E)$. Berechne eine Clique C in G, so daß keine Clique C' in G mehr Knoten als C enthält.

Die erste Variante heißt auch Entscheidungsproblem für Cliquen. Die anderen beiden Probleme sind Optimierungsvarianten, wobei die zweite Variante sich mit dem Wert einer optimalen Lösung zufriedengibt und die dritte Variante die Berechnung einer optimalen Lösung erfordert. Jeder Algorithmus für Variante 3 kann offensichtlich mit nur geringem Mehraufwand als Algorithmus für Variante 1 oder 2 benutzt werden. Ebenso löst jeder Algorithmus für Variante 2 im wesentlichen auch Variante 1. Erstaunlicherweise gelten sogar die Umkehrungen.

3.1.4 Satz

i) Wenn die Variante 1 des Cliquenproblems in polynomieller Zeit lösbar ist, dann auch die Variante 2.

ii) Wenn die Variante 2 des Cliquenproblems in polynomieller Zeit lösbar ist, dann auch die Variante 3.

Beweis

i) Wir betrachten n verschiedene Eingaben für die Variante 1 des Cliquenproblems. Die Eingaben beziehen sich alle auf den gegebenen Graphen G. Der Parameter k nimmt die Werte $1, \ldots, n$ an. Diese n Probleme können nach Voraussetzung in polynomieller Zeit gelöst werden. Das maximale k, für das die Antwort „Ja" ist, ist Lösung für die Variante 2 des Cliquenproblems. Anstelle dieser Linearen Suche kann auch Binäre Suche verwendet werden, was die Zahl der Aufrufe des Algorithmus für Variante 1 wesentlich verkleinert.

ii) Wir berechnen zunächst mit dem polynomiellen Algorithmus für Variante 2 des Cliquenproblems die Größe k_{opt} der größten Clique in G. Dann behandeln wir die Kanten aus E nacheinander. Zunächst entfernen wir probeweise die erste Kante aus G. Für den entstandenen Graphen berechnen wir mit dem gegebenen Algorithmus die Größe der größten Clique. Wenn diese k_{opt} ist, können wir auf diese Kante verzichten und betrachten sie nie wieder. Wenn die größte Clique nur noch kleinere Größe als k_{opt} hat, ist diese Kante für eine Clique der Größe k_{opt} notwendig, und wir fügen diese Kante wieder in den Graphen ein. Nachdem wir alle Kanten auf diese Weise behandelt haben, erhalten wir einen Graphen, dessen Kanten eine Clique der Größe k_{opt} bilden. □

Da dieser Satz für die meisten der betrachteten Optimierungsprobleme in entsprechender Weise gilt, ist es vernünftig, sich auf die Entscheidungsvarianten zu beschränken. Wenn sich diese als schwierig erweisen, gilt dies für die Optimierungsvarianten erst recht, auch die Umkehrung gilt oft.

Schon im Vorgriff auf Kapitel 3.4 definieren wir weitere Optimierungsprobleme.

BIN PACKING PROBLEM BPP: Gegeben $a_1, \ldots, a_n,\ b \in \mathbb{N}$.

Variante 1: Gegeben k. Können die Objekte $1, \ldots, n$ mit den Größen $a_1, \ldots, a_n$ so auf k Behälter der Größe b verteilt werden, daß kein Behälter „überläuft", d. h. gibt es eine Abbildung $f : \{1, \ldots, n\} \to \{1, \ldots, k\}$, so daß für jedes j die Summe aller Größen der Objekte i, die in Behälter j gepackt werden ($f(i) = j$), nicht größer als b ist?

Variante 2: Berechne das minimale k, für das die Variante 1 eine positive Antwort liefert.

Variante 3: Berechne eine Verteilung der Objekte, die mit der minimalen Zahl von Behältern auskommt.

KNAPSACK KP: Gegeben sind ein Rucksack und n Objekte mit Gewichten $g_1, \ldots, g_n$ sowie eine Gewichtsschranke G. Zusätzlich seien $a_1, \ldots, a_n$ die Nutzenwerte für die Objekte.

Variante 1: Gibt es zu gegebenem Nutzenwert A eine Bepackung des Rucksackes, die das Gewichtslimit respektiert und mindestens den Nutzen A erreicht?

Variante 2: Berechne den größten erreichbaren Nutzen.

Variante 3: Berechne eine optimale Bepackung des Rucksackes.

TRAVELING SALESMAN PROBLEM TSP: Gegeben sind n Orte und die Kosten $c(i,j) \in \mathbb{N}$, um von i nach j zu reisen. Eine Rundreise (ein Hamiltonkreis, eine Tour) ist durch eine Permutation π auf $\{1, \ldots, n\}$ gegeben, ihre Kosten betragen $c(\pi(1), \pi(2)) + c(\pi(2), \pi(3)) + \ldots + c(\pi(n-1), \pi(n)) + c(\pi(n), \pi(1))$.

Variante 1: Gibt es zu gegebenem B eine Rundreise, deren Kosten durch B beschränkt sind?

Variante 2: Berechne die Kosten einer billigsten Rundreise.

Variante 3: Berechne eine billigste Rundreise.

3.2 Nichtdeterministische Turingmaschinen und die Klasse NP

Die Entscheidungsvarianten der vier von uns betrachteten Optimierungsprobleme haben eines gemeinsam. Wenn wir zufällig (durch ein Orakel ähnlich mysteriös wie das von Delphi, durch glückliches Raten oder wie auch immer) eine Lösung vorliegen haben, können wir sehr einfach und effizient verifizieren, daß die Lösung tatsächlich den Anforderungen entspricht.

CLIQUE: Für eine Knotenmenge V' kann effizient überprüft werden, ob G eine Clique auf V' enthält und ob V' mindestens k Knoten enthält.

BPP: Für jede Abbildung $f : \{1, \ldots, n\} \to \{1, \ldots, k\}$ kann effizient entschieden werden, ob bei der zugehörigen Verteilung der Objekte auf die Behälter kein Behälter überläuft.

KP: Für jede Auswahl der Objekte kann effizient entschieden werden, ob die Gewichtsgrenze eingehalten wird und ob der Nutzen groß genug ist.

TSP: Für jede Rundreise kann effizient entschieden werden, ob die Kosten klein genug sind.

Wir wollen nun ein zugehöriges Rechnermodell für Entscheidungsprobleme entwerfen. Es muß raten können, d. h. es muß erlaubt sein, aus bestimmten Konfigurationen in einem Schritt eine Auswahl von Nachfolgekonfigurationen zu haben. Wenn richtig geraten wurde, sollte dies erkannt werden, d. h. die Eingabe akzeptiert werden. Andererseits sollten nur Eingaben, die zu dem Entscheidungsproblem, d. h. der zu entscheidenden Sprache gehören, akzeptiert werden. Diese Ideen werden wir nun formalisieren.

3.2.1 Definition Eine nichtdeterministische Turingmaschine NTM ist definiert wie eine deterministische Turingmaschine (TM oder DTM), nur ist die Zustandsüberführungsfunktion δ durch eine Relation auf $(Q \times \Gamma) \times (Q \times \Gamma \times \{L, R, N\})$ ersetzt, die wir ebenfalls δ nennen.

Die Arbeitsweise einer NTM ist die folgende. Wenn die NTM im Zustand q den Buchstaben a liest, ist für jedes $(q, a, q', a', d) \in \delta$ der Rechenschritt möglich, den eine DTM für $\delta(q, a) = (q', a', d)$ durchführt. Falls kein Rechenschritt möglich ist, stoppt die NTM. Es ist offensichtlich, daß für eine feste Eingabe w viele Rechenwege möglich sein können.

3.2.2 Definition Eine NTM M akzeptiert die Eingabe w, falls es mindestens einen Rechenweg von M gibt, der in einen akzeptierenden Stopzustand führt. Die von M erkannte Sprache $L = L(M)$ besteht aus allen Wörtern w, die M akzeptiert.

Wir benutzen weiterhin die Notation $\vdash$ und $\overset{*}{\vdash}$, wobei $\alpha q \beta \vdash \alpha' q' \beta'$ nun bedeutet, daß M in einem Rechenschritt von der Konfiguration $\alpha q \beta$ in die Konfiguration $\alpha' q' \beta'$ geraten kann.

An dieser Stelle soll ausdrücklich betont werden, daß wir nichtdeterministische Turingmaschinen nicht bauen, sondern nur als Modell für die Klassifikation der Komplexität von Problemen benutzen wollen.

Zur Vorstellung der Arbeitsweise einer NTM sind die beiden folgenden Gedankenmodelle nützlich. Wir können uns ein hilfreiches Orakel vorstellen, das uns, falls es einen akzeptierenden Rechenweg gibt, an den Weggabelungen immer auf den kürzesten akzeptierenden Rechenweg schickt. Äquivalent dazu können wir uns auch vorstellen, daß wir uns beliebig teilen können und daher an jeder Weggabelung jeden Weg gleichzeitig beschreiten. Wenn das erste Mal „ein Teil von uns" einen akzeptierenden Stopzustand erreicht hat, ruft dieser Teil „Erfolg", und die Eingabe wird akzeptiert. Wenn kein akzeptierender Rechenweg existiert, muß die Rechnung nicht abbrechen. Dies führt zu folgender Bewertung der Rechenzeit.

3.2.3 Definition Es sei eine NTM M, die die Sprache L akzeptiert, gegeben. Die Rechenzeit für eine Eingabe w ist, falls $w \in L$, gleich der Anzahl der Rechenschritte auf einem kürzesten akzeptierenden Rechenweg, und 0, falls $w \notin L$. Die worst case Rechenzeit $t_M(n)$ ist das Maximum der Rechenzeiten für alle Eingaben w der Länge n.

3.2.4 Definition NP (nichtdeterministisch polynomiell) ist die Klasse der Entscheidungsprobleme, für die es eine nichtdeterministische Turingmaschine M gibt, deren worst case Rechenzeit polynomiell beschränkt ist.

3.2.5 Satz *Die Entscheidungsvarianten von CLIQUE, BPP, KP und TSP sind in NP.*

Beweis Für CLIQUE zählt die NTM M zunächst die Anzahl n der Knoten von G. Dann rät sie ein Wort $w \in \{0,1\}^n$. Formal setzt sie Markierungen, zwischen denen n leere Zellen liegen. Sie ist dann in einem nichtdeterministischen Zustand, in dem sie 0 oder 1 schreiben kann. Beim Erreichen der zweiten Markierung wechselt M wieder den Zustand. Das Wort w wird als Knotenauswahl interpretiert, d. h. V' enthält alle Knoten i mit $w_i = 1$. Es wird dann getestet, ob V' genau k Knoten und G eine Clique auf V' enthält. Wenn beide Tests positiv ausgehen, wird die Eingabe $G = (V, E)$ akzeptiert. Die Rechenzeit ist offensichtlich polynomiell in der Knotenzahl n, und es werden genau die Graphen, die eine k-Clique enthalten, akzeptiert.

Für BPP wird eine Codierung von $f : \{1, \ldots, n\} \to \{1, \ldots, k\}$, für KP eine Auswahl der Objekte und für TSP eine Rundreise nichtdeterministisch erzeugt. Wie die geratenen Lösungen dann verifiziert werden, haben wir uns bereits überlegt. □

Da deterministische Turingmaschinen auch als nichtdeterministische Turingmaschinen, die vom Nichtdeterminismus keinen Gebrauch machen, aufgefaßt werden können, ist die folgende grundlegende Aussage offensichtlich richtig.

3.2.6 Satz $P \subseteq NP$.

Wie „groß“ ist NP? Wir zeigen zunächst, daß wir mit Hilfe des Nichtdeterminismus keinen beliebigen Rechenzeitgewinn erzielen können.

3.2.7 Satz *Für jede Sprache $L \in NP$ gibt es ein Polynom p und eine DTM M, so daß M die Sprache L in exponentieller Zeit $2^{p(n)}$ akzeptiert.*

B e w e i s Nach Voraussetzung gibt es eine NTM M' für L, deren worst case Rechenzeit durch ein Polynom $q(n)$ beschränkt ist. Damit hat jede Eingabe $w \in L$ bzgl. M' einen akzeptierenden Rechenweg, dessen Länge durch $q(|w|)$ beschränkt ist, wobei $|w|$ die Länge von w ist. Sei nun $k := 3|Q||\Gamma|$. Die Tripel aus $Q \times \Gamma \times \{R, L, N\}$ seien von $1, \ldots, k$ durchnumeriert. Dann hat M' zu jedem Zeitpunkt die Auswahl zwischen maximal k Rechenschritten. Die deterministische Turingmaschine M berechnet in polynomieller Zeit für die Eingabe w deren Länge $|w|$ und dann $m := q(|w|)$.

Unter $(i_1, \ldots, i_m) \in \{1, \ldots, k\}^m$ verstehen wir folgenden Rechenweg. Zum Zeitpunkt $t \in \{1, \ldots, m\}$ wird für das t-te Tripel $(q_t, a_t, d_t) \in Q \times \Gamma \times \{R, L, N\}$, den erreichten Zustand q und den gelesenen Buchstaben a getestet, ob $(q, a, q_t, a_t, d_t) \in \delta$ ist. Wenn dies nicht der Fall ist, ist der Rechenweg $(i_1, \ldots, i_m)$ illegal. Ansonsten wird der Rechenschritt (q, a, q_t, a_t, d_t) durchgeführt. Die DTM M simuliert nacheinander alle k^m denkbaren Rechenwege von M'. Sie akzeptiert genau dann, wenn ein legaler Rechenweg in einen akzeptierenden Endzustand führt. Die Zahl der Rechenwege beträgt $k^m = 2^{m \log k}$ und ist exponentiell. Jeder Simulationsversuch benötigt nur polynomielle Rechenzeit. Daher kann die Gesamtrechenzeit für ein geeignetes Polynom p durch $2^{p(n)}$ abgeschätzt werden.

Wir zeigen hier nur die Existenz der DTM M. Wenn wir M konstruieren wollen, müssen wir das Polynom q kennen. Da Polynome einen festen Grad haben, läßt sich in jedem Fall m in polynomieller Zeit berechnen. □

Falls sogar NP = P ist, können wir CLIQUE, BPP, KP und TSP in polynomieller Zeit lösen. Falls NP ≠ P ist, folgt daraus bisher nichts für die von uns betrachteten Optimierungsprobleme. Im nächsten und übernächsten Abschnitt werden wir zeigen, daß NP ≠ P impliziert, daß es für diese Optimierungsprobleme keine polynomiellen Algorithmen gibt.

3.3 NP-Vollständigkeit

In Kapitel 2.8 haben wir bereits Reduktionen benutzt, um aus der Nichtrekursivität einer Sprache auf die Nichtrekursivität einer anderen Sprache zu schließen. In den dortigen Anwendungen war uns die Komplexität eines der beiden betrachteten Probleme stets bekannt. Hier benutzen wir polynomielle Reduktionen, um die relative Komplexität von Problemen zu messen.

3.3.1 Definition Es seien L_1 und L_2 Sprachen über Σ_1 und Σ_2. Dann heißt L_1 polynomiell auf L_2 reduzierbar, Notation $L_1 \leq_p L_2$, wenn es eine polynomielle Transformation von L_1 nach L_2 gibt, d. h. wenn es eine von einer DTM in polynomieller Zeit berechenbare Funktion $f : \Sigma_1^* \to \Sigma_2^*$ gibt, so daß für alle $w \in \Sigma_1^*$ gilt:

$$w \in L_1 \Leftrightarrow f(w) \in L_2.$$

Da wir uns dafür interessieren, ob Entscheidungsprobleme in P liegen, spielen für uns Polynome in der Rechenzeit keine Rolle. Wenn ein Problem in P liegt, werden wir natürlich nach möglichst effizienten Algorithmen suchen, also nach Algorithmen, bei denen der Grad des Rechenzeitpolynoms möglichst klein ist. In dem oben genannten Sinn soll $L_1 \leq_p L_2$ bedeuten, daß L_1 nicht schwieriger als L_2 ist. Genauer soll dies bedeuten: Falls L_2 in Rechenzeit $t(n)$ lösbar ist, soll es ein Polynom p geben, so daß L_1 in Rechenzeit $p(n) + t(p(n))$ lösbar ist. Dies bedeutet, daß L_1 in P ist, falls L_2 in P ist. Dies wiederum ist äquivalent dazu, daß L_2 nicht in P ist, falls L_1 nicht in P ist. Aber $L_1 \leq_p L_2$ bedeutet nicht, daß L_1 in kürzerer Rechenzeit entscheidbar ist als L_2. Es kann sein, daß der beste Algorithmus für L_1 Rechenzeit $\Theta(n^5)$ (oder 2^{n^5}) hat, während es für L_2 Algorithmen mit Rechenzeit $O(n)$ (bzw. $2^{O(n)}$) gibt. Wir werden nun beweisen, daß unsere Definition von $\leq_p$ mit unseren gerade geäußerten Vorstellungen übereinstimmt.

3.3.2 Satz $L_1 \leq_p L_2,\ L_2 \in P \Rightarrow L_1 \in P.$

B e w e i s Wir beschreiben die Voraussetzungen ausführlich. Es gibt eine DTM M, die in worst case Zeit $p(n)$ für ein Polynom p (o. B. d. A. $p(n) \geq n$) eine Funktion $f : \Sigma_1^* \to \Sigma_2^*$ berechnet, so daß $w \in L_1$ genau dann ist, wenn $f(w) \in L_2$ ist. Außerdem gibt es eine DTM M_2, die für $y \in \Sigma_2^*$ in polynomieller Zeit $p_2(|y|)$ entscheidet, ob $y \in L_2$ ist. Wir können p_2 als monoton wachsend annehmen.

Wir beschreiben nun eine DTM M_1 für die Sprache L_1. Für die Eingabe w wird zunächst ein Unterprogramm benutzt, das M simuliert und $f(w)$ berechnet. Dann wird in ein Unterprogramm gewechselt, das M_2 simuliert und entscheidet, ob $f(w) \in$

L_2 ist. Nach Voraussetzung ist damit entschieden, ob $w \in L_1$ ist. Die Rechenzeit ist, da $|f(w)| \leq p(|w|)$ ist, beschränkt durch

$$p(|w|) + p_2(p(|w|)).$$

Da die Klasse der Polynome gegen Addition und Hintereinanderausführung abgeschlossen ist, entscheidet M_1 in polynomieller Zeit die Sprache L_1. □

Wir wollen den Begriff der polynomiellen Reduktion an einem sehr einfachen Beispiel einüben.

HAMILTONIAN CIRCUIT HC: Gegeben ein ungerichteter Graph $G = (V, E)$. Enthält G einen Hamiltonschen Kreis, also einen Kreis, der jeden Knoten genau einmal berührt?

3.3.3 Satz *HC* $\leq_p$ *TSP.*

B e w e i s Mit Hilfe einer polynomiellen Transformation codieren wir das HC-Problem in das TSP. Eine Eingabe, die nicht Codierung eines ungerichteten Graphen ist, wird auf einen String abgebildet, der nicht Codierung einer Eingabe für das TSP ist. Sei nun also $G = (V = \{1, \ldots, n\}, E)$ ein ungerichteter Graph. Dann ist $f(G)$ die folgende Eingabe für das TSP. Das Problem beinhaltet n Orte. Es sei $c(i, j) = 1$, falls $(i, j) \in E$, und $c(i, j) = 2$ sonst. Die Kostengrenze sei $B := n$. Offensichtlich läßt sich f in polynomieller Zeit berechnen.

Wir müssen noch zeigen, daß G genau dann einen Hamiltonschen Kreis enthält, wenn $f(G)$ eine Rundreise mit durch n beschränkten Kosten erlaubt. Einerseits entspricht ein Hamiltonkreis in G direkt einer Rundreise in $f(G)$ mit Kosten n. Andererseits haben Rundreisen in $f(G)$ genau n Wegstrecken und damit nur dann durch n beschränkte Kosten, wenn alle Wegstrecken Kosten 1 verursachen. Dann ist diese Rundreise jedoch als Hamiltonkreis in G enthalten. □

Die Interpretation von $\leq_p$ als „im wesentlichen nicht schwieriger" impliziert, daß $\leq_p$ transitiv sein müßte. Durch den Beweis der Transitivität von $\leq_p$ ersparen wir uns den Entwurf vieler polynomieller Transformationen.

3.3.4 Lemma $L_1 \leq_p L_2,\ L_2 \leq_p L_3 \Rightarrow L_1 \leq_p L_3.$

B e w e i s Nach Voraussetzung gibt es Funktionen $f_1 : \Sigma_1^* \to \Sigma_2^*$ und $f_2 : \Sigma_2^* \to \Sigma_3^*$, die in polynomieller Zeit p_1 bzw. p_2 berechnet werden können und für die gilt:

$$x \in L_1 \Leftrightarrow f_1(x) \in L_2 \text{ und } y \in L_2 \Leftrightarrow f_2(y) \in L_3.$$

O.B.d.A. sei p_2 monoton wachsend. Wir definieren $f_3 := f_2 \circ f_1$. Dann ist, da $|f_1(x)| \leq p_1(|x|)$ ist, f_3 in polynomieller Zeit $p_1 + p_2 \circ p_1$ berechenbar, und es gilt

$$x \in L_1 \Leftrightarrow f_1(x) \in L_2 \Leftrightarrow f_2 \circ f_1(x) \in L_3 \Leftrightarrow f_3(x) \in L_3.$$

□

Damit ist $\leq_p$ eine partielle Ordnung auf der Menge der Entscheidungsprobleme. Die einfachsten Probleme bzgl. $\leq_p$ sind die Probleme in P, denn falls $L_1 \in$ P ist, gilt $L_1 \leq_p L_2$ für jede Sprache L_2, die weder leer noch ganz Σ^* ist (Übungsaufgabe). In unserem Zusammenhang macht es wenig Sinn, allgemein von den schwierigsten Problemen bzgl. $\leq_p$ zu sprechen, wir beschränken uns auf die schwierigsten Probleme in NP.

3.3.5 Definition

i) Eine Sprache L heißt NP-vollständig, wenn $L \in$ NP ist und für alle $L' \in$ NP gilt: $L' \leq_p L$.

ii) Eine Sprache L heißt NP-hart, wenn für alle $L' \in$ NP gilt: $L' \leq_p L$.

L ist also NP-vollständig, wenn L selber zu NP gehört und jedes Problem in NP bzgl. $\leq_p$ nicht schwieriger als L ist. NP-harte Probleme müssen selber nicht in NP sein.

Ein NP-vollständiges Problem ist also ein bzgl. $\leq_p$ schwierigstes Problem in NP. Es ist für uns im Moment überhaupt nicht klar, ob es überhaupt NP-vollständige Probleme gibt. Es gibt ja schließlich auch keine größten Zahlen in $\mathbb{N}$. Was wir aber schon in der Einleitung als Eigenschaften NP-vollständiger Probleme herausgestellt haben, läßt sich nun sehr einfach beweisen.

3.3.6 Satz *Sei L NP-vollständig.*

i) Falls $L \in P$, ist P=NP.

ii) Falls $L \notin P$, gilt für alle NP-vollständigen Probleme L', daß $L' \notin P$ ist.

Beweis

i) Es sei $L \in$ P. Da L NP-vollständig ist, gilt für $L' \in$ NP, daß $L' \leq_p L$ ist. Aus Satz 3.3.2 folgt $L' \in$ P und somit NP $\subseteq P$. Andererseits gilt $P \subseteq$ NP.

ii) Es sei $L \notin$ P. Nehmen wir an, daß L' NP-vollständig ist und $L' \in$ P ist. Nach Teil i) dieses Satzes folgt P = NP und damit $L \in$ P im Widerspruch zur Voraussetzung.

□

Wir wiederholen noch einmal die Kernaussage des letzten Satzes. Entweder gibt es für alle NP-vollständigen Probleme polynomielle Algorithmen und P = NP, oder es gibt für kein NP-vollständiges Problem einen polynomiellen Algorithmus und P $\neq$ NP. Fast alle Fachleute glauben, daß NP $\neq$ P ist. Daher gilt der Beweis, daß ein Problem NP-vollständig ist, als Nachweis, daß dieses Problem schwierig ist.

Allerdings scheint es schwierig zu sein, die NP-Vollständigkeit einer Sprache L zu beweisen. Der Teil $L \in$ NP ist vielleicht einfach nachzuweisen (siehe Satz 3.2.5), aber darüber hinaus müssen wir für alle $L' \in$ NP zeigen, daß $L' \leq_p L$ gilt. Dabei „kennen" wir gar nicht alle Probleme $L' \in$ NP. Es war daher ein großer Durchbruch, als Cook (1971) bewies, daß das Erfüllbarkeitsproblem SAT NP-vollständig ist. Das Erfüllbarkeitsproblem ist zwar auch für sich wichtig, für uns spielt es aber nur die Rolle eines Schlüssels für den Beweis, daß uns interessierende Probleme wie CLIQUE, BPP, KP und TSP NP-vollständig sind. Diese Rolle hat für die Nichtrekursivität von Problemen die Diagonalsprache D gespielt.

SATISFIABILITY PROBLEM SAT: Für natürliche Zahlen n und m seien m Klauseln über n Variablen gegeben. Eine Klausel ist die Disjunktion von einigen Literalen x_i bzw. $\overline{x_j}$ mit $i, j \in \{1, \ldots, n\}$. Es soll entschieden werden, ob es eine Belegung $a = (a_1, \ldots, a_n) \in \{0,1\}^n$ der Variablen $x_1, \ldots, x_n$ gibt, so daß alle Klauseln erfüllt sind, d. h. den Booleschen Wert 1 ergeben.

Bevor wir die NP-Vollständigkeit von SAT beweisen, wollen wir die Aussage $L \in$ NP besser „handhabbar" machen. Nach Definition folgt aus $L \in$ NP, daß es eine nichtdeterministische Turingmaschine M gibt, die für ein Polynom p Wörter $w \in L$ in durch $p(|w|)$ beschränkter Zeit akzeptiert und Wörter $w \notin L$ nicht akzeptiert. Nach unseren Betrachtungen in Kapitel 2 können wir o. B. d. A. annehmen, daß M zunächst ein Trennsymbol in die Zelle 0 schreibt und die Zellen $i < 0$ nicht besucht. Innerhalb der Rechnung von M können sich die Phasen des Ratens und Rechnens beliebig ablösen. Wir wollen diese Phasen trennen, wobei die Rechenzeit der simulierenden Turingmaschine M^* ebenfalls polynomiell beschränkt sein soll.

Ratephase: M^* schreibt das Trennsymbol in die Zelle 0 und schreibt dann eine zufällige 0-1-Folge auf das Band links vom Trennsymbol. Dies geschieht in einem ausgezeichneten Ratezustand, in dem drei Aktionen möglich sind, nämlich das Schreiben von 0 oder 1 mit einer Kopfbewegung nach links und die Beendigung des Ratens. Dann wandert der Kopf von M^* zurück auf den ersten Buchstaben der Eingabe.

Verifikationsphase: M^* simuliert nun M, wobei M^* in dieser Phase deterministisch arbeitet. Immer wenn M die Wahl zwischen $m \geq 2$ Möglichkeiten hat, markiert M^* die gelesene Zelle, läuft nach links über das Trennsymbol hinaus und sucht die nächstgelegenen $\lceil \log m \rceil$ Zufallsbits, das sind die in der Ratephase geschriebenen Bits, auf. Diese werden als Binärzahl i interpretiert. Von den m Möglichkeiten wird diejenige gewählt, die in einer beliebigen Numerierung von $Q \times \Gamma \times \{R, L, N\}$ an Position $i \bmod m{+}1$ unter den erlaubten Schritten steht. Die „verbrauchten" Zufallsbits werden gelöscht, M^* kehrt zur markierten Zelle zurück, löscht die Markierung und simuliert den nächsten Rechenschritt von M auf die ausgewählte Weise. Diese Vorgehensweise bereitet kein Problem, da m durch die Konstante $3|Q||\Gamma|$ beschränkt ist. Wenn M^* nicht genügend Zufallsbits findet, stoppt M^* und akzeptiert nicht.

Wörter $w \in L$ werden von M^* akzeptiert, wenn ein akzeptierender Rechenweg in der Ratephase geraten wird. Wörter $w \notin L$ werden nicht akzeptiert, da M^* nur Rechenwege von M und damit nur nicht akzeptierende Rechenwege simuliert. Die Rechenzeit von M^* ist durch $O(p^2(|w|))$ beschränkt. Für $w \in L$ gibt es einen akzeptierenden Rechenweg von M, dessen Länge durch $p(|w|)$ beschränkt ist. Es gibt also für M^* einen akzeptierenden Rechenweg, der mit $\lceil \log(3|Q||\Gamma|) \rceil p(|w|)$ Zufallsbits auskommt. Da M auf diesem Rechenweg nur die Zellen $0, \ldots, p(|w|)$ besuchen kann, wird jeder Rechenschritt von M durch M^* in $O(p(|w|))$ Schritten simuliert.

Nichtdeterministische Turingmaschinen, die wie M^* in den zwei Phasen Ratephase und Verifikationsphase arbeiten, werden als RV-NTM's bezeichnet. Nach diesen Vorbereitungen kommen wir zum Beweis des Satzes von Cook.

3.3.7 Satz von Cook *SAT ist NP-vollständig.*

B e w e i s Es ist SAT $\in$ NP. Wir raten eine 0-1-Folge $a = (a_1, \ldots, a_n)$ der Länge n. Wir ersetzen x_i durch a_i. Für jede Klausel muß mindestens ein Literal den Wert 1 liefern, damit die Klausel erfüllt ist. Die Eingabe für SAT wird akzeptiert, wenn alle Klauseln erfüllt sind. Diese RV-NTM arbeitet offensichtlich in polynomieller Zeit.

Sei nun $L \in$ NP. Wir müssen zeigen, daß $L \leq_p$ SAT gilt. SAT ist ein konkretes Problem. Über L wissen wir aber nur, daß es eine RV-NTM $M = (Q, \Sigma, q_0, \Gamma, \delta, F)$ gibt, die in polynomieller Zeit p die Sprache L entscheidet. Das heißt

- für $w \in L$ gibt es eine zulässige Folge von Konfigurationen $K_0, \ldots, K_t$, wobei K_0 die Startkonfiguration zu w, $t \leq p(|w|)$ und K_t akzeptierend ist.
- für $w \notin L$ gibt es eine derartige Konfigurationenfolge nicht.

Es bleibt uns also nichts übrig, als die Berechnung von M durch eine Boolesche Formel in konjunktiver Form auszudrücken, so daß die Formel genau dann erfüllbar ist, wenn M seine Eingabe akzeptiert. Darüber hinaus darf die Formel nur polynomielle Länge in $|w|$ haben.

Wir betrachten die Arbeitsweise der RV-NTM M genauer. In welcher Zeit sie $w \in L$ akzeptiert, wissen wir nicht; wir kennen nur die obere Schranke $p(|w|)$. Wir ändern M so ab, daß M auch in den Stopzuständen weiter arbeitet, aber im gleichen Zustand bleibt. Nun können wir eine Berechnung auf w als eine Folge von genau $p(|w|) + 1$ Konfigurationen $K_0(w), \ldots, K_{p(|w|)}$ auffassen. Es ist $w \in L$ genau dann, wenn $K_{p(|w|)}$ akzeptierend ist. Da der Kopf der Turingmaschine in Position 1 startet, nach links geht und später zur Position 1 zurückkehrt, sind nur die Positionen $-p(|w|), \ldots, -1, 0, +1, \ldots, p(|w|)$ interessant. Die anderen Positionen enthalten nur Blanks und werden nicht besucht.

Bisher haben wir die Turingmaschinenrechnung nur stärker strukturiert, aber noch keinen Bezug zu Booleschen Funktionen hergestellt. Je mehr Struktur wir jedoch erzwingen, desto einfacher ist die Übertragung in die „fremde" Struktur der Booleschen Funktionen.

Wie können wir eine Konfiguration durch Boolesche Variablen beschreiben?
(1) Aktueller Zustand. Wir benutzen Boolesche Variablen $Q(i,k)$, $0 \leq i \leq p(|w|)$, $0 \leq k \leq |Q|-1$. Dabei soll $Q(i,k)$ genau dann 1 sein, wenn zum Zeitpunkt i der Zustand q_k, $Q = \{q_0, \ldots, q_{|Q|-1}\}$, angenommen wird.
(2) Kopfposition. Wir benutzen Boolesche Variablen $H(i,j)$, $0 \leq i \leq p(|w|)$, $-p(|w|) \leq j \leq p(|w|)$. Dabei soll $H(i,j)$ genau dann 1 sein, wenn zum Zeitpunkt i der Kopf auf Position j zeigt.
(3) Bandinschrift. Wir benutzen Boolesche Variablen $S(i,j,k)$, $0 \leq i \leq p(|w|)$, $-p(|w|) \leq j \leq p(|w|)$, $1 \leq k \leq |\Gamma|$. Dabei soll $S(i,j,k)$ genau dann 1 sein, wenn zum Zeitpunkt i an Position j der Buchstabe a_k, $\Gamma = \{a_1, \ldots, a_{|\Gamma|}\}$, steht.

Die Zahl der Booleschen Variablen beträgt

$$(p(|w|)+1)|Q| + (p(|w|)+1)(2p(|w|)+1) + (p(|w|)+1)(2p(|w|)+1)|\Gamma|$$

und ist polynomiell in $|w|$ beschränkt. Die Menge der Booleschen Variablen kann auch in polynomieller Zeit beschrieben werden.

Es bleibt noch die Klauselmenge zu konstruieren. Die Klauselmenge soll genau dann erfüllbar sein, wenn folgende Bedingungen erfüllt sind.
(1) $\forall i$: Genau eine der Variablen $Q(i,k)$ ist 1, d. h. die Maschine ist in genau einem Zustand.
(2) $\forall i$: Genau eine der Variablen $H(i,j)$ ist 1, d. h. der Kopf zeigt auf genau eine Position.
(3) $\forall i\ \forall j$: Genau eine der Variablen $S(i,j,k)$ ist 1, d. h. jede Position enthält genau einen Buchstaben.
Die Bedingungen (1) – (3) bedeuten, daß die Klauselmenge nur dann erfüllbar ist, wenn die Variablen Konfigurationen beschreiben.
(4) $i = 0$: die Variablen $Q(0,\cdot)$, $H(0,\cdot)$ und $S(0,\cdot,\cdot)$ sollen eine Anfangskonfiguration beschreiben. Da die Ratephase nicht von dem speziellen Turingmaschinenprogramm abhängt, betrachten wir die Situation nach der Ratephase als Anfangskonfiguration.
Es muß $Q(0,k) = 1$ für den Anfangszustand q_k nach der Ratephase sein.
Es muß $H(0,1) = 1$ sein, der Kopf steht wieder an Position 1. Dazu ist $S(0,0,t) = 1$, wenn a_t das Trennsymbol ist.
Es muß für $j < 0$ $S(0,j,k_0) \vee S(0,j,k_1) \vee S(0,j,k_2) = 1$ sein, wobei $a_{k_0} = 0, a_{k_1} =$

$1, a_{k_2} = B$ ist. Dazu muß gelten $S(0,j,k_2) = 1 \Rightarrow S(0,j-1,k_2) = 1$, d. h. links von Blanks stehen wieder Blanks. Dies läßt sich ausdrücken durch $\overline{S(0,j,k_2)} \vee S(0,j-1,k_2)$ für $-p(|w|)+1 \leq j \leq -1$.
Es muß $S(0,j,k_0) = \overline{w_j}$ und $S(0,j,k_1) = w_j$ für $1 \leq j \leq |w|$ gelten, d. h. an diesen Positionen muß die Eingabe stehen. Dies ist übrigens die einzige Stelle, wo die aktuelle Eingabe für L die Klauselmenge beeinflußt.
Schließlich muß $S(0,j,k_2)$ für $j > |w|$ erfüllt sein, rechts von der Eingabe stehen Blanks.
(5) Es muß, falls k^* der Index des akzeptierenden Zustands ist, $Q(p(|w|), k^*)$ erfüllt sein, d. h. die letzte Konfiguration muß akzeptierend sein.
(6) Bisher haben wir die Bedingungen an die einzelnen Konfigurationen formuliert. Es muß nun durch Klauseln sichergestellt werden, daß für $0 \leq i \leq p(|w|)-1$ die $(i+1)$-te Konfiguration die Nachfolgekonfiguration der i-ten Konfiguration ist. Hierbei ist zu beachten, daß die RV-NTM in der zweiten Phase deterministisch arbeitet und die Nachfolgekonfiguration in jedem Fall eindeutig festgelegt ist.

Die Klauseln für (1), (2), (3) und (6) müssen noch beschrieben werden. Für (1), (2) und (3) sind die Klauseln vom gleichen Typ. Es seien $y_1, \ldots, y_m$ Boolesche Variablen. Die Formel

$$(y_1 \vee \ldots \vee y_m) \wedge \bigwedge_{i \neq j} (\overline{y}_i \vee \overline{y}_j) \qquad (*)$$

wird genau von allen Vektoren $(a_1, \ldots, a_m)$ mit genau einer Eins erfüllt. Eine Eins ist nötig, um die erste Klausel zu erfüllen. Falls der Vektor zwei Einsen an den Stellen i und j hat, ist $\overline{y}_i \vee \overline{y}_j$ nicht erfüllt. Eingaben mit genau einer Eins erfüllen alle Klauseln. Nach diesem Schema können alle Klauseln für (1) - (3) gebaut werden. $(*)$ enthält $O(m^2)$ Klauseln.

Da jede Klausel jede der polynomiell vielen Variablen höchstens einmal enthält, genügt es zu zeigen, daß die Zahl der Klauseln polynomiell groß ist. Wir ziehen Bilanz für die Bedingungen (1) - (5).
(1) $(p(|w|)+1) \cdot O(|Q|^2) = O(p(|w|)$.
(2) $(p(|w|)+1) \cdot O(p(|w|)^2) = O(p(|w|)^3)$.
(3) $(p(|w|)+1) \cdot (2p(|w|)+1) \cdot O(|\Gamma|^2) = O(p(|w|)^2)$.
(4) $1+1+1+p(|w|)+p(|w|)-1+|w|+p(|w|)-|w| = O(p(|w|))$.
(5) 1.

Die Klauseln für die Bedingungen (1) - (5) sind auch in polynomieller Zeit konstruierbar.

Wir kommen zu den Bedingungen (6).
(6) (a) Die nicht gelesenen Speicherzellen dürfen sich nicht verändern.

$$\forall 0 \leq i < p(|w|), -p(|w|) \leq j \leq p(|w|), 1 \leq k \leq |\Gamma| :$$

$$\overline{S(i,j,k)} \vee H(i,j) \vee S(i+1,j,k),$$

d. h. wenn an Position j zum Zeitpunkt i der k-te Buchstabe steht ($S(i,j,k) = 1$) und der Kopf zum Zeitpunkt i nicht auf Position j zeigt ($H(i,j) = 0$), muß auch zum Zeitpunkt $i+1$ an Position j der k-te Buchstabe stehen, es muß $S(i+1,j,k) = 1$ sein. Dies sind $O(p(|w|)^2)$ in polynomieller Zeit konstruierbare Klauseln.

(6) (b) Die gelesene Speicherzelle muß korrekt verändert werden. Es sei $b(k,\ell)$ der Index, so daß $\delta(q_k, a_\ell) = (\cdot, a_{b(k,\ell)}, \cdot)$ ist.

$$\forall 0 \le i < p(|w|), -p(|w|) \le j \le p(|w|), 1 \le k \le |Q|, 1 \le \ell \le |\Gamma| :$$
$$\overline{H(i,j)} \vee \overline{Q(i,k)} \vee \overline{S(i,j,\ell)} \vee S(i+1,j,b(k,\ell)),$$

d. h. wenn zum Zeitpunkt i der Kopf an Position j steht ($H(i,j) = 1$) und der Zustand q_k ist ($Q(i,k) = 1$) und an Position j der Buchstabe a_ℓ steht ($S(i,j,\ell) = 1$), muß zum Zeitpunkt $i+1$ an Position j der Buchstabe $a_{b(k,\ell)}$ stehen. Dies sind $O(p(|w|)^2)$ in polynomieller Zeit konstruierbare Klauseln.

(6) (c) Der Zustand muß korrekt verändert werden. Es sei $c(k,\ell)$ der Index, so daß $\delta(q_k, a_\ell) = (q_{c(k,\ell)}, \cdot, \cdot)$ ist.

$$\forall 0 \le i < p(|w|), -p(|w|) \le j \le p(|w|), 1 \le k \le |Q|, 1 \le \ell \le |\Gamma| :$$
$$\overline{H(i,j)} \vee \overline{Q(i,k)} \vee \overline{S(i,j,\ell)} \vee Q(i+1,c(k,\ell)).$$

Begründung und Analyse wie in (6) (b).

(6) (d) Die Kopfposition muß korrekt verändert werden. Es sei $d(k,\ell)$ so gewählt, daß $\delta(q_k, a_\ell) = (\cdot, \cdot, d(k,\ell))$ ist, wobei wir R durch $+1$, N durch 0 und L durch -1 ersetzt haben.

$$\forall 0 \le i < p(|w|), -p(|w|) \le j \le p(|w|), 1 \le k \le |Q|, 1 \le \ell \le |\Gamma| :$$
$$\overline{H(i,j)} \vee \overline{Q(i,k)} \vee \overline{S(i,j,\ell)} \vee H(i+1,j+d(k,\ell)).$$

Begründung und Analyse wie in (6) (b).

Wir haben nun die Variablenmenge mit $O(p(|w|)^2)$ Variablen und die Klauselmenge mit $O(p(|w|)^3)$ Klauseln beschrieben. Variablen- und Klauselmenge lassen sich in polynomieller Zeit konstruieren.

Wenn nun $w \in L$ ist, wird w von der RV-NTM M in Zeit $p(|w|)$ akzeptiert. Die Klauselmenge wird erfüllt für die Belegung der Variablen, die die Rechnung simuliert. Für die Anfangsbelegung des Bandes links von der Startposition muß der Ratestring bei einer akzeptierenden Berechnung eingesetzt werden.

Wenn andererseits die Klauselmenge erfüllbar ist, ist die erfüllende Belegung die Simulation einer akzeptierenden Berechnung. Die Klauseln (1) – (3) sichern, daß zu jedem Zeitpunkt eine Konfiguration simuliert wird. Die Klauseln (4) sichern, daß mit einer Konfiguration begonnen wird, die nach der Ratephase erreichbar ist. Die Klausel (5) sichert, daß die letzte Konfiguration akzeptierend ist. Die Klauseln (6) sichern schließlich, daß die Rechnung gemäß der Übergangsfunktion δ vor sich geht. Also folgt $w \in L$. □

Dieser Beweis war zwar lang und kompliziert. Die Leserin und der Leser sollten aber noch einmal die Beweisidee herausarbeiten und erst zufrieden sein, wenn sie mit mir der Meinung sind, daß die Beweisidee und der Beweisgang einfach sind.

Obwohl wir also nicht alle Probleme L in NP „kennen", genügt die Definition von NP, um die Probleme L in das Problem SAT polynomiell zu transformieren.

Die NP-Vollständigkeitstheorie wäre nicht so erfolgreich, wenn alle NP-Vollständigkeitsbeweise so komplex wie der Beweis des Satzes von Cook wären. Wir haben nun jedoch den Schlüssel zum Erfolg in der Hand. Wie wir den Schlüssel anwenden können, zeigt das folgende zentrale Lemma.

3.3.8 Lemma Sei $L_2 \in$ NP und $L_1 \leq_p L_2$ für *ein* NP-vollständiges Problem L_1. Dann ist L_2 NP-vollständig.

Beweis Es ist $L_2 \in$ NP nach Voraussetzung. Sei $L' \in$ NP. Da L_1 NP-vollständig ist, gilt $L' \leq_p L_1$. Nach Voraussetzung gilt $L_1 \leq_p L_2$. Aus der Transitivität von $\leq_p$ folgt $L' \leq_p L_2$. Damit ist L_2 NP-vollständig. □

3.4 Die NP-Vollständigkeit wichtiger Probleme

Wir werden nun mit Hilfe von Lemma 3.3.8 die NP-Vollständigkeit einiger wichtiger, anwendungsorientierter Probleme, darunter CLIQUE, BPP, KP und TSP, beweisen. Um uns den Entwurf der polynomiellen Transformationen zu erleichtern, zeigen wir, daß bereits der Spezialfall von SAT, in dem Klauseln genau drei Literale enthalten, genannt 3-SAT, NP-vollständig ist. Es sei nur bemerkt, daß 2-SAT $\in$ P ist.

3.4.1 Satz *3-SAT ist NP-vollständig.*

Beweis Da SAT $\in$ NP, ist auch 3-SAT $\in$ NP.

Sei nun $C = (c_1, \ldots, c_m)$ eine Eingabe für SAT, also c_i eine Klausel über $x_1, \overline{x_1}, \ldots, x_n, \overline{x_n}$. Für die polynomielle Transformation behandeln wir die Klauseln einzeln. Hat eine Klausel nur ein Literal z, ersetzen wir die Klausel durch $z \vee z \vee z$. Hat eine Klausel die Form $z \vee z'$, ersetzen wir sie durch $z \vee z \vee z'$. Klauseln mit drei Literalen übernehmen wir unverändert.

Sei nun eine Klausel $c = z_1 \vee \ldots \vee z_k$ mit $k \geq 4$ und $z_i \in \{x_1, \overline{x_1}, \ldots, x_n, \overline{x_n}\}$ gegeben. Wir ersetzen c durch $k-2$ Klauseln und benutzen $k-3$ neue Variablen $y_{c,1}, \ldots, y_{c,k-3}$, die nur in diesen Klauseln vorkommen. Die neuen Klauseln haben folgendes Aussehen:

- $z_1 \vee z_2 \vee y_{c,1}$
- $\overline{y}_{c,l} \vee z_{l+2} \vee y_{c,l+1}$ für $1 \leq l \leq k-4$
- $\overline{y}_{c,k-3} \vee z_{k-1} \vee z_k$

Diese Klauseln lassen sich offensichtlich in polynomieller Zeit konstruieren. Wir stellen die Klauseln für $k = 7$ explizit dar.

- $z_1 \vee z_2 \vee y_{c,1}$
- $\overline{y}_{c,1} \vee z_3 \vee y_{c,2}$
- $\overline{y}_{c,2} \vee z_4 \vee y_{c,3}$
- $\overline{y}_{c,3} \vee z_5 \vee y_{c,4}$
- $\overline{y}_{c,4} \vee z_6 \vee z_7$

Wir zeigen nun, daß diese Klauselmenge genau dann erfüllbar ist, wenn eines der z-Literale den Wert 1 erhält. Falls $z_1 = 1$ oder $z_2 = 1$, setze alle $y_{c,j} = 0$. Falls $z_6 = 1$ oder $z_7 = 1$, setze alle $y_{c,j} = 1$. Falls $z_i = 1$ $(3 \leq i \leq 5)$, setze $y_{c,1} = \ldots = y_{c,i-2} = 1$ und $y_{c,i-1} = \ldots = y_{c,4} = 0$. Wenn jedoch alle $z_i = 0$ sind, müssen alle $y_{c,j} = 1$ sein, um die ersten 4 Klauseln zu erfüllen. Dann ist die letzte Klausel nicht erfüllt. Eine analoge Argumentation ist für $k \neq 7$ möglich.

Falls es also $a \in \{0,1\}^n$ gibt, so daß für $x_i = a_i$ alle Klauseln in C erfüllt sind, können alle Klauseln in der zugehörigen Eingabe für 3-SAT erfüllt werden. Falls für alle $a \in \{0,1\}^n$ gilt, daß für $x_i = a_i$ mindestens eine Klausel in C nicht erfüllt ist, können auch die Klauseln in der zugehörigen Eingabe für 3-SAT nicht gleichzeitig erfüllt werden. □

Die obige Reduktion benutzt eine sogenannte lokale Ersetzung, da wir die gegebenen Klauseln unabhängig voneinander behandeln konnten.

3.4.2 Satz *CLIQUE ist NP-vollständig.*

Beweis CLIQUE $\in$ NP nach Satz 3.2.5. Es genügt nun, zu zeigen, daß 3-SAT $\leq_p$ CLIQUE ist.

Sei $C = (c_1, \ldots, c_m)$ mit $c_i = z_{i1} \vee z_{i2} \vee z_{i3}$ und $z_{ij} \in \{x_1, \overline{x_1}, \ldots, x_n, \overline{x_n}\}$ eine Eingabe für 3-SAT.

Die Eingabe $f(C) = (G, k)$ mit $G = (V, E)$ für das Cliquenproblem soll folgendermaßen aussehen. V enthält $3m$ Knoten (i, j), $1 \leq i \leq m$, $1 \leq j \leq 3$, die die Literale in den Klauseln darstellen. E enthält die Kante zwischen (i, j) und (i', j'), wenn $i \neq i'$ ist (es handelt sich um Knoten aus verschiedenen Klauseln) und $z_{i,j} \neq \overline{z}_{i',j'}$ ist (die Literale können gleichzeitig erfüllt sein). Schließlich sei $k = m$. Natürlich ist f in polynomieller Zeit berechenbar.

Sei nun a eine Belegung, die alle Klauseln erfüllt. Dann ist in jeder Klausel mindestens ein Literal erfüllt. Wir betrachten die zugehörigen m Repräsentanten in G. Der Graph G enthält auf ihnen eine Clique, da die Literale aus verschiedenen Klauseln kommen und gleichzeitig erfüllt sind.

Wenn G andererseits eine Clique der Größe m enthält, müssen die Knoten der Clique Literale aus verschiedenen Klauseln repräsentieren. Darüber hinaus ist es möglich, alle diese Literale gleichzeitig zu erfüllen. Die Klauselmenge C ist also erfüllbar. □

Die obige Reduktion ist eine sogenannte Transformation mit verbundenen Komponenten, da wir zunächst Komponenten für die einzelnen Klauseln bilden, diese aber durch die Kanten des Graphen verbinden.

3.4.3 Satz *KP ist NP-vollständig.*

Beweis KP $\in$ NP nach Satz 3.2.5. Es genügt also, zu zeigen, daß 3-SAT $\leq_p$ KP ist.

Sei $C = (c_1, \ldots, c_m)$ mit $c_i = z_{i1} \vee z_{i2} \vee z_{i3}$ und $z_{i,j} \in \{x_1, \overline{x_1}, \ldots, x_n, \overline{x_n}\}$ eine Eingabe für 3-SAT.

Die Eingabe $f(C)$ für das Rucksackproblem wird einige spezielle Eigenschaften haben. Es wird $a_i = g_i$ für alle i und $A = G$ sein. Es stellt sich dann noch die Frage, ob es eine Auswahl der Objekte gibt, deren Gesamtnutzen genau A ist.

Wir geben nun die Zahlen in Dezimaldarstellung an. Es sei A die Zahl, die aus m Vieren, gefolgt von n Einsen, besteht:

$$A = \underbrace{4 \ldots 4}_{m}\underbrace{1 \ldots 1}_{n}.$$

Wir können die Zahl A in polynomieller Zeit hinschreiben. Die Zahl A ist jedoch astronomisch groß. Muß das so sein? Die Antwort ist (leider?) ja. Wenn wir nur Zahlen polynomieller Größe konstruieren würden, könnte das Problem nicht schwierig sein. Diese im Augenblick erstaunliche Behauptung zeigen wir in Kapitel 3.5.

Kehren wir zu unserer polynomiellen Transformation zurück. Das Rucksackproblem besteht aus $2n + 2m$ Objekten, deren Nutzenwerte wir mit a_i, b_i, c_j, d_j, $1 \leq i \leq n$, $1 \leq j \leq m$ bezeichnen. Die Zahlen haben jeweils $n + m$ Dezimalstellen.

Die Zahl a_i bezieht sich auf das Literal x_i. Im vorderen Block der Länge m gibt sie an Position j an, wie oft x_i in der j-ten Klausel vorkommt. Im hinteren Block der Länge n steht an Position i eine Eins, die restlichen Positionen enthalten Nullen.

Die Zahl b_i ist wie die Zahl a_i aufgebaut, nur bezieht sie sich auf $\overline{x_i}$.

Die Zahl c_i gilt der möglichen Ergänzung. Sie enthält im vorderen Block an der Position i eine Eins und sonst Nullen. Die Zahl d_i dient ebenfalls der möglichen Ergänzung. Es ist $d_i = 2c_i$. Die Zahlen können in polynomieller Zeit berechnet werden.

Um die Zahl A aus den Zahlen a_i, b_i, c_i und d_i zusammenzusetzen, haben wir nicht viele Freiheiten. Im hinteren Block gibt es für jede Position genau zwei Zahlen, die dort eine Eins haben, für Position i sind dies a_i und b_i, alle anderen Zahlen haben dort Nullen. Es kann also an den hinteren Positionen nicht zu Überträgen kommen. Um A als Summe zu erhalten, müssen wir für jedes i genau eine der Zahlen a_i und b_i wählen; damit entscheiden wir uns entweder dafür, daß x_i wahr ist oder daß $\overline{x_i}$ wahr ist. An den vorderen Positionen ist nach Konstruktion die Summe aller a_i und b_i genau 3. Genau dann, wenn an jeder Position die Summe der ausgewählten a- und b-Zahlen mindestens 1 beträgt, können wir unsere Auswahl durch c- und d-Zahlen so ergänzen, daß die Gesamtsumme A ergibt.

Damit haben wir die wesentlichen Ideen für den Beweis der Korrektheit unserer Transformation zusammengetragen. Wenn es eine Belegung gibt, die alle Klauseln erfüllt, wählen wir die zugehörigen a- und b-Zahlen aus. Diese haben als Zwischensumme an der vorderen Position mindestens 1 stehen, da in jeder Klausel mindestens ein Literal erfüllt ist. Also können passende Ergänzungswerte gewählt werden.

Wenn wir die Summe A aus den gegebenen Zahlen bilden können, erhalten wir dann, wie oben beschrieben, eine kanonische Belegung der Variablen. Damit sich an den vorderen Positionen die Summe 4 ergibt, muß in jeder Klausel mindestens ein Literal erfüllt sein. □

3.4.4 Beispiel $C = (c_1, c_2, c_3)$, $c_1 = x_1 \vee \overline{x_2} \vee x_3$, $c_2 = \overline{x_1} \vee x_2 \vee \overline{x_4}$, $c_3 = \overline{x_1} \vee \overline{x_2} \vee \overline{x_3}$, d. h. $m = 3$, $n = 4$.

$A = 444\ 1111$

$a_1 = 100\ 1000$	$b_1 = 011\ 1000$	$c_1 = 100\ 0000$	$d_1 = 200\ 0000$
$a_2 = 010\ 0100$	$b_2 = 101\ 0100$	$c_2 = 010\ 0000$	$d_2 = 020\ 0000$
$a_3 = 100\ 0010$	$b_3 = 001\ 0010$	$c_3 = 001\ 0000$	$d_3 = 002\ 0000$
$a_4 = 000\ 0001$	$b_4 = 010\ 0001$		

Es ist $(1,1,0,0)$ eine erfüllende Belegung, und es gilt

$$a_1 + a_2 + b_3 + b_4 + c_1 + c_3 + d_1 + d_2 + d_3 = A.$$

Auf dem Weg zum Beweis der NP-Vollständigkeit von BPP zeigen wir die NP-Vollständigkeit des Problems der exakten Zweiteilung.

PARTITION: Gegeben sind $b_1, \ldots, b_n \in \mathbb{N}$. Gibt es eine Teilmenge $I \subseteq \{1, \ldots, n\}$, so daß die Summe aller b_i, $i \in I$, gleich der Summe aller b_i, $i \notin I$, ist?

3.4.5 Satz *PARTITION ist NP-vollständig.*

Beweis PARTITION $\in$ NP, da wir I raten können.

Im Beweis von Satz 3.4.3 haben wir sogar gezeigt, daß ein sehr spezielles Rucksackproblem KP* NP-vollständig ist. Für $a_1, \ldots, a_n$ soll entschieden werden, ob es $I \subseteq \{1, \ldots, n\}$ gibt, so daß die Summe aller $a_i, i \in I$, genau A beträgt.

Es genügt nun, zu zeigen, daß KP* $\leq_p$ PARTITION gilt. Sei $(a_1, \ldots, a_n, A)$ eine Eingabe für KP*. Daraus konstruieren wir in polynomieller Zeit die Eingabe $(a_1, \ldots, a_n, S - A + 1, A + 1)$ für PARTITION, wobei S die Summe aller a_i ist.

Falls I eine Lösung für das KP* ist, erhalten wir mit $I \cup \{n+1\}$ eine Lösung für PARTITION, da

$$\sum_{i \in I} a_i + S - A + 1 = S + 1 = \sum_{1 \leq i \leq n} a_i + 1 = \sum_{i \notin I} a_i + A + 1.$$

Die Summe aller Zahlen in der Eingabe für PARTITION beträgt $2S+2$. Eine Lösung für PARTITION muß also so aussehen, daß jeder Teil sich zu $S+1$ aufsummiert. Damit müssen die Zahlen $S - A + 1$ und $A + 1$ in verschiedenen Teilen sein. Die Zahlen, die $S - A + 1$ zu $S + 1$ ergänzen, haben die Summe A und bilden eine Lösung für das KP*. □

3.4.6 Satz *BPP ist NP-vollständig.*

Beweis BPP $\in$ NP nach Satz 3.2.5. Wir zeigen, daß PARTITION $\leq_p$ BPP gilt.

Sei $(b_1, \ldots, b_n)$ eine Eingabe für PARTITION. In polynomieller Zeit berechnen wir folgende Eingabe für das Problem BPP. Es enthält n Objekte mit den Größen $b_1, \ldots, b_n$. Die Behältergröße ist $b = \lfloor (b_1 + \ldots + b_n)/2 \rfloor$ und die Zahl der Behälter $k = 2$.

Ist $b_1 + \ldots + b_n$ ungerade, hat PARTITION keine Lösung, und die Objekte passen sicher nicht in 2 Behälter der Größe $b < (b_1 + \ldots + b_n)/2$. Ist $b_1 + \ldots + b_n$ gerade, passen die Objekte genau dann in zwei Behälter der Größe $b = (b_1 + \ldots + b_n)/2$, wenn sie sich in zwei gleich große Teilmengen aufteilen lassen, d. h. wenn PARTITION eine Lösung hat. □

Die letzte Reduktion war besonders einfach, da PARTITION ein Spezialfall des BPP ist. Eine derartige Reduktion wird auch Restriktion genannt. Damit haben wir bereits Beispiele für die drei wichtigsten Reduktionstypen kennengelernt: Restriktion, lokale Ersetzung und Transformation mit verbundenen Komponenten.

Auf dem Weg zur NP-Vollständigkeit von TSP beweisen wir die NP-Vollständigkeit des folgenden Problems:

DIRECTED HAMILTONIAN CIRCUIT DHC: Gegeben ein gerichteter Graph $G = (V, E)$. Es ist zu entscheiden, ob G einen gerichteten Hamiltonkreis enthält.

3.4.7 Satz *DHC ist NP-vollständig.*

Beweis DHC ist in NP enthalten, da wir den Kreis raten können. Wir zeigen, daß 3-SAT $\leq_p$ DHC gilt.

Sei $C = (c_1, \dots, c_m)$ mit $c_i = z_{i1} \vee z_{i2} \vee z_{i3}$ und $z_{ij} \in \{x_1, \overline{x_1}, \dots, x_n, \overline{x_n}\}$ eine Eingabe für 3-SAT. Wir konstruieren den gerichteten Graphen $f(C) = G = (V, E)$ in mehreren Schritten. Daß die Transformation f in polynomieller Zeit berechenbar ist, wird jeweils klar sein.

Der Graph G soll $n + 6m$ Knoten enthalten. Die n Knoten sollen die Variablen repräsentieren. Dazu gibt es m Teilgraphen mit 6 Knoten, die die Klauseln repräsentieren. Diese Teilgraphen stellen wir zunächst als eckige Knoten dar. Die Variablenknoten haben zwei eingehende und zwei ausgehende Kanten. Die Klauselkomponenten haben drei eingehende und drei ausgehende Kanten. Für die Variablenknoten repräsentieren die beiden ausgehenden Kanten die positiven und negativen Vorkommen der Variablen. Die erste Kante aus dem Variablenknoten i ist die l-te eingehende Kante in die j-te Klauselkomponente, wenn die j-te Klausel die erste ist, in der x_i vorkommt, wobei x_i das l-te vorkommende Literal ist. Die l-te ausgehende Kante der j-ten Klauselkomponente ist dann die l'-te eingehende Kante in die j'-te Klauselkomponente, wenn die j'-te Klausel die zweite ist, in der x_i vorkommt, wobei x_i das l'-te vorkommende Literal ist, usw. Wenn es kein weiteres Vorkommen von x_i gibt, ist die aus der Klauselkomponente ausgehende Kante die erste in den Variablenknoten $i + 1$ (1, falls $i = n$) eingehende Kante. Die zweite aus einem Variablenknoten ausgehende Kante hat die gleiche Funktion für das negative Literal $\overline{x_i}$.

Wir illustrieren diese Konstruktion an der Klauselmenge aus dem Beispiel 3.4.4 (siehe Abb. 3.4.1).

Unser Ziel ist es, die Klauselkomponenten so zu entwerfen, daß der Graph genau dann einen gerichteten Hamiltonkreis enthält, wenn die Klauselmenge erfüllbar ist. Wie wir die einzelnen Variablenknoten verlassen, soll die Variablenbelegung widerspiegeln. Die Komponente soll also so entworfen werden, daß wir auf Hamiltonkreisen die Komponente über die l-te Kante verlassen (müssen), wenn wir sie über die l-te

Kante erreichen.

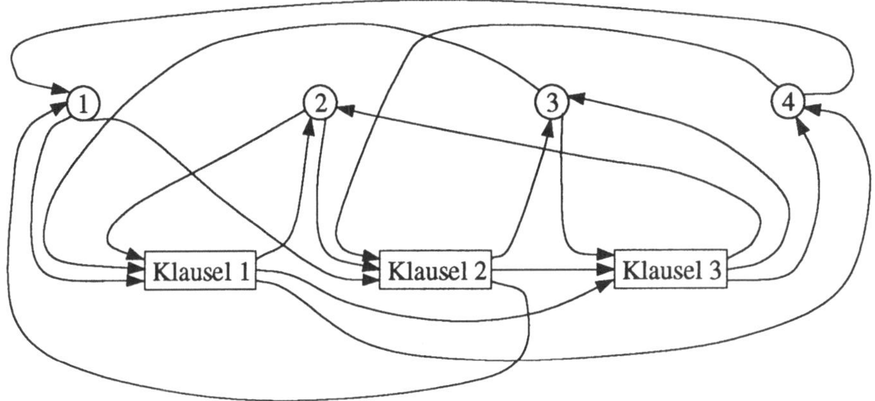

Abb. 3.4.1

Da in einer erfüllten Klausel ein, zwei oder drei Literale erfüllt sein können, muß es durch den Hamiltonkreis möglich sein, die Komponente ein-, zwei- oder dreimal zu passieren. Die Komponente in Abb. 3.4.2 erfüllt alle Anforderungen.

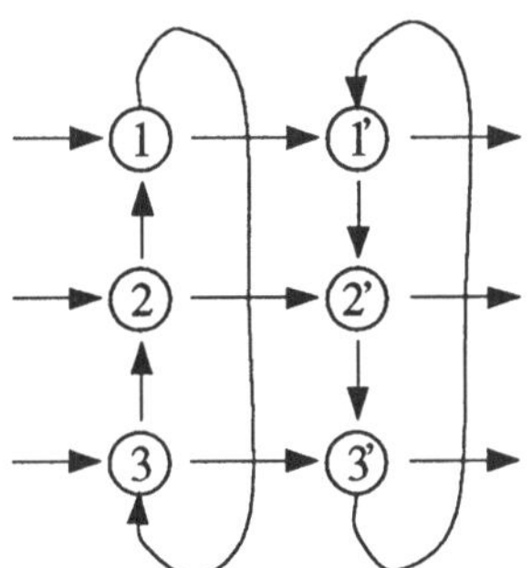

Klauselkomponente Abb. 3.4.2

Sei $c = z_1 \vee z_2 \vee z_3$ die zugehörige Klausel. Wenn genau ein Literal, o. B. d. A. z_1, erfüllt ist, erreichen wir die Komponente über die Kante zu 1 und durchlaufen sie über $3, 2, 2', 3', 1'$. Sind zwei Literale, z. B. z_1 und z_2, erfüllt, erreichen wir die Komponente zweimal, über die erste und die zweite Kante. Wir durchlaufen sie über die Knoten $1, 3, 3', 1'$ und $2, 2'$. Sind alle drei Literale erfüllt, durchlaufen wir die Komponente dreimal, über $1, 1'$ sowie $2, 2'$ und $3, 3'$. Ist kein Literal erfüllt, werden wir die Komponente nicht in einen Hamiltonkreis „einordnen" können. Welche Möglichkeiten haben wir, die Komponente zu durchlaufen, wenn wir sie über die Kante zu

1 erreichen (analog für die anderen Kanten)?

- $1, 1'$ oder $1, 3, 3', 1'$ oder $1, 3, 2, 2', 3', 1'$, wobei wir die Komponente jeweils an $1'$ verlassen.
- $1, 1', 2'$ oder $1, 1', 2', 3'$, dann kann ein Hamiltonkreis 2 nicht durchlaufen.
- $1, 3, 3', 1', 2'$, auch dann ist Knoten 2 isoliert.
- $1, 3, 3'$, dann ist Knoten $1'$ isoliert.
- $1, 3, 2, 2'$ oder $1, 3, 2, 2', 3'$, dann ist ebenfalls Knoten $1'$ isoliert.

Nun können wir die Korrektheit unserer Transformation nachweisen. Sei zunächst eine erfüllende Belegung gegeben. Dann starten wir den Hamiltonkreis am Variablenknoten 1 und beginnen mit der Kante, die der Variablenbelegung entspricht. Die erreichten Klauselkomponenten werden so durchlaufen, wie es oben beschrieben wurde, wobei berücksichtigt wird, wieviele Literale der Klausel erfüllt sind. Wir erreichen Variablenknoten 2 und fahren entsprechend fort. Auf diese Weise konstruieren wir einen Hamiltonkreis.

Sei nun ein Hamiltonkreis gegeben. Wir durchlaufen ihn am Variablenknoten 1 beginnend. Abhängig von der Kante, die der Hamiltonkreis wählt, belegen wir x_1. Dann durchlaufen wir die erste Klauselkomponente, die das erfüllte x_1-Literal enthält. Nach den obigen Überlegungen wird diese Komponente so verlassen, daß wir die zweite Klauselkomponente erreichen, usw., bis wir den Variablenknoten 2 erreichen. Auf diese Weise konstruieren wir eine Belegung der Variablen. Wir haben nur Klauselkomponenten durchlaufen, die erfüllte Literale enthalten. Da wir einen Hamiltonkreis durchlaufen haben, müssen alle Klauseln erfüllt sein. □

3.4.8 Satz *HC ist NP-vollständig.*

Beweis Es ist HC $\in$ NP, und wir zeigen DHC $\leq_p$ HC. Dafür genügt eine lokale Ersetzung, wie sie Abb. 3.4.3 zeigt.

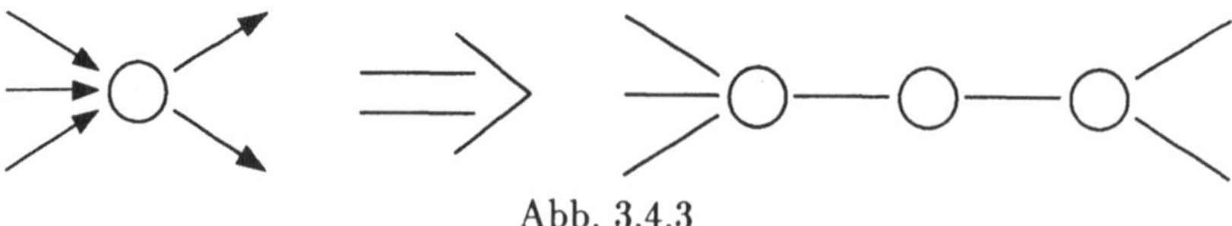

Abb. 3.4.3

Ein gerichteter Hamiltonkreis im gegebenen Graphen läßt sich sofort in einen ungerichteten Hamiltonkreis im neuen Graphen übersetzen. Wenn im neuen Graphen ein ungerichteter Hamiltonkreis gegeben ist, haben wir zwei mögliche „Richtungen“, ihn zu durchlaufen. Wir legen eine Richtung fest, indem wir für eine beliebige Kante die Richtung wählen, die ihr im gerichteten Graphen entspricht. Wir erhalten dann direkt einen gerichteten Hamiltonkreis. Würden wir nämlich in Abb. 3.4.3 den linkesten Knoten in der ungerichteten Komponente von links erreichen und nach links verlassen, wäre der mittlere Knoten nicht mehr auf einem Hamiltonkreis passierbar. □

3.4.9 Satz *TSP ist NP-vollständig.*

Beweis Es ist TSP $\in$ NP nach Satz 3.2.5, und es gilt HC $\leq_p$ TSP nach Satz 3.3.3. □

3.5 Pseudopolynomielle Algorithmen und starke NP-Vollständigkeit

Wir haben für die Entscheidungsvarianten des Rucksackproblems KP (Satz 3.4.3) und des Traveling Salesman Problems TSP (Satz 3.4.9) gezeigt, daß sie NP-vollständig sind. Die Reduktionen 3-SAT $\leq_p$ KP und HC $\leq_p$ TSP haben sich auffällig unterschieden. In der Reduktion von 3-SAT auf KP wurden für das Rucksackproblem Zahlen der Länge $n+m$ (n ist die Zahl der Variablen und m die Zahl der Klauseln in der Eingabe für 3-SAT) und damit exponentiell große Zahlen erzeugt, während in der Reduktion von HC auf TSP die Kantenkosten nur die Werte 1 und 2 angenommen haben. Kann es auch eine polynomielle Reduktion von 3-SAT auf KP geben, in der alle vorkommenden Zahlen „klein“ sind?

Zur Vorbereitung der Beantwortung dieser Frage entwerfen wir einen Algorithmus für das Rucksackproblem und diskutieren seine Effizienz. Dabei benutzen wir die Methode der Dynamischen Programmierung, d. h. wir beginnen mit der Lösung kleiner Teilprobleme und setzen daraus die Lösung immer größerer Probleme zusammen. Wir schränken das gegebene Rucksackproblem dabei auf zweifache Weise ein.

Gegeben sei eine Eingabe $g_1, \ldots, g_n$ (Gewichte), $a_1, \ldots, a_n$ (Nutzenwerte) und G (Gewichtslimit) für das Rucksackproblem. Mit KP(k, g), $1 \leq k \leq n$, $0 \leq g \leq G$, bezeichnen wir das Teilproblem, in dem nur die ersten k Objekte betrachtet werden und das Gewichtslimit g beträgt. Es sei $N(k, g)$ der Nutzen einer optimalen Lösung für KP(k, g). Wir sind also an $N(n, G)$ interessiert. Zunächst legen wir sinnvolle Randwerte fest. Es sei $N(k, g) := -\infty$ für $g < 0$ und $N(0, g) := N(k, 0) := 0$ für $g \geq 0$.

Wir betrachten nun das Problem KP(k, g). Für das k-te Objekt gibt es nur zwei mögliche Entscheidungen: Einpacken oder nicht einpacken. Im zweiten Fall hat die beste Lösung den Wert $N(k-1, g)$. Im ersten Fall ist das Gewichtslimit auf $g - g_k$ gesunken, aber auch bereits der Nutzen a_k gesichert. Der Wert einer besten Lösung ist also $N(k-1, g-g_k) + a_k$. Insgesamt folgt die sogenannte Bellmansche Optimalitätsgleichung

$$N(k, g) = \max\{N(k-1, g), N(k-1, g-g_k) + a_k\},$$

die auch für $g - g_k \leq 0$ gilt.

Wir füllen nun eine Tabelle mit n Zeilen und G Spalten zeilenweise mit den Werten $N(k, g)$ gemäß der obigen Optimalitätsgleichung. Da jeder neue Tabelleneintrag offensichtlich in Zeit $O(1)$ berechnet werden kann, haben wir in Zeit $O(nG)$ die Lösung $N(n, G)$ berechnet.

3.5.1 Satz *Das Rucksackproblem kann in Zeit $O(nG)$ gelöst werden.*

Ist der von uns entworfene Algorithmus ein polynomieller Algorithmus? Dann wäre ja P = NP! Wir untersuchen die Eingabelänge für das Rucksackproblem genauer. Es sind die Zahlen n, $g_1, \ldots, g_n$, G, $a_1, \ldots, a_n$ in Binärdarstellung gegeben. Sinnvollerweise können wir annehmen, daß $g_i \leq G$ für alle i ist, und wir definieren $a_{\max} = \max\{a_1, \ldots, a_n\}$. Dann ist die Eingabelänge durch $O\left(n(\log G + \log a_{\max})\right)$ beschränkt. Unser Algorithmus ist zwar polynomiell in n und G, aber nicht in n, $\log G$ und $\log a_{\max}$. Wenn z. B. $G = 2^n$ und $a_{\max} \leq 2^n$ ist, beträgt die Eingabelänge $\Theta(n^2)$ und die Rechenzeit $\Theta(n2^n)$, ist also exponentiell. Wenn jedoch die Gewichtswerte, was durchaus realistisch ist, durch ein Polynom in n beschränkt sind, z. B. seien g_i, $G \leq n^{10}$, dann ist die Rechenzeit des Algorithmus durch ein Polynom in n, in unserem Fall durch $O(n^{11})$, beschränkt. Im allgemeinen ist unser Algorithmus kein polynomieller Algorithmus, für das (nicht unwichtige) Teilproblem polynomiell in n beschränkter Gewichtswerte ist der Algorithmus polynomiell. Diesen interessanten Aspekt bestimmter Algorithmen haben wir mit unserer bisherigen Rechenzeitbewertung nicht erfaßt. Wir führen daher einige Begriffe neu ein.

3.5.2 Definition Es sei I die konkrete Eingabe zu einem Problem. Mit $L(I)$ bezeichnen wir die Länge der Eingabe I (in der üblichen Darstellung) und mit MAX(I) die Größe der größten in I vorkommenden Zahl.

Die Betrachtung von MAX(I) ist für Probleme, die nur „kleine" Zahlen enthalten können, überflüssig. Eingaben für das Problem CLIQUE enthalten die Zahlen $n =$

$|V|$ und k für die geforderte Cliquengröße. Sinnvollerweise sollte $k \leq n$ sein, damit das Problem nicht trivial wird. Also ist $\text{MAX}(I) \leq L(I)$. Wir zeichnen nun Probleme aus, für die die Größe der Zahlen in der Eingabe eine Rolle spielen kann.

3.5.3 Definition Ein Problem heißt Zahlproblem, wenn sich $\text{MAX}(I)$ durch kein Polynom in $L(I)$ beschränken läßt.

Wir haben bereits gesehen, daß KP ein Zahlproblem ist. Gleiches gilt für PARTITION, BPP und TSP, aber nicht für CLIQUE, HC und SAT.

3.5.4 Definition Ein Algorithmus für ein Zahlproblem heißt pseudopolynomiell, wenn sich die Rechenzeit durch ein Polynom in $L(I)$ und $\text{MAX}(I)$ abschätzen läßt.

Natürlich sind polynomielle Algorithmen auch pseudopolynomiell.

3.5.5 Korollar Für das Rucksackproblem gibt es einen pseudopolynomiellen Algorithmus.

Beweis Dies folgt nach Definition direkt aus Satz 3.5.1. □

Im folgenden benutzen wir Π als Bezeichnung von Problemen, so daß wir Π durch KP, TSP o. ä. ersetzen können.

3.5.6 Definition Für ein Problem Π und ein Polynom p sei Π_p das Teilproblem von Π, in dem nur die Eingaben I mit $\text{MAX}(I) \leq p(L(I))$ erlaubt sind.

3.5.7 Bemerkung i) Π_p ist kein Zahlproblem.
ii) Gibt es für Π einen pseudopolynomiellen Algorithmus, dann ist $\Pi_p \in \text{P}$.

Beweis i) folgt nach Definition.
ii) Sei I eine Eingabe. In polynomieller Zeit testen wir, ob $\text{MAX}(I) \leq p(L(I))$ ist. Im negativen Fall wird die Rechnung abgebrochen. Im positiven Fall wird der pseudopolynomielle Algorithmus A für Π angewendet. In diesem Fall löst A auch Π_p. Die Rechenzeit ist für ein Polynom q durch $q(L(I), \text{MAX}(I))$ beschränkt. Da $\text{MAX}(I) \leq p(L(I))$, läßt sich $q(L(I), \text{MAX}(I))$ durch ein Polynom r in $L(I)$ abschätzen. □

Diese Bemerkungen lösen den Wunsch aus, entscheiden zu können, ob ein Problem Π unter der Annahme $\text{NP} \neq \text{P}$ einen pseudopolynomiellen Algorithmus hat. Für die NP-vollständigen Probleme wissen wir, daß sie unter der Annahme $\text{NP} \neq \text{P}$ keinen polynomiellen Algorithmus haben.

3.5.8 Definition Ein Entscheidungsproblem Π heißt stark NP-vollständig, wenn Π_p für ein Polynom p NP-vollständig ist.

Probleme, die keine Zahlprobleme sind, sind automatisch stark NP-vollständig, wenn sie NP-vollständig sind. Der neue Begriff macht also nur für Zahlprobleme wirklich Sinn. Mit der nächsten Bemerkung zeigen wir formal, daß der Begriff der starken NP-Vollständigkeit das Gewünschte leistet.

3.5.9 Satz *Ist Π stark NP-vollständig und NP $\neq$ P, dann gibt es keinen pseudopolynomiellen Algorithmus für Π.*

Beweis Sei p das Polynom, so daß Π_p NP-vollständig ist. Jeder pseudopolynomielle Algorithmus für Π ist nach Bemerkung 3.5.7 ein polynomieller Algorithmus für Π_p. □

Nach Korollar 3.5.5 und Satz 3.5.9 ist das Rucksackproblem nicht stark NP-vollständig. Wir haben implizit bereits bewiesen, daß TSP dagegen stark NP-vollständig ist.

3.5.10 Satz *TSP ist stark NP-vollständig.*

Beweis Wir betrachten das konstante Polynom $p(n) = 2$. Das Teilproblem TSP_p ist nach dem Beweis von Satz 3.3.3 NP-vollständig. □

Falls NP $\neq$ P, gibt es also für TSP keinen pseudopolynomiellen Algorithmus. In diesem Sinn ist TSP schwieriger als KP.

Pseudopolynomielle Algorithmen bilden für NP-vollständige, aber nicht stark NP-vollständige Probleme und Eingaben mit kleinen Zahlen einen Ausweg aus dem (vermuteten) NP $\neq$ P-Dilemma.

Unsere der Motivation dieses Kapitels dienende Frage hat nun folgende Antwort: Falls NP $\neq$ P, muß jede polynomielle Reduktion einer NP-vollständigen Sprache L auf KP Zahlen nichtpolynomieller Größe erzeugen.

3.6 Turing-Reduzierbarkeit, NP-harte, NP-leichte und NP-äquivalente Probleme

In Kapitel 3.1 haben wir für die Probleme CLIQUE, BPP, KP und TSP jeweils drei Varianten unterschieden. Die erste läßt sich als Entscheidungsvariante bezeichnen, die möglichen Antworten sind „Ja“ oder „Nein“. In der zweiten Variante ist nach dem Wert einer optimalen Lösung gefragt und in der dritten Variante sogar nach einer optimalen Lösung. Die bisher vorgestellte NP-Vollständigkeitstheorie konzentriert sich auf Entscheidungsprobleme, während in der Praxis Optimierungsprobleme wichtiger sind. Für das Cliquenproblem haben wir in Kapitel 3.1 bereits gezeigt, daß es entweder für alle drei Varianten polynomielle Algorithmen gibt oder für keine der Varianten. Dieses singuläre Resultat soll nun verallgemeinert werden. Dazu formalisieren wir den Begriff Suchproblem.

3.6.1 Definition Ein Suchproblem Π wird durch die folgenden Daten beschrieben:

- D_Π, die Menge zulässiger Eingaben
- für $I \in D_\Pi$ die Menge $S_\Pi(I)$ der Lösungen.

Ein Algorithmus löst das Suchproblem Π, wenn er für $I \in D_\Pi$ ein Element aus $S_\Pi(I)$ berechnet, wenn $S_\Pi(I) \neq \emptyset$ ist, und ansonsten mit „Nein“ antwortet.

Suchprobleme umfassen alle Varianten unserer Probleme. Für Entscheidungsprobleme ist $S_\Pi(I) = \{\text{Ja}\}$, falls I zur Menge der zu akzeptierenden Eingaben gehört, und $S_\Pi(I) = \emptyset$ sonst. Für die zweiten Varianten enthält $S_\Pi(I)$ den Wert einer optimalen Lösung zu I und bei den dritten Varianten alle optimalen Lösungen für I.

Da es keine eindeutige Eingabe-Ausgabe-Beziehung gibt, lassen sich Suchprobleme nicht durch Funktionen, sondern nur durch Relationen darstellen. Zum Suchproblem Π gehört die Relation $R_\Pi := \{(x,s) \mid x \in D_\Pi,\ s \in S_\Pi(x)\}$.

3.6.2 Definition

i) Eine Funktion $f : \Sigma^* \to \Sigma^*$ realisiert eine Relation R, wenn für alle $x \in \Sigma^*$ gilt: Falls es kein $y \in \Sigma^+$ mit $(x,y) \in R$ gibt, ist $f(x) = \varepsilon$. Ansonsten ist $f(x) = y$ für ein $y \in \Sigma^+$ mit $(x,y) \in R$.

ii) Ein Algorithmus löst das durch R beschriebene Problem, wenn er eine Funktion berechnet, die R realisiert.

Wir wollen nun ein Äquivalent zur polynomiellen Reduktion für Suchprobleme herleiten. Dazu diskutieren wir das Konzept $\leq_p$ noch einmal. Falls $L_1 \leq_p L_2$ und f die zugehörige Transformation ist, erhalten wir folgenden Algorithmus, um die Wörter aus L_1 zu akzeptieren. Für die Eingabe w berechnen wir in polynomieller Zeit $f(w)$ und wenden dann ein (unbekanntes) Unterprogramm für die Sprache L_2 auf $f(w)$ an. Wir haben Reduktionen vor allem in Situationen entworfen, in denen kein effizientes Unterprogramm für das Problem, ob $z \in L_2$ ist, bekannt ist. Es ist also ehrlicher, von einem potentiellen Unterprogramm zu sprechen. Hierfür hat sich in der Komplexitätstheorie der Begriff Orakel eingebürgert. Im Gegensatz zum Entwurf effizienter Algorithmen und Programme, wo im Top-Down Entwurf mit Wunschprozeduren gearbeitet wird, die zwar erst später entworfen werden, für die wir jedoch sicher wissen, daß für sie effiziente Realisierungen existieren, werden Orakel auch und gerade in Situationen benutzt, in denen wir nicht erwarten, die Orakel durch effiziente Unterprogramme ersetzen zu können. Unser Ziel besteht ja auch darin, die Komplexität verschiedener Probleme in Relation zu setzen.

Das Unterprogramm oder Orakel für L_2 darf bei einer polynomiellen Reduktion nur einmal und zwar ganz am Ende der Rechnung eingesetzt werden. Dies ist aus Sicht der modularen Programmierung eine unverständliche Einschränkung. Unterprogramme sollten zu beliebigen Zeitpunkten und beliebig oft einsetzbar sein. Im Beweis von Satz 3.1.4, daß auch die Optimierungsvarianten von CLIQUE polynomielle Algorithmen haben, wenn dies für die Entscheidungsvariante von CLIQUE gilt, haben wir ein Unterprogramm für die Entscheidungsvariante von CLIQUE mehrfach eingesetzt. Für die Berechnung der Größe einer größten Clique wurde das Orakel bis zu n-mal (bei Binärer Suche bis zu $\lceil \log n \rceil$-mal) befragt, für die Berechnung einer größten Clique sogar noch m weitere Male, wobei m die Zahl der Kanten des Graphen ist. Als Modelle für Rechnungen mit unbekannten Unterprogrammen oder Orakeln haben sich Orakelrechner bewährt.

Ein R-Orakelrechner hat ein besonderes Band, auf das Eingaben $x \in D_\Pi$ des durch R dargestellten Suchproblems Π geschrieben werden dürfen. Ein Orakel, vielleicht mysteriös, aber zuverlässig, ersetzt dann x durch einen String s mit $(x, s) \in R$, falls ein solcher String existiert, und durch ε sonst. Das Orakel berechnet also eine Funktion, die die Relation R realisiert, und kann ggf. durch ein entsprechendes Unterprogramm ersetzt werden. Wie sollten die Kosten für eine Orakelbefragung bewertet werden? Wir entscheiden uns zunächst für $|x|$. Im Normalfall braucht jedes Unterprogramm für R mindestens $|x|$ Schritte, da es x lesen muß. Unsere Hoffnung ist, daß wir einmal einen effizienten, d. h. polynomiellen Algorithmus zur Realisierung von R finden. Wenn wir das Orakel durch diesen Algorithmus mit Rechenzeit p ersetzen, werden die Kosten $|x|$ durch $p(|x|)$ ersetzt. Wenn die Rechenzeit des Orakelrechners polynomiell ist, gilt dies auch für die Rechenzeit nach Ersetzung des Orakels durch den polynomiellen Algorithmus. Für Turingmaschinen genügt es, die Kosten der Orakelbefragung mit 1 zu bewerten, da die Kosten $|x|$ bereits beim Schreiben von x gezählt wurden.

3.6.3 Definition Eine Orakel-Turingmaschine zum Orakel $g : \Sigma^* \to \Sigma^*$ ist eine deterministische Turingmaschine mit einem ausgezeichneten Band, dem Orakelband, und zwei zusätzlichen Zuständen q_f (Orakelfrage) und q_a (Orakelantwort). Die Arbeitsweise ist in allen Zuständen $q \neq q_f$ gleich der einer normalen Turingmaschine. In q_f sei i die Position des Kopfes auf dem Orakelband und $y = (y_1, \ldots, y_i)$ der Inhalt des Orakelbandes auf den Positionen $1, \ldots, i$. Falls $y \notin \Sigma^*$, gibt es eine Fehlermeldung. Falls $y \in \Sigma^*$, wird das Orakelband in einem Schritt gelöscht und für $j = |g(y)|$ das Wort $g(y)$ auf die Positionen $1, \ldots, j$ des Orakelbandes geschrieben. Der Kopf des Orakelbandes springt auf Position 1, und der neue Zustand ist q_a.

3.6.4 Definition Es seien R und R' Relationen über Σ^*. Eine Turing-Reduktion von R auf R', Notation $R \leq_T R'$, ist eine Orakel-Turingmaschine M, deren Orakel g eine Realisierung von R' ist und die selber in polynomieller Zeit eine Funktion f berechnet, die eine Realisierung von R ist. Wir benutzen $\leq_T$ auch für Sprachen und Suchprobleme, wobei wir diese mit den zugehörigen Relationen identifizieren.

3.6.5 Satz *Es sei R auf R' Turing-reduzierbar. Falls R' in polynomieller Zeit lösbar ist, ist auch R in polynomieller Zeit lösbar.*

Der Beweis sollte nach den Vorbemerkungen klar sein. Die Formalisierung der einfachen Beweisidee wird als Übungsaufgabe gestellt.

3.6.6 Lemma $R \leq_T R'$ und $R' \leq_T R'' \Rightarrow R \leq_T R''$.

B e w e i s Übungsaufgabe. □

Wir haben bereits gesehen, daß Sprachen oder Entscheidungsprobleme auch als Suchprobleme aufgefaßt werden können. Daher ist die folgende Definition sinnvoll.

3.6.7 Definition Ein Suchproblem Π heißt NP-hart, wenn es eine NP-vollständige Sprache L mit $L \leq_T \Pi$ gibt. Auch die zu Π gehörige Relation R_Π wird dann als NP-hart bezeichnet.

Für Sprachen und Entscheidungsprobleme haben wir den Begriff NP-hart gegenüber Definition 3.3.5 erweitert, da polynomielle Reduktionen zwar als Turing-Reduktionen aufgefaßt werden können, die Umkehrung aber nicht gilt. Aus Lemma 3.6.6 folgt, daß R' NP-hart ist, wenn $R \leq_T R'$ für eine NP-harte Relation R gilt.

3.6.8 Satz *Die Optimierungsvarianten des TSP sind NP-hart.*

Beweis Die Entscheidungsvariante des TSP ist NP-vollständig. Wenn wir ein Orakel für eine Optimierungsvariante des TSP benutzen dürfen, erhalten wir entweder direkt die Kosten c_{opt} einer optimalen Rundreise oder eine optimale Rundreise, woraus wir c_{opt} in polynomieller Zeit berechnen können. Durch Vergleich von B und c_{opt} können wir entscheiden, ob es eine Rundreise mit durch B beschränkten Kosten gibt. □

Analoge Aussagen lassen sich für die Optimierungsvarianten aller von uns als NP-vollständig bewiesenen Entscheidungsprobleme leicht beweisen. Dies ist nicht überraschend, da wir intuitiv die Entscheidungsvarianten für die einfachsten Varianten gehalten haben. Ein Vergleich in die andere Richtung ist mit dem Begriff NP-leicht verbunden.

3.6.9 Definition Ein Suchproblem Π heißt NP-leicht, wenn $\Pi \leq_T \Pi'$ für ein Suchproblem $\Pi' \in$ NP gilt.

Alle NP-vollständigen Probleme sind NP-leicht, da sie nach Definition selber in NP enthalten sind. Aus Satz 3.6.5 folgt, daß alle NP-leichten Probleme in polynomieller Zeit lösbar sind, wenn NP = P ist. In unserer neuen Sprechweise beinhaltet Satz 3.1.4 die Aussage, daß die Optimierungsvarianten des Cliquenproblems NP-leicht sind. Exemplarisch beweisen wir die analoge Aussage für das TSP.

3.6.10 Satz *Die Optimierungsvarianten des TSP sind NP-leicht.*

Beweis Als Orakel aus NP benutzen wir die Entscheidungsvariante des TSP. Zunächst wollen wir mit Hilfe dieses Orakels die Kosten c_{opt} einer optimalen Rundreise berechnen. Es seien $c_{\max}$ die Kosten der teuersten Kante. Dann ist $nc_{\max}$ eine obere Schranke für die Kosten aller Rundreisen. Mit Binärer Suche genügen $r = \lceil \log(nc_{\max} + 1) \rceil$ Orakelfragen zur Berechnung von c_{opt}. Wir beachten dabei, daß r polynomiell in der Eingabelänge ist.

Danach genügen höchstens $n(n-1)$ weitere Orakelfragen zur Berechnung einer optimalen Rundreise. Dazu entfernen wir versuchsweise nacheinander alle Kanten, d. h. wir ersetzen die Kosten durch $c_{\text{opt}} + 1$. Wenn nach einer Ersetzung keine Rundreise mit durch c_{opt} beschränkten Kosten existiert, ist die Kante für eine optimale Rundreise notwendig, und wir setzen den Wert der Kante auf den alten Wert zurück. Andernfalls behalten wir den Kostenwert $c_{\text{opt}} + 1$ bei. Am Ende bilden alle Kanten, deren Kosten nicht auf $c_{\text{opt}} + 1$ gesetzt worden sind, eine optimale Rundreise. □

3.6.11 Definition Ein Suchproblem Π heißt NP-äquivalent, wenn es NP-leicht und NP-hart ist.

3.6.12 Korollar Alle Varianten von CLIQUE und TSP sind NP-äquivalent.

Beweis Für CLIQUE haben wir dies in Kapitel 3.1 bewiesen und für TSP in Satz 3.6.8 und 3.6.10. □

3.6.13 Satz *Für NP-äquivalente Probleme Π gibt es genau dann polynomielle Algorithmen, wenn NP = P ist.*

Beweis Da Π NP-hart ist, gilt SAT $\leq_T$ Π. Falls es für Π einen polynomiellen Algorithmus gibt, gilt dies nach Satz 3.6.5 auch für SAT, und damit ist NP = P.

Wenn NP = P ist, gilt, da Π NP-leicht ist, Π $\leq_T$ Π' für ein Problem Π' ∈ NP = P. Nach Satz 3.6.5 gibt es dann auch für Π einen polynomiellen Algorithmus. □

Es ist uns also gelungen, die Probleme zu charakterisieren, für die die Existenz eines polynomiellen Algorithmus äquivalent zu NP ≠ P ist. Diese Charakterisierung umfaßt auch Probleme, die selber vermutlich nicht in NP sind. Für die Optimierungsvarianten unserer NP-vollständigen Entscheidungsprobleme können wir zwar eine optimale Lösung (oder ihren Wert) raten, aber wir sehen keine Möglichkeit, die Richtigkeit dieses Ratens deterministisch in polynomieller Zeit zu verifizieren.

Ebenso läßt sich vermuten, daß für NP-vollständige Probleme L das Komplement $\overline{L}$ nicht in NP liegt. Was sollen wir raten, um in polynomieller Zeit verifizieren zu können, daß ein Graph keine Clique der Größe k enthält oder daß es keine Rundreise mit durch B beschränkten Kosten gibt? Für die Klasse der NP-harten Probleme gilt dagegen, daß sie gegen Komplementbildung abgeschlossen ist.

3.6.14 Satz *Falls L NP-hart ist, ist auch das Komplement $\overline{L}$ NP-hart.*

Beweis Wir zeigen zunächst, daß $L \leq_T \overline{L}$ gilt. Um L mit dem $\overline{L}$-Orakel zu entscheiden, kopieren wir die Eingabe w auf das Orakelband und befragen das Orakel, ob $w \in \overline{L}$ ist. Anschließend negieren wir die Antwort des Orakels.

Da L NP-hart ist, gibt es eine NP-vollständige Sprache L' mit $L' \leq_T L$. Damit folgt $L' \leq_T \overline{L}$, und $\overline{L}$ ist NP-hart. □

3.7 Eine Komplexitätstheorie für Approximationsalgorithmen

Viele Suchprobleme, die in der Praxis gelöst werden müssen, sind Optimierungsprobleme. Wie wir gesehen haben, sind viele dieser Optimierungsprobleme NP-hart. Wenn die Entscheidungsvariante sogar stark NP-vollständig ist, können wir weder auf effiziente, d. h. polynomielle, noch auf pseudopolynomielle Algorithmen hoffen. Es wäre also von praktisch großer Relevanz, wenn es für diese Probleme effiziente Algorithmen geben würde, die zwar nicht eine optimale, aber eine fast optimale Lösung berechnen.

Beim heuristischen Ansatz hofft man, oft eine gute Lösung schnell zu erhalten. Diese vagen Formulierungen sind natürlich nicht für eine Komplexitätsanalyse geeignet. Approximationsalgorithmen sichern dagegen eine gewisse Güte der berechneten Lösung. Wir wollen zunächst die zugehörigen Begriffe formalisieren.

3.7.1 Definition Ein Optimierungsproblem Π wird durch die folgenden Daten beschrieben:

- D_Π, die Menge der zulässigen Eingaben für Π
- für $I \in D_\Pi$ die endliche Menge $S_\Pi(I)$ möglicher Lösungen
- für $I \in D_\Pi$ und $s \in S_\Pi(I)$ den Wert $w(I,s)$ der Lösung s
- Angabe des Ziels: Minimierung oder Maximierung des Wertes.

Mit $\mathrm{OPT}(I)$ bezeichnen wir den Wert einer optimalen Lösung s_{opt} für I. Von einem Approximationsalgorithmus A erwarten wir, daß er zu I eine Lösung $A(I)$ berechnet. Die Güte optimaler Lösungen soll 1 betragen. Die Güte nicht optimaler Lösungen soll größer als 1 sein.

3.7.2 Definition Die Güte der Lösung $A(I)$ des Approximationsalgorithmus A für das Optimierungsproblem Π beträgt
- $w(I, A(I))/\mathrm{OPT}(I)$ für Minimierungsprobleme
- $\mathrm{OPT}(I)/w(I, A(I))$ für Maximierungsprobleme
und wird mit $R_A(I)$ bezeichnet.

So wie wir auch nicht hoffen können, die Rechenzeit für jede konkrete Eingabe berechnen zu können, und uns daher mit der worst case Rechenzeit zufriedengeben, müssen wir uns hier mit der worst case Güte zufriedengeben.

3.7.3 Definition i) Die worst case Güte des Approximationsalgorithmus A ist definiert durch

$$R_A := \sup\{R_A(I) \mid I \in D_\Pi\} = \inf\{r \geq 1 \mid R_A(I) \leq r \text{ für alle } I \in D_\Pi\}.$$

ii) Die asymptotische worst case Güte von A ist definiert durch

$$R_A^\infty := \inf\{r \geq 1 \mid \exists N \, \forall I \in D_\Pi : \mathrm{OPT}(I) \geq N \ \Rightarrow\ R_A(I) \leq r\}.$$

Wir wollen zunächst sehen, wie sich die beiden Begriffe unterscheiden. Für Π sei $w(I,s) \in \mathbb{N}$ für alle $I \in D_\Pi$ und $s \in S_\Pi(I)$. Der Algorithmus A berechne Lösungen $A(I)$ mit $w(I, A(I)) = \mathrm{OPT}(I) + 1$, wobei Π ein Minimierungsproblem ist. Dann ist $R_A = 2$, da für Eingaben I mit $\mathrm{OPT}(I) = 1$ Lösungen mit Wert 2 berechnet werden. Falls $\mathrm{OPT}(I)$ groß wird, macht sich der Fehler kaum noch bemerkbar. Dies mißt R_A^∞, denn $R_A^\infty = 1$. Wenn jedoch, was häufiger vorkommt, $w(I, A(I)) = c\ \mathrm{OPT}(I)$ ist, stimmen R_A und R_A^∞ überein. Wir kürzen in Zukunft auch $w(I, A(I))$ durch $A(I)$ ab.

3.7.4 Definition Für Optimierungsprobleme Π ist die Approximationsgüte definiert durch

$$R_{\mathrm{MIN}}(\Pi) := \inf\{r \geq 1 \mid \exists \text{ polynomiell zeitbeschränkter Approximationsalgorithmus } A \text{ für } \Pi \text{ mit } R_A^\infty = r\}.$$

Unter der Voraussetzung $\mathrm{NP} \neq \mathrm{P}$ wollen wir Aussagen über $R_{\mathrm{MIN}}(\Pi)$ beweisen. Wir unterscheiden zunächst grob drei Möglichkeiten.

- $R_{\mathrm{MIN}}(\Pi) = \infty$.
- $1 < R_{\mathrm{MIN}}(\Pi) < \infty$.
- $R_{\mathrm{MIN}}(\Pi) = 1$.

Im letzten Fall ist interessant, wie schnell die Güte 1 approximiert wird. Wir unterscheiden drei Algorithmentypen, die alle implizieren, daß $R_{\mathrm{MIN}} = 1$ ist.

3.7.5 Definition i) Ein polynomielles Approximationsschema für Π ist ein Algorithmus A, der für $I \in D_\Pi$ und $\varepsilon > 0$ in einer in $L(I)$ polynomiell beschränkten Rechenzeit eine Lösung $A(I, \varepsilon)$ berechnet, deren Güte durch $1 + \varepsilon$ beschränkt ist.

ii) Ein voll polynomielles Approximationsschema für Π ist ein Algorithmus A, der für $I \in D_\Pi$ und $\varepsilon > 0$ in einer in $L(I)$ und ε^{-1} polynomiell beschränkten Rechenzeit eine Lösung $A(I, \varepsilon)$ berechnet, deren Güte durch $1 + \varepsilon$ beschränkt ist.

iii) Ein Approximationsalgorithmus mit additivem Fehler für Π ist ein polynomieller Algorithmus A, der für eine Konstante c und alle $I \in D_\Pi$ eine Lösung $A(I)$ berechnet, für die $|\mathrm{OPT}(I) - A(I)|$ durch c beschränkt ist.

Auf den ersten Blick mag die Unterscheidung zwischen polynomiellen und voll polynomiellen Approximationsschemata verwundern. Polynomielle Approximationsschemata können jedoch recht unangenehme Eigenschaften haben. Für das Rucksackproblem gibt es ein sehr einfaches polynomielles Approximationsschema, dessen Rechenzeit allerdings $\Theta(n^{1+\lceil\varepsilon^{-1}\rceil})$ beträgt. Um eine höchstens 10%-ige Abweichung vom Optimum zu garantieren, ist bei Verwendung dieses Approximationsalgorithmus eine Rechenzeit von $\Theta(n^{11})$ erforderlich. Es gibt aber auch ein voll polynomielles Approximationsschema mit Rechenzeit $O(n^3\varepsilon^{-1})$. Während bei Verwendung des polynomiellen Approximationsschemas eine Verdoppelung der Genauigkeit ungefähr zu einer Quadrierung der Rechenzeit führt, wird bei Verwendung des voll polynomiellen Approximationsschemas die Rechenzeit nur verdoppelt.

Wir stellen für die von uns untersuchten Optimierungsprobleme einige Ergebnisse zusammen. Um nicht zu sehr in das Gebiet des Entwurfs effizienter Algorithmen abzuschweifen, verweisen wir für die Approximationsalgorithmen auf entsprechende Lehrbücher wie Reingold, Nievergelt und Deo (1977) oder Papadimitriou und Steiglitz (1982). Die negativen Aussagen gelten unter der Annahme NP $\neq$ P und werden später bewiesen.

CLIQUE: Es gibt ein $\varepsilon > 0$, so daß es keinen polynomiellen Approximationsalgorithmus mit Güte n^ε gibt. Dieses kurz vor Fertigstellung des Buches von Arora, Lund, Motwani, Sudan und Szegedy (1992) erzielte Resultat hat einen zu komplexen Beweis, um hier dargestellt zu werden.

Bin Packing Problem BPP: Die polynomiellen Approximationsalgorithmen FIRST FIT und BEST FIT haben eine asymptotische worst case Güte von 17/10, während die asymptotische worst case Güte der Modifikationen FIRST FIT DECREASING und BEST FIT DECREASING nur 11/9 beträgt. Karmarkar und Karp (1982) haben ein kompliziertes polynomielles Approximationsschema angegeben, dessen Güte durch $1 + O(\log^2(\mathrm{OPT}(I))/\mathrm{OPT}(I))$ beschränkt ist. Allerdings gibt es keinen polynomiellen Approximationsalgorithmus A, dessen worst case Güte R_A kleiner als 3/2 ist. Hier sehen wir den gravierenden Unterschied zwischen der worst case Güte und der asymptotischen worst case Güte.

Rucksackproblem KP: Es gibt pseudopolynomielle Algorithmen und ein voll polynomielles Approximationsschema mit Laufzeit $O(n^3\varepsilon^{-1})$. Allerdings gibt es keinen Approximationsalgorithmus mit additivem Fehler.

Traveling Salesman Problem TSP: Es gibt keinen Approximationsalgorithmus mit endlicher worst case Güte. Falls jedoch die Kostenfunktion c der Dreiecksungleichung genügt, d. h. es gilt $c(i,j) \leq c(i,k) + c(k,j)$ für alle i, j und k, gibt es einen polynomiellen Approximationsalgorithmus mit worst case Güte 3/2.

Die folgenden Beweise betreffen zwar nur die von uns intensiv behandelten Probleme. Darüber hinaus enthalten sie jedoch typische Beweismethoden, die sich auf andere Probleme übertragen lassen.

3.7.6 Satz *Falls NP $\neq$ P, gibt es keinen polynomiellen Approximationsalgorithmus für BPP, dessen worst case Güte kleiner als 3/2 ist.*

B e w e i s Wir nehmen die Existenz eines polynomiellen Approximationsschemas A für BPP mit $R_A < 3/2$ an und entwickeln daraus einen polynomiellen Algorithmus für das NP-vollständige Problem PARTITION. Dabei greifen wir auf die im Beweis von Satz 3.4.6 vorgestellte Reduktion PARTITION $\leq_p$ BPP zurück. Statt für die transformierte Eingabe das Orakel zu befragen, ob zwei Behälter ausreichen, setzen wir nun den Approximationsalgorithmus auf die transformierte Eingabe an. Wenn A eine Lösung mit zwei Behältern berechnet, hat PARTITION eine Lösung. Wenn A jedoch eine Lösung mit mindestens drei Behältern berechnet, benötigt eine optimale Lösung, da $R_A < 3/2$ ist, mindestens drei Behälter, und PARTITION hat keine Lösung. □

3.7.7 Satz *Falls NP $\neq$ P, gibt es keinen Approximationsalgorithmus mit additivem Fehler für das Rucksackproblem.*

B e w e i s Wir nehmen die Existenz eines polynomiellen Approximationsalgorithmus mit additivem Fehler k, o. B. d. A. $k \in \mathbb{N}$, für das Rucksackproblem an und entwickeln daraus einen polynomiellen Algorithmus für das NP-harte Rucksackproblem.

Sei also eine Eingabe I für das Rucksackproblem durch $g_1, \ldots, g_n$, G, $a_1, \ldots, a_n$ gegeben. Wir transformieren diese Eingabe in die Eingabe I' mit den Parametern $g_1, \ldots, g_n$, G, $a'_1, \ldots, a'_n$, wobei $a'_i := (k+1)a_i$ ist. Auf I' wenden wir den Approximationsalgorithmus A an. Die von A berechnete Bepackung des Rucksacks wird sich als optimal für die Eingabe I erweisen.

Zunächst einmal sind für I und I' die gleichen Bepackungen des Rucksacks zulässig, da die Gewichtsparameter für die Eingaben gleich sind. Der Nutzen aller Bepackungen unterscheidet sich für I und I' um den Faktor $k+1$, insbesondere ist $\mathrm{OPT}(I) = \mathrm{OPT}(I')/(k+1)$. Der Nutzen der von A berechneten Bepackung weicht für die Eingabe I' nur um den Summanden k von $\mathrm{OPT}(I')$ ab. Also weicht der Nutzen dieser Bepackung für die Eingabe I nur um den Summanden $k/(k+1) < 1$ von $\mathrm{OPT}(I)$ ab. Da alle Parameter ganzzahlig sind, sind auch $\mathrm{OPT}(I)$ und $A(I)$ ganzzahlig, d. h. $\mathrm{OPT}(I) = A(I)$. □

3.7.8 Satz *Falls NP $\neq$ P, gibt es keinen polynomiellen Approximationsalgorithmus für TSP mit endlicher asymptotischer worst case Güte.*

Beweis Wir nehmen die Existenz eines polynomiellen Approximationsalgorithmus A für TSP mit $R_A^\infty = r < \infty$ an. Es gibt also ein $N \in \mathbb{N}$, so daß für alle Eingaben I mit $\text{OPT}(I) \geq N$ die Abschätzung $R_A(I) \leq r$ gilt. Da $c(i,j) \geq 1$, ist $\text{OPT}(I) \geq N$ für alle Eingaben mit mindestens N Orten. Wir ändern A so ab, daß er für alle Eingaben mit weniger als N Orten alle Rundreisen vergleicht und eine optimale Rundreise berechnet. Der neue Algorithmus A' hat ebenfalls polynomielle Rechenzeit, und es gilt sogar $R_{A'} \leq r$. Aus A' entwickeln wir einen polynomiellen Algorithmus für das NP-vollständige Problem DHC, in dem für gerichtete Graphen entschieden werden muß, ob sie einen Hamiltonkreis enthalten.

Sei $G = (V, E)$ ein gerichteter Graph. Wir setzen $c(i,j) := 1$, falls $(i,j) \in E$, und $c(i,j) := r|V| + 1$, falls $(i,j) \notin E$. Der Graph G enthält offensichtlich genau dann einen Hamiltonkreis, wenn es für die erzeugte TSP-Eingabe eine Rundreise mit Kosten $|V|$ gibt. Falls G keinen Hamiltonkreis enthält, betragen die Kosten jeder Rundreise mehr als $r|V|$. Wir wenden nun den Approximationsalgorithmus A' auf die TSP-Eingabe an. Wenn die berechnete Rundreise durch $r|V|$ beschränkte Kosten hat, hat sie Kosten $|V|$ und stellt einen Hamiltonkreis für G dar. Wenn die berechnete Rundreise jedoch größere Kosten als $r|V|$ hat, sind die Kosten einer optimalen Rundreise größer als $|V|$, und G enthält keinen Hamiltonkreis. □

Abschließend wollen wir Beziehungen zwischen pseudopolynomiellen Algorithmen und voll polynomiellen Approximationsschemata herausarbeiten.

3.7.9 Satz *Sei Π ein Optimierungsproblem, in dem der Wert aller Lösungen ganzzahlig ist. Falls es ein Polynom q gibt, so daß $\text{OPT}(I) < q(L(I), \text{MAX}(I))$ für $I \in D_\Pi$ ist, und es ein voll polynomielles Approximationsschema für Π gibt, dann gibt es für Π einen pseudopolynomiellen Optimierungsalgorithmus.*

Es ist leicht einzusehen, daß die Bedingung an die Größe von $\text{OPT}(I)$ nicht sehr einschränkend und z. B. für CLIQUE, BPP, KP und TSP erfüllt ist.

Beweis von Satz 3.7.9 Sei A ein voll polynomielles Approximationsschema für Π und I eine Eingabe für das Optimierungsproblem. Es sei $\varepsilon^{-1} = q(L(I), \text{MAX}(I))$. Wir wenden A auf (I, ε) an. Da q ein Polynom ist, arbeitet A in polynomieller Zeit bezogen auf $L(I)$ und ε^{-1} und damit in polynomieller Zeit bezogen auf $L(I)$ und $\text{MAX}(I)$. Somit ist A ein pseudopolynomieller Algorithmus. Die Güte der berechneten Lösung $A_\varepsilon(I)$ ist durch $1+\varepsilon$ beschränkt. Sei Π o. B. d. A. ein Maximierungsproblem. Dann ist $\text{OPT}(I)/A_\varepsilon(I) \leq 1+\varepsilon$, also $\text{OPT}(I) \leq A_\varepsilon(I) + \varepsilon A_\varepsilon(I)$. Nach Voraussetzung folgt, da stets $A_\varepsilon(I) \leq \text{OPT}(I)$ ist,

$$\text{OPT}(I) - A_\varepsilon(I) \leq \varepsilon A_\varepsilon(I) \leq \varepsilon \text{OPT}(I) \overset{\text{Vor.}}{<} \varepsilon q(L(I), \text{MAX}(I)) = 1.$$

Da $\text{OPT}(I)$ und $A_\varepsilon(I)$ nach Voraussetzung ganzzahlig sind, ist $\text{OPT}(I) = A_\varepsilon(I)$. Der entworfene Algorithmus berechnet also in pseudopolynomieller Zeit eine optimale Lösung. .

Wir benutzen für das folgende Korollar den Begriff stark NP-hart. Dabei ist Π stark NP-hart, wenn Π_p (siehe Definition 3.5.6) für ein Polynom p NP-hart ist.

3.7.10 Korollar Sei Π ein Optimierungsproblem, in dem der Wert aller Lösungen ganzzahlig ist. Sei q ein Polynom, so daß $\text{OPT}(I) < q(L(I), \text{MAX}(I))$ für $I \in D_\Pi$ ist. Falls Π stark NP-hart und NP $\neq$ P ist, hat Π kein voll polynomielles Approximationsschema.

Beweis Falls Π ein voll polynomielles Approximationsschema hat, gibt es nach Satz 3.7.9 auch einen pseudopolynomiellen Optimierungsalgorithmus für Π. Für Π_p und Polynome p ist dieser Algorithmus polynomiell. Da Π stark NP-hart ist, gibt es ein Polynom p^*, so daß Π_{p^*} NP-hart ist. Die letzten beiden Aussagen implizieren, daß NP = P ist im Widerspruch zur Voraussetzung. □

3.8 Eine Komplexitätstheorie für probabilistische Algorithmen

Probabilistische Algorithmen sind Algorithmen, deren Verhalten auch durch Zufallszahlen gesteuert wird. So gibt es beim QUICKSORT die Variante, das Zerlegungsobjekt zufällig zu wählen. Dadurch wird für jede Eingabe eine gute durchschnittliche Rechenzeit erreicht, während die deterministischen QUICKSORT Varianten nur eine über alle Eingabetypen gemittelte gute Rechenzeit erzielen.

In der Kryptographie (Verschlüsselung von Daten) werden zufällige Primzahlen mit 200 Bits und mehr benötigt. Man kann dann zufällige Zahlen erzeugen und diese testen, ob sie Primzahlen sind. Es gibt bisher noch keinen polynomiellen deterministischen Primzahltest, aber sehr effiziente probabilistische Primzahltests. Der Algorithmus von Solovay und Strassen (1977) (ausführlich in Wegener(1989)) arbeitet in linearer Zeit bezogen auf die Bitlänge $\lceil \log(n+1) \rceil$ der Eingabe n. Für Primzahlen n liefert der Algorithmus stets die Aussage „n ist Primzahl", für zusammengesetzte Zahlen (das sind die Zahlen, die keine Primzahlen sind) liefert er die Aussage „n ist zusammengesetzt" mit einer Wahrscheinlichkeit von mehr als 1/2 und ansonsten die falsche Aussage „n ist Primzahl". Der Algorithmus kann sich also nur für zusammengesetzte Zahlen irren, dann aber auch in weniger als der Hälfte der Fälle.

Andere probabilistische Algorithmen haben zweiseitigen Irrtum, rechnen aber in der Tendenz richtig. Schließlich kann es einem probabilistischen Algorithmus passieren, daß er aus einer Rechnung keine nützliche Information über die richtige Antwort erhält. Daher soll er auch mit „Weiß nicht" antworten dürfen. Wann sind wir mit einem probabilistischen Algorithmus zufrieden? Um die verschiedenen Algorithmentypen klassifizieren zu können, führen wir probabilistische Turingmaschinen ein. Die für probabilistische Turingmaschinen erzielten Resultate lassen sich wie für deterministische Turingmaschinen direkt auf realistische Rechnermodelle übertragen.

3.8.1 Definition Für probabilistische Turingmaschinen ist die Übergangsfunktion eine Abbildung $\delta : Q \times \Gamma \to (Q \times \Gamma \times \{R, L, N\})^2$. Jeder der beiden möglichen Rechenschritte wird mit Wahrscheinlichkeit 1/2 gewählt. Für drei ausgezeichnete Zustände q_+, q_- und $q_?$ stoppt die Turingmaschine mit dem Ergebnis „Akzeptieren", „Verwerfen" bzw. „Weiß nicht".

Deterministische Schritte sind für probabilistische Turingmaschinen auch möglich. Dann sind die beiden Tripel in $\delta(q, a)$ gleich. Die Rechenzeit einer probabilistischen Turingmaschine M ist die maximale Rechenzeit auf einem der Rechenwege. Das Ergebnis bei Eingabe w ist eine Zufallsvariable $M(w)$ mit Werten in $\{1$ ($\triangleq$ Akzeptieren), 0 ($\triangleq$ Verwerfen), ? ($\triangleq$ Weiß nicht)$\}$. Für eine Sprache L sei $L(w) = 1$ für $w \in L$ und $L(w) = 0$ sonst.

3.8.2 Definition i) PP (probabilistic polynomial) ist die Klasse aller Sprachen L, so daß es eine polynomiell zeitbeschränkte probabilistische Turingmaschine M gibt, so daß für alle w gilt:

$$\text{Prob}(M(w) = L(w)) > 1/2.$$

Die zugehörigen Algorithmen heißen Monte Carlo Algorithmen.
ii) BPP (probabilistic polynomial with bounded error) ist die Klasse aller Sprachen L, so daß es eine polynomiell zeitbeschränkte probabilistische Turingmaschine M gibt, so daß für ein $\varepsilon > 0$ und alle w gilt:

$$\text{Prob}(M(w) = L(w)) > 1/2 + \varepsilon.$$

iii) RP (random polynomial) ist die Klasse aller Sprachen L, so daß es eine polynomiell zeitbeschränkte probabilistische Turingmaschine M gibt, so daß gilt

$$\text{Prob}(M(w) = 1) > 1/2 \text{ für } w \in L \text{ und}$$

$$\text{Prob}(M(w) = 0) = 1 \text{ für } w \notin L.$$

Die Algorithmen haben nur einseitigen Irrtum.
iv) ZPP (probabilistic polynomial with zero error) ist die Klasse aller Sprachen L,

so daß es eine polynomiell zeitbeschränkte probabilistische Turingmaschine M gibt, so daß gilt

$$\text{Prob}(M(w) = 0) = 0 \text{ und } \text{Prob}(M(w) = 1) > 1/2 \text{ für } w \in L \text{ und}$$

$$\text{Prob}(M(w) = 1) = 0 \text{ und } \text{Prob}(M(w) = 0) > 1/2 \text{ für } w \notin L.$$

Die zugehörigen Algorithmen heißen Las Vegas Algorithmen.

Wir kommentieren diese Charakterisierung. Ein PP-Algorithmus liefert mit einer größeren Wahrscheinlichkeit das richtige als das falsche Ergebnis. Da die Rechenzeit durch ein Polynom p beschränkt ist, gibt es für die Eingabe w genau $2^{p(|w|)}$ Rechenwege. Dabei zählen wir Rechenwege, die nach t Schritten stoppen, als $2^{p(|w|)-t}$ Rechenwege. Jeder Rechenweg hat die Wahrscheinlichkeit $2^{-p(|w|)}$. Die Aussage

$$\text{Prob}(M(w) = L(w)) > 1/2$$

läßt sich also in diesem Fall durch die äquivalente Aussage

$$\text{Prob}(M(w) = L(w)) \geq 1/2 + 2^{-p(|w|)}$$

ersetzen. Bei einem BPP-Algorithmus ist die Tendenz, richtig zu rechnen, verstärkt. Der von uns zitierte Primzahltest ist sogar ein RP-Algorithmus für die Sprache COMPOSITE der zusammengesetzten Zahlen. Akzeptieren ist für RP-Algorithmen irrtumsfrei. Bei ZPP-Algorithmen gibt es keine Irrtümer, der Algorithmus kann aber in fast der Hälfte der Rechenwege die Antwort verweigern.

Lohnt sich eine wiederholte Anwendung probabilistischer Algorithmen? Kann die Irrtumswahrscheinlichkeit wesentlich gesenkt werden?

3.8.3 Satz *Es sei $k \in \mathbb{N}$. Falls $L \in \text{RP}$, gibt es eine polynomiell zeitbeschränkte probabilistische Turingmaschine M, so daß gilt:*

$$\text{Prob}(M(w) = 1) > 1 - 2^{-k} \text{ für } w \in L \text{ und}$$

$$\text{Prob}(M(w) = 0) = 1 \text{ für } w \notin L.$$

Beweis Sei M' die nach Definition der Klasse RP für L existierende probabilistische Turingmaschine. Die Turingmaschine M simuliert M' genau k-mal mit unabhängigen Zufallsschritten. Wenn mindestens eine Simulation zum Ergebnis „Akzeptieren“ führt, akzeptiert M die Eingabe w, und verwirft w ansonsten.

Falls $w \notin L$, führen alle Simulationen mit Wahrscheinlichkeit 1 zum Verwerfen der Eingabe. Damit wird w auch von M mit Wahrscheinlichkeit 1 verworfen. Falls $w \in L$, ist die Wahrscheinlichkeit, daß w von M' nicht akzeptiert wird, kleiner als 1/2. Die Wahrscheinlichkeit, daß dies bei k unabhängigen Versuchen jedes Mal passiert, ist also kleiner als 2^{-k}. □

Erst mit diesem Satz erkennen wir den vollen Wert des Primzahltests. Da er sehr effizient ist, spricht nichts dagegen, ihn 100-mal zu wiederholen. Die Irrtumswahrscheinlichkeit liegt dann unter 2^{-100}, ein Risiko, das wir in vielen Situationen eingehen können. Natürlich gibt es auch Situationen, in denen selbst dieses Risiko nicht vertretbar ist. Insbesondere muß allen Anwendern die Möglichkeit eines Irrtums bekannt und bewußt sein.

Für RP-Algorithmen ist es sehr einfach, die Irrtumswahrscheinlichkeit zu drücken, da bereits einmaliges Akzeptieren mit Sicherheit zur Erkenntnis $w \in L$ führt. Etwas schwieriger ist die Situation für BPP-Algorithmen. Dennoch genügen auch hier $O(k)$ Wiederholungen, um die Irrtumswahrscheinlichkeit unter 2^{-k} zu drücken.

3.8.4 Satz *Sei M eine BPP-Turingmaschine für L zum Parameter $\varepsilon > 0$. Sei M_t die probabilistische Turingmaschine, die für ungerades t die Turingmaschine M t-mal mit unabhängigen Zufallsschritten simuliert und eine Mehrheitsentscheidung fällt, d. h. genau dann akzeptiert (verwirft), wenn mindestens $\lceil t/2 \rceil$ Simulationen akzeptieren (verwerfen), und ansonsten die Ausgabe „Weiß nicht" liefert. Falls $t \geq -\frac{2(k-1)}{\log(1-4\varepsilon^2)}$, ist* $\text{Prob}(M_t(w) = L(w)) > 1 - 2^{-k}$.

Beweis Sei E ein Ereignis, dessen Wahrscheinlichkeit p größer als $1/2 + \varepsilon$ ist. Zunächst gilt

$$p^i(1-p)^i < (1/2+\varepsilon)^i(1/2-\varepsilon)^i = (1/4-\varepsilon^2)^i.$$

Für $i \leq \lfloor t/2 \rfloor$ sei a_i die Wahrscheinlichkeit, daß E bei t unabhängigen Versuchen genau i-mal eintritt. Dann gilt

$$a_i = \binom{t}{i} p^i(1-p)^{t-i} = \binom{t}{i} p^i(1-p)^i(1-p)^{t-2i} < \binom{t}{i}(1/4-\varepsilon^2)^i(1-p)^{t-2i}.$$

Da $(1-p)^2 < (1/2-\varepsilon)^2 = 1/4 - \varepsilon + \varepsilon^2 < 1/4 - \varepsilon^2$, ist $a_i < \binom{t}{i}(1/4-\varepsilon^2)^{t/2}$. Also folgt

$$\text{Prob}(M_t(w) = L(w)) > 1 - (1/4-\varepsilon^2)^{t/2} \sum_{0 \leq i \leq \lfloor t/2 \rfloor} \binom{t}{i}.$$

Für Binomialkoeffizienten gilt $\binom{t}{i} = \binom{t}{t-i}$. Da t ungerade ist, gibt es gerade viele Binomialkoeffizienten $\binom{t}{i}$, $0 \leq i \leq t$. Aus Symmetriegründen ist die Summe der Binomialkoeffizienten $\binom{t}{i}$, $0 \leq i \leq \lfloor t/2 \rfloor$, gleich der Hälfte der Summe der Binomialkoeffizienten $\binom{t}{i}$, $0 \leq i \leq t$. Für die letzte Summe ist aber bekannt (Binomischer Lehrsatz), daß sie 2^t ist. Wir erhalten

$$\text{Prob}(M_t(w) = L(w)) > 1 - (1/4-\varepsilon^2)^{t/2}2^{t-1} = 1 - \frac{1}{2}(1-4\varepsilon^2)^{t/2}.$$

Für $t \geq -2(k-1)/\log(1-4\varepsilon^2)$ ist

$$1 - \frac{1}{2}(1-4\varepsilon^2)^{t/2} \geq 1 - \frac{1}{2}(1-4\varepsilon^2)^{-(k-1)/\log(1-4\varepsilon^2)}.$$

Es gilt allgemein

$$x^{1/\log x} = 2^{(\log x)/\log x} = 2.$$

Daher folgt

$$\text{Prob}(M_t(w) = L(w)) > 1 - \frac{1}{2}2^{-(k-1)} = 1 - 2^{-k}.$$

□

Wie sieht es nun mit PP-Algorithmen aus? Nach unseren Vorüberlegungen zur Irrtumswahrscheinlichkeit von PP-Algorithmen können wir den Beweis von Satz 3.8.4 mit $\varepsilon = 2^{-p(|w|)}$ für ein Polynom p anwenden. Bekanntlich kann die Logarithmenfunktion in der Nähe von 1 durch die Taylorreihe dargestellt werden. Es ist

$$\ln(1+x) = x - \frac{x^2}{2} + \frac{x^3}{3} - \frac{x^4}{4} + \cdots \quad \text{für} \quad -1 < x \leq 1.$$

Daraus folgt

$$-\log(1-4\varepsilon^2) = (\log e)(4\varepsilon^2 + 8\varepsilon^4 + \frac{64}{3}\varepsilon^6 + \cdots)$$

und somit

$$\frac{-1}{\log(1-4\varepsilon^2)} = \Omega(\varepsilon^{-2}).$$

Da $\varepsilon^{-1} = 2^{p(|w|)}$ exponentiell in $|w|$ ist, wobei wir $p(|w|) \geq |w|$ annehmen, erreichen wir für PP-Algorithmen mit Satz 3.8.4 erst nach exponentiell vielen Simulationen eine kleine Irrtumswahrscheinlichkeit. Es wird auch allgemein vermutet, daß PP eine echte Oberklasse von BPP ist. Diese Vermutung impliziert, daß die Irrtumswahrscheinlichkeit von PP-Algorithmen mit polynomiell vielen Simulationen auch nicht unter $1/2 - \varepsilon$ für konstantes $\varepsilon > 0$ gedrückt werden kann.

3.8.5 Satz *$P \subseteq ZPP \subseteq RP \subseteq BPP \subseteq PP$.*

B e w e i s P $\subseteq$ ZPP folgt direkt nach Definition. Wenn wir in einem ZPP-Algorithmus die Ausgabe „Weiß nicht" durch „Verwerfen" ersetzen, erhalten wir für die gleiche Sprache einen RP-Algorithmus. Für $w \notin L$ kann ein ZPP-Algorithmus nur die Ausgaben „Weiß nicht" und „Verwerfen" produzieren. Nach der Modifikation wird $w \notin L$ also mit Wahrscheinlichkeit 1 verworfen. Also ist ZPP $\subseteq$ RP. Die Behauptung RP $\subseteq$ BPP folgt zwar nicht direkt nach Definition, wohl aber aus Satz 3.8.3 für $k = 2$. Schließlich folgt BPP $\subseteq$ PP wieder direkt nach Definition. □

Wir wollen nun Beziehungen zwischen probabilistischen und nichtdeterministischen Algorithmen herleiten.

3.8.6 Satz *RP ⊆ NP.*

B e w e i s Sei $L \in$ RP und M eine zugehörige polynomiell zeitbeschränkte probabilistische Turingmaschine. Wir fassen M als nichtdeterministische Turingmaschine auf, bei der es jeweils maximal zwei mögliche Rechenschritte gibt. Für $w \notin L$ gilt $\text{Prob}(M(w) = 1) = 0$, also gibt es keinen akzeptierenden Rechenweg. Auch die nichtdeterministische Version von M akzeptiert w nicht. Für $w \in L$ gilt $\text{Prob}(M(w) = 1) > 1/2$, also gibt es mindestens einen akzeptierenden Rechenweg, und die nichtdeterministische Version von M akzeptiert w. □

3.8.7 Definition Sei $\mathcal{C}$ eine Klasse von Sprachen L. Die Klasse co-$\mathcal{C}$ (co $\triangleq$ Komplement) enthält die Sprachen $\bar{L} = \Sigma^* - L$ für $L \in \mathcal{C}$, wobei Σ das L zugrundeliegende Alphabet ist.

Die Klasse RP steht für einseitigen Irrtum, die Klasse co-RP für einseitigen Irrtum in die andere Richtung. Damit sollte RP ∩ co-RP für Irrtumsfreiheit stehen.

3.8.8 Satz *ZPP = RP ∩ co-RP.*

B e w e i s Nach Satz 3.8.5 ist ZPP ⊆ RP. Nach Definition ist ZPP = co-ZPP, da „Verwerfen" und „Akzeptieren" gleich behandelt werden. Also ist ZPP = co-ZPP ⊆ co-RP.

Sei nun $L \in$ RP ∩ co-RP, also $\bar{L} \in$ RP. Es seien M und $\bar{M}$ die zu L bzw. $\bar{L}$ gehörigen RP-Turingmaschinen. Wir betrachten die folgende polynomiell zeitbeschränkte probabilistische Turingmaschine M^*. Für die Eingabe w werden nacheinander M und $\bar{M}$ simuliert. Wenn M akzeptiert, akzeptiert auch M^*. Ansonsten wird w verworfen, wenn $\bar{M}$ akzeptiert, und die Antwort „Weiß nicht" gegeben, wenn $\bar{M}$ nicht akzeptiert. Falls M akzeptiert, ist $w \in L$. Falls $\bar{M}$ akzeptiert, ist $w \notin L$. Falls M nicht akzeptiert und $\bar{M}$ nicht akzeptiert, macht eine der beiden Maschinen einen Fehler. Die Wahrscheinlichkeit dafür ist für alle w nach Voraussetzung kleiner als 1/2. Also ist M^* die gesuchte ZPP-Maschine. □

3.8.9 Korollar ZPP ⊆ NP ∩ co-NP.

B e w e i s Da RP ⊆ NP nach Satz 3.8.6, ist auch co-RP ⊆ co-NP. Also ist ZPP = RP ∩ co-RP ⊆ NP ∩ co-NP. □

3.8.10 Satz *NP ∪ co-NP ⊆ PP.*

Beweis Nach Definition ist PP = co-PP, da „Verwerfen" und „Akzeptieren" für PP-Algorithmen gleich behandelt werden. Also ist es ausreichend, NP ⊆ PP zu beweisen.

Sei nun $L \in$ NP und M eine polynomiell zeitbeschränkte nichtdeterministische Turingmaschine für L. Alle Wörter $w \in L$ werden für ein Polynom p nach höchstens $p(|w|)$ Schritten akzeptiert. Wir modifizieren die Turingmaschine M. Die Maschine kann ihre eigenen Schritte zählen und somit für alle Eingaben gleicher Länge zum gleichen Zeitpunkt stoppen. Außerdem soll es stets höchstens zwei Nachfolgekonfigurationen geben. Dabei können r Wahlmöglichkeiten durch $\lceil \log r \rceil$ Schritte simuliert werden. Wir nennen die modifizierte Turingmaschine wieder M und bezeichnen mit p die polynomiell beschränkte Funktion, so daß M auf der Eingabe w nach genau $p(|w|)$ Schritten stoppt. Die so modifizierte nichtdeterministische Turingmaschine kann als probabilistische Turingmaschine aufgefaßt werden.

Wir entwerfen nun eine probabilistische Turingmaschine M' für L. Zunächst erzeugt M' bei Eingabe w gemäß der Gleichverteilung eine Zufallszahl z der Länge $p(|w|)+2$. Falls $0 \le z \le 2^{p(|w|)+1}$, wird M simuliert. Falls $2^{p(|w|)+1} < z \le 2^{p(|w|)+2} - 1$, wird w akzeptiert. Offensichtlich hat M' polynomielle Rechenzeit.

Falls $w \notin L$, wird die Eingabe w, da M eine NP-Maschine für L ist, von M auf keinem Rechenweg akzeptiert. Also wird w genau dann akzeptiert, wenn $2^{p(|w|)+1} < z \le 2^{p(|w|)+2} - 1$ ist, die Wahrscheinlichkeit dafür beträgt $(2^{p(|w|)+1} - 1)/2^{p(|w|)+2} < 1/2$.

Falls $w \in L$, akzeptiert M die Eingabe auf mindestens einem Rechenweg, also mit einer Wahrscheinlichkeit von mindestens $2^{-p(|w|)}$. Die Wahrscheinlichkeit, daß M simuliert wird, ist größer als 1/2. Also ist die Wahrscheinlichkeit, w zu akzeptieren, größer als

$$2^{-p(|w|)} \cdot \frac{1}{2} + \frac{2^{p(|w|)+1} - 1}{2^{p(|w|)+2}} = \frac{2^{p(|w|)+1} + 1}{2^{p(|w|)+2}} > \frac{1}{2}.$$

□

Wir erhalten als Korollar die Aussage, daß es für alle Probleme in NP und damit auch für alle NP-vollständigen Probleme, darunter die Entscheidungsvarianten des Bin Packing Problems, des Rucksackproblems, des Traveling Salesman Problems und des Cliquenproblems, PP-Algorithmen gibt. PP-Algorithmen sind im Gegensatz zu NP-Algorithmen lauffähig. Allerdings ist die Tendenz von PP-Algorithmen, richtig zu rechnen, für praktische Zwecke zu gering ausgeprägt.

Die Ergebnisse dieses Abschnitts lassen sich in folgendem Diagramm zusammenfassen.

$$\mathrm{P} \subseteq \mathrm{ZPP} = \mathrm{RP} \cap \text{co-RP} \subseteq \left\{ \begin{array}{c} \mathrm{NP} \cap \text{co-NP} \subseteq \mathrm{NP} \subseteq \mathrm{NP} \cup \text{co-NP} \\ \mathrm{RP} \subseteq \mathrm{BPP} \end{array} \right\} \subseteq \mathrm{PP}.$$

3.9 Die Struktur von NP und die polynomielle Hierarchie

In diesem das Kapitel 3 abschließenden Abschnitt wollen wir die Struktur der Komplexitätsklasse NP untersuchen und andiskutieren, ob es noch schwierigere als NP-vollständige Probleme gibt.

3.9.1 Definition NPC (NP-complete) ist die Klasse der NP-vollständigen Probleme, und NPI := NP − P − NPC (NP-incomplete) ist die Klasse der NP-unvollständigen Probleme.

Falls NP = P, ist die Situation klar. NPC enthält alle Sprachen in NP außer der leeren Sprache und der Sprache aller Wörter, und NPI ist leer. Unter der wahrscheinlicheren Annahme NP ≠ P kann nichtkonstruktiv die Existenz von Sprachen in NPI nachgewiesen werden (Ladner (1975)). Es sind zwar für sehr viele Sprachen polynomielle Algorithmen oder NP-Vollständigkeitsbeweise bekannt, aber es gibt nur sehr wenige wichtige Probleme, von denen vermutet wird, daß sie in NPI enthalten sind.

Zu diesen Problemen gehört (noch) die Sprache COMPOSITE aller zusammengesetzten Zahlen, obwohl sich in letzter Zeit Vermutungen erhärten, daß COMPOSITE in P enthalten ist. Als wichtiger Kandidat für NPI bleibt das Isomorphieproblem für Graphen.

3.9.2 Definition Die Sprache GI (Graph Isomorphismus) besteht aus allen Paaren $(G = (V, E), G' = (V', E'))$ von ungerichteten Graphen, die zueinander isomorph sind, d. h. für die es eine bijektive Abbildung $f : V \rightarrow V'$ gibt, so daß $\{i, j\} \in E$ genau dann ist, wenn $\{f(i), f(j)\} \in E'$ ist.

Die Klasse co-NP (s. Definition 3.8.7) enthält die Komplemente der Sprachen in NP. Schon in Kapitel 3.6 haben wir die Vermutung begründet, daß NP-vollständige Sprachen nicht in co-NP enthalten sind und daß somit NP ≠ co-NP ist. Die Vermutung NP ≠ co-NP ist jedoch noch schwieriger zu beweisen als die Vermutung NP ≠ P, wie der folgende Satz zeigt.

3.9.3 Satz *Aus NP ≠ co-NP folgt NP ≠ P.*

Beweis Indem wir für deterministische Turingmaschinen die Entscheidungen „Akzeptieren" und „Verwerfen" austauschen, erhalten wir die Aussage P = co-P. Aus NP = P folgt also NP = co-NP. □

3.9.4 Satz *Falls L NP-vollständig und $L \in$ co-NP ist, gilt NP = co-NP.*

B e w e i s Sei $L' \in$ NP. Wir zeigen, daß $L' \in$ co-NP ist. Die Umkehrung folgt analog. Da L NP-vollständig und $L' \in$ NP, gilt $L' \leq_p L$. Es gibt also eine deterministisch in polynomieller Zeit berechenbare Funktion f, so daß $w \in L'$ genau dann ist, wenn $f(w) \in L$ ist. Damit ist auch $w \in \overline{L'}$ genau dann, wenn $f(w) \in \overline{L}$ ist. Da $L \in$ co-NP ist, gibt es eine polynomiell zeitbeschränkte nichtdeterministische Turingmaschine M, die $\overline{L}$ entscheidet.

Wir entwerfen nun eine polynomiell zeitbeschränkte nichtdeterministische Turingmaschine M' für $\overline{L'}$. Für die Eingabe w wird $f(w)$ berechnet und dann M auf $f(w)$ simuliert. Es wird also entschieden, ob $f(w) \in \overline{L}$ und damit ob $w \in \overline{L'}$ ist. □

Dieser Satz untermauert die Vermutung, daß NP-vollständige Sprachen nicht in co-NP liegen. Es gilt COMPOSITE $\in$ NP, da wir für n einen Teiler $t \in \{2, \ldots, n-1\}$ raten und dann verifizieren können, ob n/t ganzzahlig ist. Pratt (1975) hat gezeigt, daß COMPOSITE auch in co-NP enthalten ist. Damit ist Satz 3.9.4 ein starkes Indiz dafür, daß COMPOSITE nicht NP-vollständig ist.

Gibt es uns interessierende Probleme, die vermutlich nicht NP-leicht sind? Können wir derartige Probleme komplexitätstheoretisch klassifizieren? Wir wagen hier nur einen ganz kleinen Schritt in das Gebiet der strukturellen Komplexitätstheorie. Dabei setzen wir den Begriff des (Booleschen) Schaltkreises (s. Wegener (1989)) voraus.

3.9.5 Definition SAT* ist die Sprache aller Schaltkreise, die für mindestens eine Eingabe 1 berechnen.

3.9.6 Satz *SAT* ist NP-vollständig.*

B e w e i s SAT* $\in$ NP, da wir eine Eingabe raten und das Ergebnis des Schaltkreises auf dieser Eingabe in polynomieller Zeit ausrechnen können. Es gilt SAT $\leq_p$ SAT*, da Konjunktionen von Klauseln spezielle Schaltkreise sind. □

Der Entwurf guter oder sogar optimaler Schaltkreise ist ein zentrales Problem im Hardwareentwurfsprozeß.

3.9.7 Definition MINIMUM EQUIVALENT CIRCUIT (MEC) ist die Sprache aller Paare (S, k), wobei S ein Schaltkreis und $k \in \mathbb{N}_0$ ist und es einen Schaltkreis S' mit höchstens k Bausteinen gibt, der die gleiche Funktion wie S berechnet.

3.9.8 Satz *MEC ist NP-hart.*

Beweis Wir zeigen SAT $\leq_T$ MEC. Sei w eine Konjunktion von Klauseln, deren Erfüllbarkeit wir testen wollen, und $S(w)$ der Schaltkreis, der w realisiert. Wir befragen das MEC-Orakel für das Paar $(S(w), 0)$. Lautet die Antwort „Nein", ist die von $S(w)$ dargestellte Funktion nicht mit 0 Bausteinen realisierbar. Da die Nullfunktion mit 0 Bausteinen realisierbar ist, ist w erfüllbar. Lautet die Antwort des Orakels „Ja", kommen als Funktionen, die von $S(w)$ dargestellt sein können, nur noch die beiden konstanten Funktionen und die Projektionen $x_1, \ldots, x_n$, wobei n die Zahl der Variablen in w ist, in Frage. Wir werten w auf der Eingabe, die nur aus Einsen besteht, aus. Natürlich ist w erfüllbar, wenn diese Eingabe w erfüllt. Wenn w von dieser Eingabe nicht erfüllt wird, stellt $S(w)$ die Nullfunktion dar, d. h. w ist nicht erfüllbar. □

Die Sprache MEC scheint nicht in NP enthalten zu sein. Wir können zwar einen Schaltkreis S' mit höchstens k Bausteinen raten. Aber wie sollen wir die Gleichheit von S und S' auf allen, d. h. exponentiell vielen Eingaben verifizieren? Wir können MEC jedoch in polynomieller Zeit nichtdeterministisch entscheiden, wenn wir ein mächtiges Orakel, nämlich SAT*, zulassen.

3.9.9 Satz *MEC kann von einer polynomiell zeitbeschränkten nichtdeterministischen Turingmaschine mit Orakel SAT* entschieden werden.*

Beweis Es sei (S, k) eine Eingabe, für die entschieden werden soll, ob sie zu MEC gehört. Zunächst wird ein Schaltkreis S' mit höchstens k Bausteinen geraten. Mit f und f' bezeichnen wir die von S und S' berechneten Funktionen und mit $\oplus$ die XOR-Funktion. Aus den Schaltkreisen S und S' erhalten wir leicht einen Schaltkreis $S^{\oplus}$ für

$$f \oplus f' = [f \wedge (\neg f')] \vee [(\neg f) \wedge f'].$$

Die Funktion $f \oplus f'$ ist genau dann erfüllbar, wenn f und f' verschiedene Funktionen sind. Es genügt also, das Orakel SAT* für den Schaltkreis $S^{\oplus}$ zu befragen und die Anwort zu negieren. □

Wir erhalten somit vermutlich größere Komplexitätsklassen, wenn wir mächtigere Orakel zulassen. Außerdem gibt es aus praktischer Sicht wichtige Probleme wie MEC, die in den neuen Komplexitätsklassen, aber vermutlich nicht in den uns schon bekannten Komplexitätsklassen enthalten sind.

3.9.10 Definition Für eine Klasse $\mathcal{C}$ von Sprachen ist $\mathrm{P}(\mathcal{C})$ (bzw. $\mathrm{NP}(\mathcal{C})$) die Klasse der Sprachen L, für die es eine Sprache $L' \in \mathcal{C}$ gibt, so daß L von einer polynomiell zeitbeschränkten deterministischen (bzw. nichtdeterministischen) Orakelturingmaschine mit Orakel L' entschieden werden kann.

In dieser neuen Notation enthält Satz 3.9.9 die Aussage MEC $\in$ NP(NP). Die im folgenden definierten Komplexitätsklassen bilden die polynomielle Hierarchie von Sprachklassen. Es wird vermutet, daß keine zwei Klassen dieser Hierarchie gleich sind.

3.9.11 Definition i) $\Sigma_1 :=$ NP, $\Pi_1 :=$ co-NP, $\Delta_1 :=$ P.
ii) $\Sigma_{k+1} := \text{NP}(\Sigma_k)$ für $k \geq 1$.
iii) $\Pi_{k+1} := \text{co-}\Sigma_{k+1}$ für $k \geq 1$.
iv) $\Delta_{k+1} := \text{P}(\Sigma_k)$ für $k \geq 1$.

Es ist also $\Sigma_4 = \text{NP(NP(NP(NP)))}$. Satz 3.9.9 enthält die Aussage MEC $\in \Sigma_2$.

Übungen

1.) Es sei CLIQUE(k) das Problem, für einen Graphen zu testen, ob er eine k-CLIQUE enthält. Für konstantes k ist CLIQUE(k) $\in$ P.

2.) Das Problem, für eine Eingabe n, gegeben in Unärdarstellung, zu entscheiden, ob n Primzahl ist, ist in P enthalten.

3.) Wenn das KP-Entscheidungsproblem in P enthalten ist, ist dann auch das Problem, den Wert einer optimalen Rucksackbepackung zu berechnen, in P?

4.) Wenn das KP-Entscheidungsproblem in P enthalten ist, ist dann auch das Problem, eine optimale Rucksackbepackung zu berechnen, in P?

5.) Jede nichtdeterministische Turingmaschine läßt sich mit konstantem Zeitverlust durch eine nichtdeterministische Turingmaschine simulieren, die in jedem Schritt höchstens zwei zulässige Nachfolgekonfigurationen hat.

6.) Jede nichtdeterministische Turingmaschine läßt sich mit konstantem Zeitverlust durch eine nichtdeterministische 2-Band Turingmaschine simulieren, die in den zwei Phasen Raten und Verifizieren arbeitet.

7.) Seien L_1 und L_2 Sprachen über Σ. Falls $L_1 \in$ P und $L_2 \neq \emptyset$ und $L_2 \neq \Sigma^*$ gelten, ist $L_1 \leq_p L_2$.

8.) Wenn die konvexe Hülle von n Punkten im $\mathbb{R}^2$ in Zeit $t(n)$ berechnet werden kann, dann können n Zahlen aus $\mathbb{R}$ in Zeit $t(n) + O(n)$ sortiert werden. (Bei der Lösung spricht man von einer linearen Reduktion.)

9.) Ein Monom ist eine Konjunktion von Literalen. Das Problem, zu entscheiden, ob eine Disjunktion von Monomen erfüllbar ist, ist in P enthalten.

10.) Eine Sprache L liegt genau dann in NP, wenn es ein polynomiell entscheidbares Prädikat P und ein Polynom p gibt, so daß sich L darstellen läßt als

$$L = \{w \mid \exists\, w' : |w'| \leq p(|w|) \text{ und } P(w, w') \text{ ist wahr}\}.$$

11.) Zeige SAT $\leq_p$ CLIQUE direkt.

12.) Es sei 3-SAT* die Sprache aller erfüllbaren Klauselmengen, in denen jede Klausel genau drei verschiedene Literale enthält. 3-SAT* ist NP-vollständig.

13.) Die Sprache SI (SUBGRAPH ISOMORPHISM) besteht aus allen Paaren $(G_1 = (V_1, E_1), G_2 = (V_2, E_2))$ von ungerichteten Graphen, für die G_1 isomorph in G_2 eingebettet werden kann, d. h. es existieren $V \subseteq V_2$, $E = E_2 \cap \{\{u, v\} \mid u, v \in V\}$ und eine bijektive Abbildung $f : V_1 \to V$, so daß $\{u, v\} \in E_1$ genau dann ist, wenn $\{f(u), f(v)\} \in E$ ist. Es ist SI $\in$ NP.

14.) SI ist NP-vollständig. Hinweis: CLIQUE ist ein guter Kandidat für die Reduktion.

15.) Das Problem, für eine Disjunktion von Monomen (siehe Aufgabe 9) zu entscheiden, ob es eine Eingabe gibt, für die alle Monome 0 berechnen, ist NP-vollständig.

16.) In einem ungerichteten Graphen $G = (V, E)$ heißt eine Knotenmenge $V' \subseteq V$ unabhängig, wenn keine Kante zwischen zwei Knoten aus V' existiert. Die Sprache IP (INDEPENDENT SET) besteht aus allen Paaren (G, k) von ungerichteten Graphen und natürlichen Zahlen, für die G eine unabhängige Knotenmenge mit k Knoten enthält. Die Sprache IP ist NP-vollständig.

17.) Eine Clique V' in einem ungerichteten Graphen $G = (V, E)$ heißt nicht vergrößerbar, wenn es keine Clique V'' gibt, die eine echte Obermenge von V' ist. Ist das Problem der Berechnung einer nicht vergrößerbaren Clique NP-hart oder in P?

18.) Eine Knotenmenge V' in einem ungerichteten Graphen $G = (V, E)$ bildet ein vertex cover, wenn jede Kante in E mindestens einen Knoten aus V' enthält. Die Sprache VC (VERTEX COVER) besteht aus allen Paaren (G, k) von ungerichteten Graphen und natürlichen Zahlen, für die es ein vertex cover mit k Knoten in G gibt. Die Sprache VC ist NP-vollständig.

19.) Ein Eulerkreis in einem ungerichteten Graphen ist ein Kreis, der jede Kante genau einmal enthält. Ist das Entscheidungsproblem, ob ein Graph einen Eulerkreis enthält, NP-vollständig oder in P enthalten?

20.) Erweitere den pseudopolynomiellen Algorithmus für das Rucksackproblem, so daß er auch optimale Lösungen berechnet.

21.) Beweise Satz 3.6.5.

22.) Beweise Lemma 3.6.6.

23.) Sei Π ein Minimierungsproblem, der Wert aller Lösungen ganzzahlig und positiv, k eine Konstante und das Entscheidungsproblem „$\text{OPT}(I) \leq k$?" NP-hart. Falls NP $\neq$ P, gibt es für Π keinen polynomiellen Approximationsalgorithmus A mit $R_A < 1 + 1/k$.

24.) Führe den Beweis von Satz 3.7.9 für Minimierungsprobleme aus.

25.) Gib möglichst schnelle Turingmaschinen für Sprachen $L \in \text{PP}$ an.

26.) Die Klasse BPP ist abgeschlossen gegen Vereinigungen, Durchschnitte und Komplementbildung.

27.) Es sei RP* die Klasse aller Sprachen L, für die es eine polynomiell zeitbeschränkte probabilistische Turingmaschine M gibt, so daß für Eingaben w gilt:

$$\begin{aligned}\text{Prob}(M(w) = 1) &> 1 - 2^{-|w|}, \text{ falls } w \in L, \text{ und} \\ \text{Prob}(M(w) = 0) &= 1, \text{ falls } w \notin L.\end{aligned}$$

Dann gilt RP* = RP.

28.) Nichtdeterministische Turingmaschinen bilden ein Modell für die Klasse NP. Definiere Maschinen, die ein Modell für die Klasse co-NP bilden.

29.) a) $\Sigma_{k+1} = \text{NP}(\Pi_k)$.

b) $\Delta_{k+1} = \text{P}(\Pi_k)$.

c) $\Pi_{k+1} = \text{co-NP}(\Pi_k)$.

d) $\Sigma_{k+1} = \text{NP}(\Delta_{k+1})$.

e) $\Pi_{k+1} = \text{co-NP}(\Delta_{k+1})$.

30.) a) $\Delta_k = \text{co-}\Delta_k$.

b) $\text{P}(\Delta_k) = \Delta_k$.

c) $\Sigma_k \cup \Pi_k \subseteq \Delta_{k+1}$.

d) Σ_k, Π_k und Δ_k sind gegen die Bildung von Vereinigungen und Durchschnitten abgeschlossen.

e) $\Sigma_k \subseteq \Pi_k \Rightarrow \Sigma_k = \Pi_k$.

4 Endliche Automaten

4.1 Schaltwerke und endliche Automaten

Auf Hardwareebene können Boolesche Funktionen wie die Addition oder Multiplikation zweier Binärzahlen durch Schaltkreise realisiert werden. Diese feste Verdrahtung von Befehlen der Assemblersprache läßt jedoch nicht die gewünschte Miniaturisierung der Hardware zu. Daher werden auch Addition und Multiplikation häufig nicht durch Schaltkreise, sondern durch Schaltwerke wie z. B. das von-Neumann-Addierwerk realisiert. Um Probleme wie Instabilität oder Hazards auszuschließen, sollten Schaltwerke mit Flip-Flops getaktet werden. Derartig gezähmte sequentielle Schaltwerke arbeiten nach dem Huffman-Modell (Huffman (1954)). Ihr Verhalten kann schematisch durch Abb. 4.1.1 beschrieben werden.

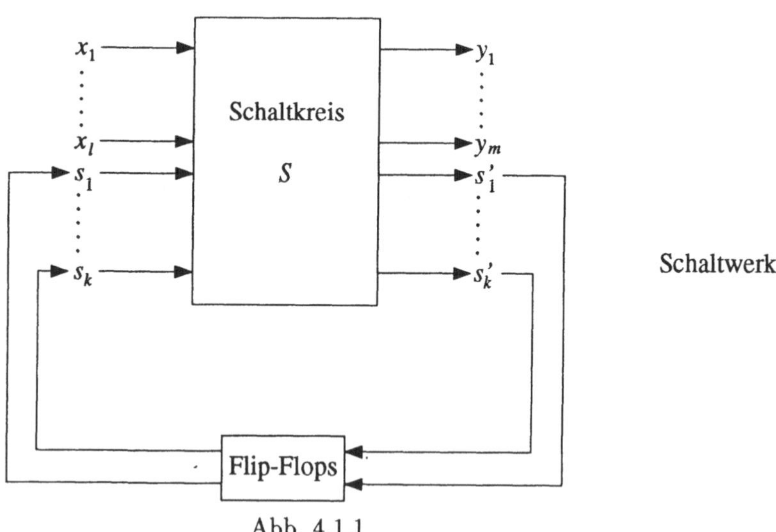

Abb. 4.1.1

Der Schaltkreis S wird durch l externe Eingaben $x_1, \ldots, x_l$ und k interne Steuersignale $s_1, \ldots, s_k$ gespeist. Daraus berechnet der Schaltkreis m externe Ausgänge

$y_1, \ldots, y_m$ und k neue Steuersignale $s'_1, \ldots, s'_k$, die einen Zeittakt später wieder Input des Schaltkreises sind. Wenn wir etwas genauer sein wollen, berechnet der Schaltkreis nicht die neuen Signale $s'_1, \ldots, s'_k$, sondern Ansteuerungssignale für den Block von k Flip-Flops, so daß die Flip-Flops einen Zeittakt später die neuen Signale $s'_1, \ldots, s'_k$ weitergeben.

Wir wollen uns das Verhalten des Schaltwerks als „Maschine" oder als „Rechner" näher betrachten. Allgemein wird dies Analyse eines Schaltwerkes genannt. Das Schaltwerk hat einen internen Speicher, in dem ein Wort aus k Bits abgelegt werden kann. Den Inhalt des Speichers können wir mit dem Zustand des Rechners identifizieren, die Zustandsmenge ist also $Q = \{0,1\}^k$, das Eingabealphabet ist $\Sigma = \{0,1\}^l$, und das Ausgabealphabet ist $\Omega = \{0,1\}^m$. Die Eingabe ist ein Wort aus Σ^*, die Ausgabe ein Wort gleicher Länge aus Ω^*. Das Schaltwerk ist also eine sehr stark eingeschränkte Turingmaschine. Das Eingabewort $w \in \Sigma^n$ darf nur einmal von links nach rechts gelesen werden, in jedem Schritt wird ein Buchstabe des Outputs $z \in \Omega^n$ erzeugt. Die Arbeitsweise wird also durch die Zustandsüberführungsfunktion $\delta : Q \times \Sigma \to Q$ und die Ausgabefunktion $\gamma : Q \times \Sigma \to \Omega$ beschrieben. Derartige Maschinen heißen auch Mealy-Maschinen oder Mealy-Automaten. Für eine allgemeine Definition können wir natürlich beliebige endliche Zustandsmengen, Eingabe- und Ausgabealphabete zulassen.

Formal besteht ein deterministischer Mealy-Automat aus folgenden Komponenten:

- Q, die endliche Zustandsmenge
- Σ, das endliche Eingabealphabet
- Ω, das endliche Ausgabealphabet
- $q_0 \in Q$, der Anfangszustand
- $\delta : Q \times \Sigma \to Q$, die Zustandsüberführungsfunktion
- $\gamma : Q \times \Sigma \to \Omega$, die Ausgabefunktion
- eventuell $F \subseteq Q$, die Menge der akzeptierenden Zustände.

Eine Konfiguration läßt sich durch $y'qw'$ mit $q \in Q$, $y' \in \Omega^*$ und $w' \in \Sigma^*$ beschreiben. Dabei ist q der momentane Zustand, y' die bereits produzierte Ausgabe und w' das noch zu lesende Wort. Es sei $w' = w_1 w''$ mit $w_1 \in \Sigma$, $\delta(q, w_1) = q'$ und $\gamma(q, w_1) = y''$, dann ist $y'y''q'w''$ die direkte Nachfolgekonfiguration von $y'qw'$.

So wie wir sie bisher beschrieben haben, berechnen Mealy-Automaten Funktionen $f : \Sigma^* \to \Omega^*$. Wie schon bei Turingmaschinen diskutiert, erleichtern wir uns die Diskussion, ohne uns wesentlich einzuschränken, wenn wir nur Entscheidungsprobleme diskutieren. Ein Eingabewort $w \in \Sigma^*$ wird genau dann akzeptiert, wenn wir nach dem Lesen von w in einem akzeptierenden Zustand sind. Die Komponenten Ω und γ des Mealy-Automaten fallen dann weg. Die entstehenden Automaten, die durch das Tupel $(Q, \Sigma, q_0, \delta, F)$ darstellbar sind, heißen deterministische endliche Automaten (deterministic finite automata DFA).

Der einfacheren Beschreibung wegen setzen wir δ auf $Q \times \Sigma^*$ fort. Für $q \in Q$ und $w \in \Sigma^*$ soll $\delta(q, w)$ den Zustand angeben, in den der DFA gelangt, wenn er in Zustand q beginnend das Wort w von links nach rechts abgearbeitet hat. Für das leere Wort ε sei $\delta(q, \varepsilon) := q$. Für $w \in \Sigma$ ist $\delta(q, w)$ bereits gegeben. Für $w = w_1 \ldots w_n \in \Sigma^*$ definieren wir

$$\delta(q, w_1 \ldots w_n) := \delta(\delta(q, w_1 \ldots w_{n-1}), w_n).$$

Startend in q gelangen wir nach dem Lesen von $w_1 \ldots w_n$ in den Zustand, in den wir gelangen, wenn wir in q startend $w_1 \ldots w_{n-1}$ lesen $(\delta(q, w_1 \ldots w_{n-1}))$ und in dem erreichten Zustand w_n lesen. Damit können wir die Akzeptanzregel für einen DFA einfach formal beschreiben. Die Eingabe w wird genau dann akzeptiert, wenn $\delta(q, w) \in F$ ist.

Die Funktionsweise vieler Automaten in der Praxis läßt sich am einfachsten durch Mealy-Automaten beschreiben. Dies gilt genauso für eine automatische Waschmaschine wie für eine durch Kontaktschwellen und Zeitsignale gesteuerte Ampelanlage. Das eigentliche Problem besteht daher nicht in der Analyse, sondern in der Synthese von Schaltwerken. Zu einem vorgegebenen Mealy-Automaten soll ein möglichst „gutes" Schaltwerk entworfen werden. Obwohl die Synthese von Schaltwerken nicht Inhalt dieses Buches ist, wollen wir die wesentlichen Schritte und Probleme bei der Synthese guter Schaltwerke andiskutieren, da wir die Behandlung endlicher Automaten mit dem Syntheseproblem motivieren.

Schon die Frage, wann ein Schaltwerk gut oder gar optimal ist, hat keine eindeutige Antwort. Die beiden wichtigsten Gütekriterien sind Kosten und Zeit. Die Hardwarekosten hängen hauptsächlich von der Größe des Schaltkreises S ab, aber auch von der Zahl und Art der Flip-Flops und in geringerem Maß von der Zahl der Inputs und Outputs. Da Schaltkreise von Natur aus parallel arbeiten, ist die Taktzeit eines Schaltwerkes von der Tiefe des Schaltkreises abhängig. Es ist jedoch bekannt, daß sich Tiefe und Größe von Schaltkreisen im allgemeinen nicht gleichzeitig minimieren lassen. Es muß also zwischen mehreren, nicht vereinbaren Kriterien abgewogen werden. Hinzu kommen Gütekriterien sekundärer Art, z. B. sollten Schaltwerke testfreundlich gestaltet werden.

Die Minimierung von Schaltkreisen ist NP-hart. In der Praxis beschränkt man sich daher oft darauf, als Schaltkreise nur PLA's (programmable logic arrays) zuzulassen. Dies sind billige, universelle Standardschaltkreise, die sich für individuelle Zwecke programmieren lassen. Sie sind zwar kostengünstig in der Massenproduktion, es gibt jedoch Boolesche Funktionen mit Schaltkreisen linearer Größe, für die alle PLA's exponentielle Größe haben. Dazu gehört u. a. die Paritätsfunktion, die testet, ob die Anzahl der Einsen im Inputvektor ungerade ist. Die PLA-Minimierung ist für moderate Inputlänge noch handhabbar, obwohl die verwendeten Algorithmen eine exponentielle worst case Rechenzeit haben. PLA's haben dazu den Vorteil, testfreundlich zu sein.

Sei nun ein Mealy-Automat A gegeben, für den wir ein gutes Schaltwerk mit einem PLA-Schaltkreis entwerfen wollen. Wir haben bei der Synthese eines Schaltwerkes viele Freiheiten. Jede Entscheidung in den frühen Phasen hat Auswirkungen auf spätere Phasen. Bisher gibt es daher nur heuristische Verfahren, die hoffentlich oft zu guten Resultaten führen.

Die Zustandsmenge Q, das Eingabealphabet Σ und das Ausgabealphabet Ω sind abstrakte, endliche Mengen, deren Elemente wir durch 0-1-Folgen codieren müssen. Eine Codierung der Zustandsmenge ist eine injektive Abbildung $c : Q \to \{0,1\}^k$ für ein geeignetes k. Der kleinstmögliche Wert für k ist offensichtlich $\lceil \log |Q| \rceil$. Ein viel größeres k würde unnötige Hardwarekosten verursachen.

In vielen Anwendungen gibt es eine natürliche Darstellung von Q als $Q_1 \times \ldots \times Q_r$. Ein Zustand von A besteht nämlich häufig aus der Beschreibung von r Teilkomponenten. Dann kann es sich auf die PLA-Größe günstig auswirken, wenn sich jedes Bit der Codierung nur auf eine Komponente bezieht. Dies führt zu einer Codierung mit $\lceil \log |Q_1| \rceil + \ldots + \lceil \log |Q_r| \rceil$ und daher eventuell mehr als $\lceil \log |Q| \rceil$ Bits. Es bleibt die Wahl, wie die Zustände auf 0-1-Folgen abgebildet werden. Aus heuristischer Sicht sollten „ähnliche" Zustände (ähnlich in Bezug auf das Verhalten von A) ähnlich codiert werden. In einem PLA können nämlich nur Disjunktionen von Monomen gebildet werden. Funktionen werden daher billig dargestellt, wenn sie viele kurze Primimplikanten haben, die jeweils große Anteile der Funktion überdecken. Schließlich folgt aus dem bekannten Verfahren von Quine und McCluskey, daß kurze Primimplikanten aus vielen ähnlichen Mintermen zusammengesetzt sind. (Für die hier nicht definierten Begriffe wird auf Wegener (1989) verwiesen.)

Ähnliche Überlegungen gelten für Codierungen von Σ und Ω. Da im allgemeinen nicht alle 0-1-Folgen Zustände oder Buchstaben darstellen, haben wir es mit partiell definierten Booleschen Funktionen zu tun.

Nach der Codierung von Q, Σ und Ω können die Ausgabefunktionen $y_1, \ldots, y_m$ und die Zustandsüberführungsfunktionen $s_1, \ldots, s_k$ in Abhängigkeit vom Input $x_1, \ldots, x_l$ und den alten Zustandsbits $s_1^*, \ldots, s_k^*$ beschrieben werden. Die Funktionen $y_1, \ldots, y_m$ müssen vom PLA-Schaltkreis S realisiert werden. Anders ist es mit der Zustandsüberführungsfunktion. Abhängig vom Typ der Flip-Flops müssen Ansteuerungsfunktionen für die Flip-Flops berechnet werden. Dies können für bestimmte Flip-Flop Typen mehrere Funktionen sein (im Gegensatz zur schematischen Zeichnung in Abb. 4.1.1). Im Falle eines RS-Flip-Flops benötigen wir Ansteuerungsfunktionen R und S, die folgendes Boolesches Gleichungssystem erfüllen:

$$R \wedge S = 0$$

$$s_1 = S \vee \left(s_1^* \wedge \overline{R}\right)$$

Es gibt (allerdings nicht sehr effiziente) Algorithmen zur Lösung von Booleschen Gleichungssystemen. Wir beachten dabei, daß sich das Erfüllbarkeitsproblem SAT als Boolesches Gleichungssystem mit einer Gleichung beschreiben läßt. Unter den möglicherweise vielen Lösungen des Gleichungssystems muß eine ausgewählt werden, die zu einem PLA-Schaltkreis kleiner Größe führt. Ebenso muß ein Flip-Flop Typ gewählt werden, für den es Ansteuerungsfunktionen gibt, die durch kleine PLA's realisierbar sind. Für jede dieser Entscheidungsmöglichkeiten kann eine schlechte Entscheidung zu einem exponentiellen Blow-up der benötigten Hardwaregröße führen. Nachdem all diese Entscheidungen gefallen sind, muß für die Ausgabefunktion und die Ansteuerungsfunktion ein minimaler oder zumindest ein guter PLA-Schaltkreis berechnet werden. Dies geschieht üblicherweise in zwei Phasen. Zunächst werden die multiplen Primimplikanten aller Funktionen berechnet. Dies können exponentiell viele sein. Auf der Menge der multiplen Primimplikanten und der zu berechnenden Funktionen ist dann das NP-harte Überdeckungsproblem zu lösen (Algorithmen für diese beiden Phasen sind in Wegener (1989) beschrieben).

Am Ende dieses Ausflugs in das Syntheseproblem für Schaltwerke soll die Erkenntnis stehen, daß der Entwurf von endlichen Automaten mit minimaler Zustandszahl einen wichtigen ersten Schritt im Hardwareentwurfsprozeß darstellt.

Zum Abschluß des einführenden Abschnitts werden wir noch einige Beispiele zur Veranschaulichung diskutieren.

Zunächst geben wir jedoch einen Ausblick auf die weiteren Abschnitte. Die Minimierung der Rechenzeit ist für endliche Automaten kein Thema, da die Rechenzeit für ein Eingabewort der Länge n nach Definition n beträgt. Wir können jedoch versuchen, die Größe des Automaten, d. h. die Größe der Zustandsmenge, zu minimieren. Dies wird uns mit Hilfe eines effizienten Algorithmus gelingen. Es stellt sich auch die Frage, welchen Gewinn nichtdeterministische endliche Automaten bringen können. Können wir mehr Probleme lösen? Können wir Probleme mit erheblich kleineren Automaten lösen? Wie können wir für Probleme zeigen, daß sie nicht durch endliche Automaten lösbar sind? Abschließend zeigen wir einige Eigenschaften der Klasse der von endlichen Automaten erkannten Sprachen, die auch Klasse der regulären Sprachen genannt wird.

4.1.1 Beispiel Es sei $L \subseteq \{0,1\}^*$ die Sprache aller Wörter mit gerade vielen Einsen und gerade vielen Nullen. Für diese Sprache wollen wir einen endlichen Automaten entwerfen. Was müssen wir uns nach dem Lesen des Anfangs eines Wortes merken? Doch nur, ob die Zahl z_0 der gelesenen Nullen gerade und ob die Zahl z_1 der gelesenen Einsen gerade ist. Es werden daher vier Zustände genügen:

- q_0: z_0 gerade und z_1 gerade. Dies ist der Anfangszustand, da das leere Wort gerade viele Nullen und gerade viele Einsen enthält. Außerdem ist dieser Zustand akzeptierend.

- q_1: z_0 gerade und z_1 ungerade.

- q_2: z_0 ungerade und z_1 gerade.

- q_3: z_0 ungerade und z_1 ungerade.

Es ist also $Q = \{q_0, q_1, q_2, q_3\}$, $\Sigma = \{0, 1\}$ und $F = \{q_0\}$. Die Zustandsüberführungsfunktion ergibt sich direkt aus unserer Interpretation der Zustände:

δ	q_0	q_1	q_2	q_3
0	q_2	q_3	q_0	q_1
1	q_1	q_0	q_3	q_2

Endliche Automaten lassen sich anschaulich graphisch darstellen (s. Abb. 4.1.2), wobei akzeptierende Zustände doppelt eingekreist werden.

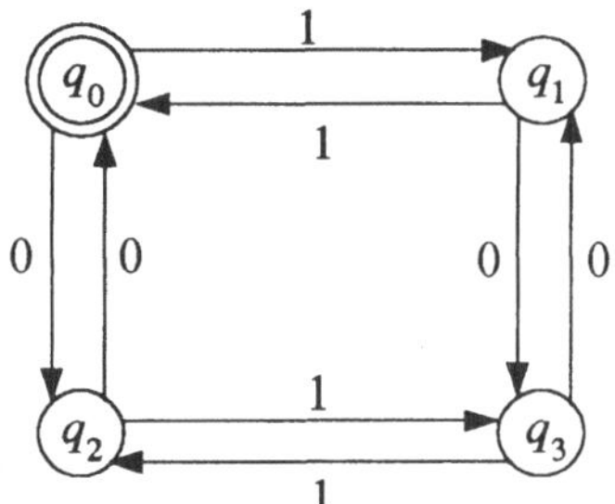

Abb. 4.1.2 DFA zu Beispiel 4.1.1

4.1.2 Beispiel Wir können nicht erwarten, daß das Rucksackproblem KP oder auch nur das eingeschränkte Rucksackproblem KP* von endlichen Automaten erkannt werden kann. Diese Probleme sind NP-vollständig. Daher vermuten wir, daß zu ihrer Lösung nichtpolynomielle Zeit nötig ist, während endliche Automaten nur lineare Zeit zur Verfügung haben. Wir betrachten daher ein noch weiter eingeschränktes Rucksackproblem KP**, in dem der Wert A fest vorgegeben ist. Die Eingabe ist eine Folge $(a_1, \ldots, a_n) \in \{1, \ldots, A\}^n$, für die entschieden werden soll, ob es $I \subseteq \{1, \ldots, n\}$ gibt, so daß die Summe aller a_i, $i \in I$, genau A beträgt.

Endliche Automaten haben nur einen endlichen Speicher. Sie können sich also nicht die ganze Eingabe abspeichern. Dies ist aber auch nicht notwendig. Nach dem Lesen von $a_1, \ldots, a_j$ ist nicht der Wert dieser Zahlen wichtig, sondern es genügt, zu wissen, welche Zahlen aus $\{0, \ldots, A\}$ sich als Summe einiger Zahlen $a_1, \ldots, a_j$ bilden lassen. Daraus ergibt sich der Entwurf des folgenden DFA.

Q enthält 2^A Zustände, die den Teilmengen von $\{0, \ldots, A\}$, die 0 enthalten, entsprechen. Anfangszustand ist der Zustand $\{0\}$, da wir, ohne etwas gelesen zu haben, nur die leere Summe 0 bilden können. Ein Zustand ist akzeptierend, wenn er A enthält. Eingabealphabet ist $\{1, \ldots, A\}$.

Wenn wir bisher genau die Zahlen aus M erzeugen können und $a \in \{1, \ldots, A\}$ lesen, können wir alle Zahlen $m \in M$ und alle Zahlen $m + a$, falls $m + a \leq A$, mit $m \in M$ erzeugen. Also ist für $M \subseteq \{0, \ldots, A\}$ mit $0 \in M$ und $a \in \{1, \ldots, A\}$

$$\delta(M, a) := \{i \in \{0, \ldots, A\} \,|\, i \in M \text{ oder } i - a \in M\}.$$

Auf einen formalen Beweis, daß der so entworfene DFA die Sprache KP** erkennt, wollen wir verzichten. Die Zahl der Zustände ist mit 2^A sehr groß, und wir sehen keine Möglichkeit, diese Anzahl wesentlich (z. B. polynomiell in A) zu verringern.

4.1.3 Beispiel Wir betrachten die Sprache $L = \{0^n 1^n \,|\, n \geq 1\}$ über $\Sigma = \{0, 1\}$. Für diese Sprache haben wir in Beispiel 2.1.3 eine Turingmaschine entworfen, die die Sprache in quadratischer Zeit erkennt. Entweder können wir nun eingeschränkte Turingmaschinen, die mit n Rechenschritten auskommen, also DFA's, für L entwerfen, oder wir wollen zeigen, daß kein DFA die Sprache L entscheiden kann. Folgende einfache Beobachtung ist hier grundlegend. Wenn ein DFA für die Wörter w und w' den gleichen Zustand erreicht, erreicht er für jedes Wort w'' auch für die Wörter ww'' und $w'w''$ den gleichen Zustand, d. h. er akzeptiert ww'' und $w'w''$ oder er akzeptiert beide Wörter nicht. Nehmen wir an, daß der DFA A die Sprache L entscheidet. Wir betrachten nun die unendlich vielen Wörter $w_n = 0^n$ für $n \geq 1$. Da ein DFA nur endlich viele Zustände haben darf, gibt es zwei Wörter w_i und w_j mit $i \neq j$, so daß A nach dem Lesen von w_i und w_j den gleichen Zustand erreicht. Für $w'' = 1^i$ ist $w_i w'' \in L$ und $w_j w'' \notin L$. Der DFA A trifft also für eines der Wörter $w_i w''$ oder $w_j w''$ eine falsche Entscheidung. Also gibt es keinen DFA, der L entscheidet.

Mit dem gleichen Beweis können wir zeigen, daß es keinen DFA gibt, der die Sprache aller Wörter mit gleich vielen Nullen wie Einsen entscheidet.

4.2 Die Minimierung endlicher Automaten

Eines unserer zentralen Ziele besteht darin, Algorithmen zu optimieren. Dies kann für spezielle Probleme schwierig sein. Für die meisten wichtigen Probleme, für die

Algorithmen bekannt sind, sind noch keine optimalen Algorithmen bekannt. Insbesondere gibt es keinen Algorithmus, der als Eingabe Algorithmen akzeptiert und als Ausgabe einen optimalen Algorithmus für dieselbe Aufgabe liefert. Für die äußerst eingeschränkte Klasse der endlichen Automaten, bei denen wir die Güte eines „Algorithmus" durch die Zahl der Zustände des DFA messen, gibt es allerdings sogar einen effizienten Algorithmus, der für einen DFA A einen äquivalenten DFA A' minimaler Größe berechnet. Dabei heißt A' äquivalent zu A, wenn A und A' dieselbe Sprache entscheiden.

Diese Minimierung geschieht in zwei Schritten.

Betrachten wir zunächst den DFA für KP** aus Beispiel 4.1.2. Sei die Konstante $A \geq 4$. Der DFA enthält den Zustand $\{0,1,3\}$ mit der folgenden Interpretation. Dieser Zustand wird genau für die Eingabestrings erreicht, aus denen sich als Summenwerte genau die Zahlen 0, 1 und 3 erzeugen lassen. Um die Zahlen 1 und 3 erzeugen zu können, muß eine Eins gelesen worden sein. Außerdem muß eine weitere Eins oder eine Zwei oder Drei gelesen worden sein. Dann ist auch eine der Zahlen 2 oder 4 erzeugbar. Wir haben also gezeigt, daß der Zustand $\{0,1,3\}$ nicht vom Anfangszustand $\{0\}$ aus erreichbar ist.

4.2.1 Definition Zustände eines DFA, die vom Anfangszustand aus nicht erreichbar sind, heißen überflüssig.

4.2.2 Satz *Die Menge der überflüssigen Zustände eines DFA kann in Zeit $O(|Q||\Sigma|)$ berechnet werden.*

Beweis Wir stellen endliche Automaten wie in Beispiel 4.1.1 durch gerichtete Graphen mit Kantenbewertungen dar. Für jeden Weg im Graphen gibt es eine Eingabe, für die genau dieser Weg durchlaufen wird. Die Menge der nicht überflüssigen Zustände ist also genau die Menge der Knoten im Graphen, die wir mit einer Depth First Suche vom Anfangszustand aus finden. Da jeder der $|Q|$ Knoten des Graphen genau $|\Sigma|$ ausgehende Kanten hat, kann die Depth First Suche in Zeit $O(|Q||\Sigma|)$ durchgeführt werden. □

Wir erhalten natürlich einen äquivalenten endlichen Automaten, wenn wir alle überflüssigen Zustände ersatzlos streichen. Am Beispiel des eingeschränkten Rucksackproblems KP** haben wir gesehen, daß es durchaus natürlich ist, zunächst einen DFA mit überflüssigen Zuständen zu konstruieren.

Ein DFA ohne überflüssige Zustände muß nicht minimal sein. Es ist einfach, den DFA aus Beispiel 4.1.1 so zu verändern, daß er mehr als 4 Zustände enthält und keiner der Zustände überflüssig ist. Betrachte z. B. einen DFA mit 16 Zuständen (i,j) mit $0 \leq i,j \leq 3$ und der folgenden Interpretation. Der Zustand (i,j) wird erreicht, wenn für die Zahl z_0 der gelesenen Nullen und die Zahl z_1 der gelesenen Einsen gilt, daß $i \equiv z_0 \bmod 4$ und $j \equiv z_1 \bmod 4$ ist. Wie können wir einen derartigen DFA minimieren? Wir wollen „äquivalente" Zustände zusammenfassen. Zwei Zustände sind für das Akzeptanzverhalten des Automaten genau dann äquivalent, wenn es für das Akzeptanzverhalten unerheblich ist, ob wir in dem einen oder dem anderen Zustand starten.

4.2.3 Definition Zwei Zustände p und q eines DFA heißen äquivalent, Notation $p \equiv q$, wenn für alle Wörter $w \in \Sigma^*$ gilt:

$$\delta(p, w) \in F \Leftrightarrow \delta(q, w) \in F.$$

Mit $[p]$ bezeichnen wir die Äquivalenzklasse der zu p äquivalenten Zustände.

Mit der Definition $[p]$ haben wir bereits benutzt, daß $\equiv$ offensichtlich eine Äquivalenzrelation ist. Wir setzen nun zunächst voraus, daß wir die Äquivalenzklassen auf Q bereits berechnet haben. Dann können wir zu dem DFA A einen äquivalenten DFA A' konstruieren, der nur so viele Zustände hat, wie $\equiv$ Äquivalenzklassen hat.

4.2.4 Definition Der Äquivalenzklassenautomat A' zu einem DFA A hat folgendes Aussehen. $Q' = \{[q] \mid q \in Q\}$, $\Sigma' = \Sigma$, $q_0' = [q_0]$, $F' = \{[q] \mid q \in F\}$, $\delta'([q], a) = [\delta(q, a)]$.

4.2.5 Satz *Der Äquivalenzklassenautomat A' ist wohldefiniert und akzeptiert die gleiche Sprache wie A.*

Beweis Wir betrachten in der Definition von $\equiv$ das leere Wort ε. Damit ist $p \equiv q$ nur, wenn $p, q \in F$ oder $p, q \notin F$ sind. Daher ist F' wohldefiniert. Um zu zeigen, daß δ' wohldefiniert ist, müssen wir zeigen:

$$p \equiv q \;\Rightarrow\; \delta(p, a) \equiv \delta(q, a) \text{ für } a \in \Sigma.$$

Dies ist jedoch einfach.

$$\begin{aligned} p \equiv q \;&\Rightarrow\; \forall w \in \Sigma^* : \delta(p, w) \in F \Leftrightarrow \delta(q, w) \in F \\ &\Rightarrow\; \forall a \in \Sigma,\ w \in \Sigma^* : \delta(p, aw) \in F \Leftrightarrow \delta(q, aw) \in F \\ &\Rightarrow\; \delta(p, a) \equiv \delta(q, a) \text{ für } a \in \Sigma. \end{aligned}$$

Wir zeigen schließlich, daß A' die gleiche Sprache L wie A akzeptiert. Sei $w \in \Sigma^*$ und $q_0, q_1, \ldots, q_n$ die von A beim Lesen von w durchlaufene Zustandsfolge. Nach Definition von A' durchläuft dieser Automat beim Lesen von w die Zustandsfolge $[q_0], [q_1], \ldots, [q_n]$. A akzeptiert w genau dann, wenn $q_n \in F$ ist. Der Äquivalenzklassenautomat A' akzeptiert w genau dann, wenn $[q_n] \in F'$ ist. Nach Definition ist $q_n \in F$ genau dann, wenn $[q_n] \in F'$ ist. □

Nach Kenntnis der Äquivalenzklassen bzgl. $\equiv$ kann der Äquivalenzklassenautomat in Zeit $O(|Q||\Sigma|)$ konstruiert werden. Allerdings scheint es schwierig zu sein, die Äquivalenzklassen bzgl. $\equiv$ zu berechnen. In der Definition steht ein Allquantor über eine unendliche Menge. Existenzaussagen sind leichter zu verifizieren als Allaussagen. Die Nichtäquivalenz zweier Zustände läßt sich durch eine Existenzaussage beschreiben.

$$p \not\equiv q \Leftrightarrow \exists w \in \Sigma^* : \quad \begin{array}{l}(\delta(p,w) \in F \text{ und } \delta(q,w) \notin F) \text{ oder} \\ (\delta(p,w) \notin F \text{ und } \delta(q,w) \in F).\end{array}$$

Ein derartiges Wort nennen wir einen „Zeugen" für die Nichtäquivalenz von p und q. Kann es sein, daß wir für die Nichtäquivalenz zweier Zustände extrem lange Zeugen brauchen? Sei $w = aw'$ (mit $w \in \Sigma^*$ und $a \in \Sigma$) ein kürzester Zeuge für die Nichtäquivalenz von p und q. Dann ist w' ein Zeuge für die Nichtäquivalenz von $\delta(p,a)$ und $\delta(q,a)$. Wenn es für diese Zustände einen kürzeren Zeugen w'' gibt, ist auch aw'' ein kürzerer Zeuge für die Nichtäquivalenz von p und q. Wenn wir also die Wörter aus Σ^* der Reihe nach testen, ob sie für Zustandspaare die Nichtäquivalenz bezeugen, für die dieser Sachverhalt noch unbekannt war, können wir das Verfahren abbrechen, wenn wir für eine Wortlänge l keine neue Nichtäquivalenz bewiesen haben. Der folgende Algorithmus gibt eine effiziente Implementierung dieser Ideen an.

4.2.6 Algorithmus

Eingabe: DFA A mit $Q = \{1, \ldots, n\}$.

Ausgabe: Markierung aller Zustandspaare $\{i,j\}$ mit $i \not\equiv j$ und $i < j$.

Datenstruktur: Listen $L\{i,j\}$ für alle Paare $\{i,j\}$, als leere Listen initialisiert. In die Liste $L\{i,j\}$ werden nur solche Paare $\{k,l\}$ eingetragen, für die gilt

$$i \text{ und } j \text{ inäquivalent} \Rightarrow k \text{ und } l \text{ inäquivalent.}$$

Falls sich also irgendwann i und j als inäquivalent erweisen, können alle Paare, die in dieser Liste stehen, als inäquivalent erkannt werden.

1.) Wir markieren alle Paare $\{i,j\}$, deren Nichtäquivalenz durch das leere Wort ε bezeugt wird, d. h. ($i \in F$ und $j \notin F$) oder ($i \notin F$ und $j \in F$).

2.) Wir durchlaufen die noch nicht markierten Paare $\{i,j\}$ in kanonischer Reihenfolge.
Behandlung des Paares $\{i,j\}$:
Wir testen für alle $a \in \Sigma$, ob das Paar $\{\delta(i,a), \delta(j,a)\}$ markiert ist. Im positiven Fall markieren wir $\{i,j\}$. Immer, wenn ein Paar $\{i,j\}$ markiert wird, werden alle Paare in $L\{i,j\}$ markiert und eliminiert. Falls alle Paare

$\{\delta(i,a),\delta(j,a)\}$ unmarkiert sind, fügen wir $\{i,j\}$ für jedes $a \in \Sigma$ in die Liste $L\{\delta(i,a),\delta(j,a)\}$ ein, falls $\delta(i,a) \neq \delta(j,a)$ ist.

4.2.7 Satz *Algorithmus 4.2.6 markiert alle Zustandspaare $\{i,j\}$ mit $i \not\equiv j$ in $O(|Q|^2|\Sigma|)$ Schritten.*

Beweis Die Liste $L\{i,j\}$ enthält nur Paare $\{k,l\}$, für die k und l inäquivalent sind, falls i und j inäquivalent sind. Das Paar $\{k,l\}$ wird nur in $L\{i,j\}$ eingefügt, wenn $\{i,j\} = \{\delta(k,a),\delta(l,a)\}$ für ein $a \in \Sigma$ ist. Falls w ein Zeuge für die Inäquivalenz von i und j ist, bezeugt aw die Inäquivalenz von k und l. Damit markiert Algorithmus 4.2.6 nur Paare, die markiert werden sollen.

Wir zeigen nun, daß alle inäquivalenten Paare auch wirklich markiert werden. Falls dies nicht der Fall ist, betrachten wir ein nicht markiertes Paar $\{i,j\}$, das unter allen nicht markierten Paaren einen kürzesten Zeugen w hat. Nach Schritt 1 des Algorithmus ist w nicht das leere Wort. Also ist $w = aw'$ mit $a \in \Sigma$, $w' \in \Sigma^*$. Das Paar $\{\delta(i,a),\delta(j,a)\}$ hat einen kürzeren Zeugen w' und wird daher markiert. Wenn dieses Paar in der kanonischen Ordnung vor $\{i,j\}$ steht, wird $\{i,j\}$ sofort markiert. Andernfalls wird $\{i,j\}$ in $L\{\delta(i,a),\delta(j,a)\}$ eingefügt und damit direkt nach der Markierung von $\{\delta(i,a),\delta(j,a)\}$ markiert. In jedem Fall erhalten wir einen Widerspruch zu der Annahme, daß $\{i,j\}$ nicht markiert wird.

Für die Rechenzeit gilt, daß die Initialisierung und Schritt 1 in Zeit $O(|Q|^2)$ durchführbar sind. Für jedes Paar $\{i,j\}$ werden in Schritt 2 genau $|\Sigma|$ Paare $\{\delta(i,a),\delta(j,a)\}$ betrachtet. Das Paar $\{i,j\}$ wird in höchstens $|\Sigma|$ Listen eingefügt, so daß die Gesamtlänge aller Listen durch $|Q|^2|\Sigma|$ beschränkt ist. Jede Liste $L\{i,j\}$ wird nur einmal durchlaufen, wenn das zugehörige Paar $\{i,j\}$ markiert wird. Also beträgt die Laufzeit des Algorithmus $O(|Q|^2|\Sigma|)$. □

Hierbei ist zu beachten, daß die Eingabe die Länge $\Theta(|Q||\Sigma|)$ hat, um die Zustandsüberführungsfunktion δ zu beschreiben. Auch muß Algorithmus 4.2.6 nur auf den von überflüssigen Zuständen befreiten DFA angewendet werden.

Bisher haben wir zwei Ideen, endliche Automaten zu verkleinern, effizient implementiert. Daß wir keine weitere Idee haben, ist keine Garantie für die Minimalität des konstruierten Automaten. Der Beweis, daß wir tatsächlich bereits einen minimalen, äquivalenten Automaten entworfen haben, greift auf den Struktursatz von Nerode (1958) zurück, den wir nun herleiten.

4.2.8 Definition Eine Äquivalenzrelation R auf Σ^* heißt rechtsinvariant, wenn gilt

$$xRy \Rightarrow \forall z \in \Sigma^* : xzRyz.$$

Dabei bedeutet xRy, daß x und y in Relation bzgl. R stehen. Mit dem Index von R, Notation $ind(R)$, bezeichnen wir die Zahl der Äquivalenzklassen bzgl. R.

4.2.9 Beispiel Für einen DFA A seien $x, y \in \Sigma^*$ bzgl. R_A genau dann äquivalent, wenn $\delta(q_0, x) = \delta(q_0, y)$ ist. Offensichtlich ist R_A eine Äquivalenzrelation. Sie ist sogar rechtsinvariant, denn es gilt:

$$\delta(q_0, x) = \delta(q_0, y) \Rightarrow \forall z \in \Sigma^* : \delta(q_0, xz) = \delta(q_0, yz).$$

Der Index von R_A ist gleich der Zahl der nicht überflüssigen Zustände von A.

4.2.10 Beispiel Für eine Sprache $L \subseteq \Sigma^*$ seien $x, y \in \Sigma^*$ bzgl. der Nerode-Relation R_L genau dann äquivalent, wenn für alle $z \in \Sigma^*$ entweder xz und yz zu L gehören oder beide nicht zu L gehören. Offensichtlich ist R_L eine Äquivalenzrelation. Sie ist sogar rechtsinvariant, denn es gilt

$$\begin{aligned} xR_Ly &\Rightarrow \forall w \in \Sigma^* : (xw \in L \Leftrightarrow yw \in L) \\ &\Rightarrow \forall z, w \in \Sigma^* : (xzw \in L \Leftrightarrow yzw \in L) \\ &\Rightarrow xzR_Lyz \text{ für } z \in \Sigma^*. \end{aligned}$$

4.2.11 Satz von Nerode *Die folgenden Aussagen sind äquivalent.*

(1) $L \subseteq \Sigma^*$ wird von einem DFA akzeptiert.

(2) L ist Vereinigung von einigen Äquivalenzklassen einer rechtsinvarianten Äquivalenzrelation mit endlichem Index.

(3) Die Nerode-Relation R_L hat endlichen Index.

Beweis (1) $\Rightarrow$ (2) Sei A ein DFA, der L akzeptiert, und R_A die zugehörige rechtsinvariante Äquivalenzrelation mit endlichem Index (siehe Beispiel 4.2.9). Dann ist L die Vereinigung der Äquivalenzklassen bzgl. R_A, die zu akzeptierenden Zuständen gehören.

(2) $\Rightarrow$ (3) Sei R die nach Voraussetzung existierende rechtsinvariante Äquivalenzrelation mit endlichem Index. Wir zeigen, daß R_L eine Vergröberung von R ist, d. h. xRy impliziert xR_Ly. Damit bestehen die Äquivalenzklassen bzgl. R_L aus der Vereinigung einiger Äquivalenzklassen bzgl. R. Es folgt $ind(R_L) \leq ind(R) < \infty$.

Sei also xRy. Da R rechtsinvariant ist, folgt $xzRyz$ für $z \in \Sigma^*$. Da nach Voraussetzung jede Äquivalenzklasse von R entweder ganz zu L gehört oder kein Wort aus L enthält, gilt somit, daß xz und yz entweder beide zu L oder beide nicht zu L gehören. Damit folgt xR_Ly.

(3) $\Rightarrow$ (1) Wir entwerfen einen DFA A für L. Q besteht aus den endlich vielen Äquivalenzklassen bzgl. R_L. Es ist $q_0 = [\varepsilon]$ die Äquivalenzklasse, die das leere Wort enthält. Nach Definition von R_L (für das leere Wort $z = \varepsilon$) gehören entweder alle

Wörter einer Äquivalenzklasse zu L oder nicht zu L. Damit ist F als Menge der Zustände $[w]$ mit $w \in L$ wohldefiniert. Sei schließlich

$$\delta([w], a) = [wa].$$

Auch δ ist wohldefiniert. Sei $[w] = [w']$, dann ist wR_Lw', und wegen der Rechtsinvarianz von R_L auch $waR_Lw'a$ und damit $[wa] = [w'a]$. Es folgt

$$\delta(q_0, w) = \delta([\varepsilon], w) = [\varepsilon w] = [w].$$

Also wird w von A genau dann akzeptiert, wenn $[w] \in F$, d. h. $w \in L$ ist. □

4.2.12 Korollar Der im Beweisschritt (3) $\Rightarrow$ (1) des Beweises zum Satz von Nerode konstruierte DFA A für L ist minimal.

B e w e i s Sei A' ein beliebiger DFA für L. Aus dem Beweisschritt (1) $\Rightarrow$ (2) des Satzes von Nerode folgt die Existenz einer rechtsinvarianten Äquivalenzrelation $R_{A'}$ mit $ind(R_{A'}) \leq |Q'|$. Aus dem Beweisschritt (2) $\Rightarrow$ (3) folgt $ind(R_L) \leq ind(R_{A'})$. Aus dem Beweisschritt (3) $\Rightarrow$ (1) folgt $|Q| = ind(R_L)$ für den dort konstruierten DFA. Also ist $|Q| \leq |Q'|$. □

4.2.13 Satz *Wenn aus einem DFA A zunächst die überflüssigen Zustände entfernt werden und dann daraus der Äquivalenzklassenautomat A' konstruiert wird, ist A' ein minimaler zu A äquivalenter endlicher Automat.*

B e w e i s Offensichtlich enthält A' keine überflüssigen Zustände. Nach Korollar 4.2.12 genügt es, zu zeigen, daß A' höchstens $ind(R_L)$ Zustände hat. Dazu ist es ausreichend, zu zeigen, daß Wörter $x, y \in \Sigma^*$ mit xR_Ly zum gleichen Zustand führen oder formaler: xR_Ly impliziert, daß $\delta(q_0, x) \equiv \delta(q_0, y)$ gilt.

$$\begin{aligned}
xR_Ly &\Rightarrow \forall z \in \Sigma^* : (xz \in L \Leftrightarrow yz \in L) \\
&\Rightarrow \forall z \in \Sigma^* : (\delta(q_0, xz) \in F \Leftrightarrow \delta(q_0, yz) \in F) \\
&\Rightarrow \forall z \in \Sigma^* : (\delta(\delta(q_0, x), z) \in F \Leftrightarrow \delta(\delta(q_0, y), z) \in F) \\
&\Rightarrow \delta(q_0, x) \equiv \delta(q_0, y).
\end{aligned}$$

□

4.2.14 Beispiel Wir wollen einen zu dem in Abb. 4.2.1 gegebenen DFA A äquivalenten minimalen DFA konstruieren. Es ist $Q = \{a, b, \ldots, h\}$, $\Sigma = \{0, 1\}$, $q_0 = a$ und $F = \{c\}$.

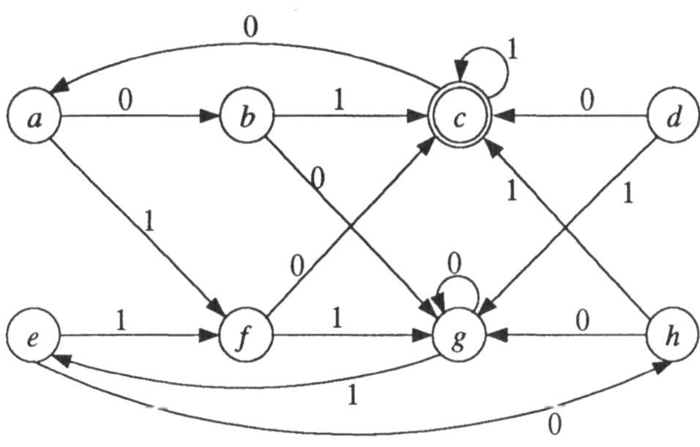

Abb. 4.2.1

Mit Depth First Search vom Knoten a aus stellen wir fest, daß nur d nicht erreichbar ist. Wir führen nun Algorithmus 4.2.6 aus.

1.) Die Paare (a, c), (b, c), (c, e), (c, f), (c, g) und (c, h) werden markiert, da $F = \{c\}$ ist.

2.) Wir durchlaufen die unmarkierten Paare in der Reihenfolge (a, b), (a, e), (a, f), (a, g), (a, h), (b, e), (b, f), (b, g), (b, h), (e, f), (e, g), (e, h), (f, g), (f, h), (g, h).

- (a, b): Die δ-Paare ($\{\delta(a, x), \delta(b, x)\}$ für $x \in \{0, 1\}$) sind (b, g) (unmarkiert u) und (c, f) (markiert m). Der einfacheren Schreibweise wegen drehen wir Paare in die lexikographische Reihenfolge. Also wird (a, b) markiert. Da $L(a, b)$ leer ist, geschieht nichts weiter.

- (a, e): δ-Paare sind $(b, h) = u$ und (f, f) (kein Paar). Also $(a, e) \to L(b, h)$.

- (a, f): δ-Paare sind $(b, c) = m$ und $(f, g) = u$. Schon zu dem Zeitpunkt, da das markierte Paar (b, c) gefunden wird, kann die Untersuchung von (a, f) abgebrochen werden. Es wird (a, f) markiert. Da $L(a, f)$ leer ist, geschieht nichts weiter.

- (a, g): δ-Paare sind $(b, g) = u$ und $(e, f) = u$, also $(a, g) \to L(b, g)$ und $(a, g) \to L(e, f)$.

- (a, h): δ-Paare sind $(b, g) = u$ und $(c, f) = m$. Also wird (a, h) markiert. Da $L(a, h)$ leer ist, geschieht nichts weiter.

- (b, e): δ-Paare sind $(g, h) = u$ und $(c, f) = m$. Also wird (b, e) markiert. Da $L(b, e)$ leer ist, geschieht nichts weiter.

- (b, f): das erste δ-Paar ist $(c, g) = m$. Also wird (b, f) markiert. Da $L(b, f)$ leer ist, geschieht nichts weiter.

- (b, g): δ-Paare sind (g, g) (kein Paar) und $(c, e) = m$. Also wird (b, g) markiert. $L(b, g)$ enthält (a, g), das markiert wird. Da $L(a, g)$ leer ist, geschieht nichts weiter.

- (b, h): δ-Paare sind (g, g) und (c, c) (keine Paare). Also kommt (b, h) in keine Liste und wird nie markiert. Da (a, e) nur in $L(b, h)$ steht, wird auch (a, e) nie markiert. Damit gilt $b \equiv h$ und $a \equiv e$.

Wir verzichten auf die weitere Betrachtung des Algorithmus und bemerken nur, daß alle anderen Paare markiert werden.

Insgesamt kann der Zustand d wegfallen. Die Äquivalenzklassen sind $[a] = \{a, e\}$, $[b] = \{b, h\}$, $[c] = \{c\}$, $[f] = \{f\}$, und $[g] = \{g\}$. Der minimale Automat hat fünf Zustände und ist in Abb. 4.2.2 dargestellt.

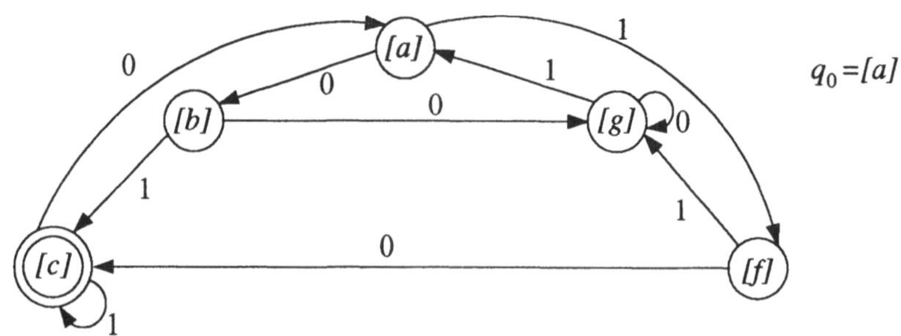

Abb. 4.2.2

Auch wenn Beispiele von Hand mühselig zu bearbeiten sind, wollen wir festhalten, daß wir minimale Automaten in höchstens quadratischer Zeit $O(|Q|^2|\Sigma|)$ berechnen können.

4.3 Das Pumping-Lemma für endliche Automaten

Wir haben Methoden diskutiert, um endliche Automaten zu entwerfen und zu optimieren. Für eine Sprache (siehe Beispiel 4.1.3) haben wir nachgewiesen, daß sie nicht von einem DFA akzeptiert werden kann. Wie war dieser Beweis aufgebaut? Wir haben unendlich viele Wörter 0^n, $n \geq 1$, betrachtet und gezeigt, daß sie bzgl. der Nerode-Relation nicht äquivalent sind. Damit ist $ind(R_L) = \infty$, und nach dem Satz von Nerode gibt es für diese Sprache keinen DFA. Der Satz von Nerode liefert mit $ind(R_L) < \infty$ eine notwendige und hinreichende Bedingung für die Existenz eines DFA für L. Leider ist es häufig schwierig, die Zahl der Äquivalenzklassen der Nerode-Äquivalenz zu untersuchen.

Mit dem Pumping-Lemma geben wir eine nur notwendige Bedingung für reguläre Sprachen an, die sich jedoch in vielen Fällen leicht falsifizieren läßt.

4.3.1 Pumping-Lemma Sei L eine Sprache, die von einem DFA A akzeptiert wird. Dann gibt es eine Konstante n, so daß sich jedes Wort $z \in L$ mit $|z| \geq n$ in drei Teile zerlegen läßt, d. h. $z = uvw$, wobei $|uv| \leq n$ und $|v| \geq 1$ gilt und uv^iw für alle $i \geq 0$ auch in L ist.

Beweis Wir wählen $n = |Q|$ für die Zustandsmenge des DFA A, der L akzeptiert. Wenn nun $z \in L$ genügend lang ist, d. h. $|z| \geq n$, durchläuft der DFA A bei der Bearbeitung von z genau $|z| + 1$ und damit mehr als n Zustände. Damit wiederholt sich mindestens ein Zustand q bereits beim Lesen der ersten n Buchstaben von z. In der graphentheoretischen Darstellung von A wird also ein Kreis durchlaufen. Sei nun u der Präfix von z, nach dessen Lesen A zum ersten Mal q erreicht, und uv der Präfix von z, nach dessen Lesen A zum zweiten Mal q erreicht. Dann gilt $|uv| \leq n$ und $|v| \geq 1$. Der Suffix w wird so gewählt, daß $z = uvw$ ist. Schließlich gilt, da $z \in L$, daß $q' = \delta(q_0, z) \in F$ ist.

Sei nun uv^iw das Eingabewort. Dann gilt

$$\delta(q_0, uv^iw) = \delta(q, v^iw) = \delta(q, w) = q' \in F.$$

Also ist $uv^iw \in L$. Die Einfügung oder Löschung des Teilwortes v im Zustand q hat auf den erreichten Endzustand keinen Einfluß, da $\delta(q, v) = q$ ist. □

Wir wollen das Pumping-Lemma auf zwei Sprachen anwenden. Zur weiteren Übung könnte die Nichtregularität der in Beispiel 4.1.3 und danach betrachteten Sprachen noch einmal mit dem Pumping-Lemma bewiesen werden.

4.3.2 Beispiel $L_1 = \{w \in \{0,1\}^* \mid w = w^R\}$, wobei w^R das Spiegelwort zu w ist, d. h. $w^R = w_k \dots w_1$, falls $w = w_1 \dots w_k$. L_1 heißt auch Sprache aller Palindrome. Wir zeigen, daß L_1 nicht regulär ist. Ansonsten sei n die Konstante aus dem Pumping-Lemma. Wir wählen aus L_1 das Wort $z = (01)^n(10)^n$. Sei dann $z = uvw$ die nach dem Pumping-Lemma existierende Zerlegung mit $|uv| \leq n$, $|v| \geq 1$ und $uv^iw \in L_1$ für $i \geq 0$. Wir leiten einen Widerspruch ab.

1. Fall v hat ungerade Länge. Dann beginnt und endet v mit dem gleichen Buchstaben. In uv^2w gibt es unter den ersten $2n$ Buchstaben eine Position (die in der Mitte von v^2), wo zwei gleiche Buchstaben benachbart sind. Dies gilt nicht für die $2n$ letzten unveränderten Buchstaben. Also ist $uv^2w \notin L_1$.

2. Fall v hat gerade Länge. Dann ist $v = (01)^k$ oder $v = (10)^k$. In jedem Fall ist $uv^2w = (01)^{n+k}(10)^n \notin L_1$.

4.3.3 Beispiel $L_2 = \{0^{k^2} \mid k \geq 1\}$. Wir zeigen, daß L_2 nicht regulär ist. Ansonsten sei n die Konstante aus dem Pumping-Lemma. Wir wählen aus L_2 das Wort 0^{n^2}. Für die nach dem Pumping-Lemma existierende Zerlegung $z = uvw$ gilt $1 \leq |v| \leq n$. Dann ist $uv^2w = 0^{n^2+|v|} \notin L_2$, da

$$n^2 < n^2 + |v| \leq n^2 + n < (n+1)^2.$$

Wir wollen noch zeigen, daß das Pumping-Lemma keine hinreichende Bedingung für die Regularität von Sprachen beinhaltet. Die Sprache L_3 enthalte alle Wörter, die nur Einsen enthalten, und alle Wörter, die mit mindestens einer Null beginnen und dann eine Anzahl von Einsen enthalten, die eine Quadratzahl ist. Also gilt

$$L_3 = \{z \mid z = 1^k \text{ für } k \geq 0 \text{ oder } z = 0^j 1^{k^2} \text{ für } j \geq 1 \text{ und } k \geq 0\}.$$

Diese Sprache erfüllt die Bedingung des Pumping-Lemmas. Für ein Wort $z \in L_3$ wählen wir stets die Zerlegung $z = uvw$ mit $u = \varepsilon$ und $|v| = 1$. Falls $z = 1^k$, ist auch uv^iw vom Typ $1^{k'}$ für ein $k' \geq 0$. Falls $z = 0^j 1^{k^2}$ mit $j \geq 1$, ist $uv^0w = uw = 0^{j-1}1^{k^2}$ auch falls $j - 1 = 0$ in L_3 enthalten. Für $i \geq 1$ ist uv^iw vom Typ $0^{j'}1^{k^2}$ für ein $j' \geq 1$ und damit in L_3. Aufgrund von Beispiel 4.3.3 glauben wir allerdings nicht, daß L_3 regulär ist. Dies läßt sich (Übungsaufgabe) mit Hilfe des folgenden verschärften Pumping-Lemmas beweisen, dessen Beweis ebenfalls eine Übungsaufgabe ist.

4.3.4 Verallgemeinertes Pumping-Lemma Sei L eine Sprache, die von einem DFA A akzeptiert wird. Dann gibt es eine Konstante n, so daß sich für jedes $z = tyx \in L$ mit $|y| = n$ das Wort y so als $y = uvw$ in drei Teile zerlegen läßt, daß $|v| \geq 1$ ist und für alle $i \geq 0$ auch $tuv^iwx \in L$ ist.

4.4 Nichtdeterministische endliche Automaten

Wir haben schon in Kapitel 3 gesehen, daß es für schwierige (NP-vollständige) Probleme sehr elegante und schnelle nichtdeterministische Algorithmen geben kann. Wir wollen hier untersuchen, ob wir mit nichtdeterministischen endlichen Automaten mehr Sprachen erkennen können als mit deterministischen endlichen Automaten. Eine zweite Frage ist, ob uns der Nichtdeterminismus hilft, reguläre Sprachen kürzer und damit effizienter zu beschreiben.

Ein nichtdeterministischer endlicher Automat NFA, den wir auch nur für Entscheidungsprobleme untersuchen wollen, unterscheidet sich von einem DFA genauso, wie sich eine NTM von einer DTM unterscheidet. Die Überführungsfunktion wird durch eine Relation auf $(Q \times \Sigma) \times Q$ ersetzt, die wir auch mit δ bezeichnen. Wir können δ auch als Abbildung von $Q \times \Sigma$ in die Potenzmenge von Q auffassen. Dann ist $\delta(q, a)$ die Menge der Zustände q', so daß $(q, a, q') \in \delta$ ist. Wie schon für DFA's wollen wir δ auf $Q \times \Sigma^*$ fortsetzen. Es ist $\delta(q, \varepsilon) = \{q\}$. Für Wörter w mit $|w| \geq 2$ soll $\delta(q, w)$ die Menge der Zustände sein, die nach dem Lesen von w erreicht werden können. Damit ist für $w = w'a$ mit $a \in \Sigma$

$$\delta(q, w) = \bigcup_{q' \in \delta(q, w')} \delta(q', a).$$

Ein NFA A akzeptiert ein Wort w, wenn er nach dem Lesen von w in einem akzeptierenden Zustand sein kann, also wenn $\delta(q_0, w) \cap F \neq \emptyset$ ist.

Wir zeigen zunächst, wie kompakt wir manchmal reguläre Sprachen mit Hilfe eines NFA beschreiben können.

4.4.1 Beispiel Wir betrachten das stark eingeschränkte Rucksackproblem KP** aus Beispiel 4.1.2. Wenn wir eine Zahl a_i lesen, können wir nun nichtdeterministisch raten, ob wir a_i brauchen, um A darzustellen. Der NFA sei definiert durch

$$Q = \{0, 1, \ldots, A\},\ \Sigma = \{1, \ldots, A\},\ q_0 = 0,\ F = \{A\} \text{ und } \delta(q, a) = \{q, q + a\} \cap Q.$$

Sei nun $a = a_1 \ldots a_n$ eine Eingabe aus KP** mit der Lösungsmenge $I \subseteq \{1, \ldots, n\}$. Der NFA akzeptiert a auf folgende Weise. Wenn a_i mit $i \notin I$ gelesen wird, bleiben wir in dem erreichten Zustand q. Wird a_i mit $i \in I$ gelesen, wechseln wir in den Zustand $q + a_i$. Am Ende sind wir in Zustand A und akzeptieren a. Wenn wir andererseits die Eingabe a akzeptieren, erhalten wir eine Lösung für das KP**, wenn wir I als Menge aller i wählen, so daß wir nach dem Lesen von a_i den Zustand gewechselt haben. Dieser NFA hat nur $A + 1$ Zustände, während der DFA aus Beispiel 4.1.2 2^A Zustände hatte.

4.4.2 Beispiel Das einfachste Problem aus der Mustererkennung ist das String Matching Problem. Für einen festen String $s = s_1 \ldots s_k \in \Sigma^*$ soll für ein Muster $m = m_1 \ldots m_n \in \Sigma^*$ entschieden werden, ob m den String s enthält. Ein NFA mit nur $k+1$ Zuständen läßt sich leicht angeben (s. Abb. 4.4.1).

Abb. 4.4.1

Eine Kante mit der Markierung Σ bedeutet, daß dieser Übergang für jedes $a \in \Sigma$ möglich ist. Der NFA rät also, wo der String s beginnt, verifiziert dann, daß s tatsächlich in m enthalten ist, und wartet dann das Ende des Wortes ab. Knuth, Morris und Pratt (1977) haben diesen NFA als Ausgangspunkt gewählt, um einen effizienten, deterministischen Algorithmus für das String Matching Problem zu entwerfen.

4.4.3 Satz *Sei L_n die Menge aller Wörter über $\{0,1\}$, bei denen der n-letzte Buchstabe eine 1 ist. Dann gilt:*

i) Es gibt einen NFA für L_n mit $n+1$ Zuständen.

ii) Jeder DFA für L_n hat mindestens 2^n Zustände.

Wir beweisen hier also, daß unsere bisherigen Beobachtungen zutreffen. Es gibt Sprachen, bei denen jeder DFA exponentiell mehr Zustände haben muß als der beste NFA.

B e w e i s v o n S a t z 4.4.3 i) Die Konstruktion dieses NFA ist sehr ähnlich zu der Konstruktion in Beispiel 4.4.2 (s. Abb. 4.4.2).

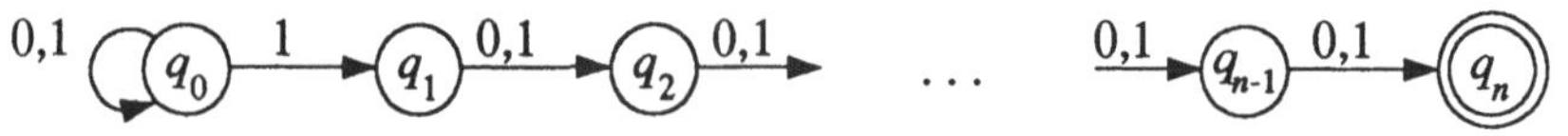

Abb. 4.4.2

Es ist einfach zu sehen, daß dieser NFA genau die Sprache L_n akzeptiert.

ii) Es genügt nach dem Satz von Nerode, zu zeigen, daß alle Wörter aus $\{0,1\}^n$ nicht Nerode-äquivalent sind. Seien $x, y \in \{0,1\}^n$ mit $x \neq y$. Dann gibt es ein i mit $x_i \neq y_i$, o. B. d. A. $x_i = 0$ und $y_i = 1$. Es gilt $x0^{i-1} \notin L$, da x_i der n-letzte Buchstabe von $x0^{i-1}$ ist, und $y0^{i-1} \in L$. Damit sind x und y nicht äquivalent bzgl. R_{L_n}. Es folgt $ind(R_{L_n}) \geq 2^n$. □

Wir haben gesehen, daß nichtdeterministische endliche Automaten mächtige Hilfsmittel sind. Vielleicht sind sie jedoch zu mächtig und können mehr als deterministische endliche Automaten. Dies ist nicht der Fall. Die Sprachen L_n aus Satz 4.4.3 bilden im wesentlichen worst case Beispiele.

4.4.4 Algorithmus Potenzmengenkonstruktion
Eingabe: NFA A, beschrieben durch Q, Σ, q_0, δ und F.
Ausgabe: DFA A', der die gleiche Sprache L wie A akzeptiert.
Der DFA A' enthält als Zustandsmenge Q' die Potenzmenge von Q, also ist $|Q'| = 2^{|Q|}$. Nach dem Lesen von w soll A' in dem Zustand $\delta(q_0, w)$ sein, der für A eine Menge von Zuständen darstellt. Daher setzen wir $\Sigma' = \Sigma$, $q_0' = \{q_0\}$ und $F' = \{q' \in Q' \mid q' \cap F \neq \emptyset\}$. Schließlich sei

$$\delta'(q', a) = \bigcup_{q \in q'} \delta(q, a).$$

Um zu zeigen, daß A' ebenfalls die Sprache L akzeptiert, genügt es, $\delta'(q_0', w) = \delta(q_0, w)$ für $w \in \Sigma^*$ nachzuweisen. Diesen Beweis führen wir mit Induktion über $|w|$. Für $|w| = 0$ ist $w = \varepsilon$ und $\delta'(q_0', \varepsilon) = q_0' = \{q_0\} = \delta(q_0, \varepsilon)$. Für $w = w'a$ gilt mit Hilfe der Induktionsvoraussetzung

$$\begin{aligned} \delta'(q_0', w) &= \delta'(\delta'(q_0', w'), a) = \delta'(\delta(q_0, w'), a) \\ &= \bigcup_{q \in \delta(q_0, w')} \delta(q, a) = \delta(q_0, w). \end{aligned}$$

4.4.5 Satz *Zu jedem NFA mit n Zuständen gibt es einen äquivalenten DFA mit 2^n Zuständen.*

Algorithmus 4.4.4 ist sehr effizient, wenn wir die Laufzeit auf die Größe der Ausgabe $2^{|Q|}|\Sigma|$ beziehen. Zur Berechnung jedes der $2^{|Q|}|\Sigma|$ Funktionswerte von δ' genügt es nämlich, höchstens $|Q|$ viele höchstens $|Q|$-elementige Mengen zu vereinigen.

Um aus einem NFA einen äquivalenten, minimalen DFA zu konstruieren, genügt es, die drei folgenden Schritte auszuführen.

1.) Potenzmengenkonstruktion.

2.) Eliminierung der überflüssigen Zustände.

3.) Minimierung mit Algorithmus 4.2.6.

Jeder der drei Schritte ist effizient durchführbar, wenn wir die Rechenzeit auf die jeweilige Ein- und Ausgabegröße beziehen. In der Praxis kommen NFA's mit Hunderten oder sogar mehr als tausend Zuständen vor, z. B. bei Fluglinien zur Identifikation von Passagiernamen. In diesem Fall ist die Potenzmengenkonstruktion aus

Ressourcengründen schlicht undurchführbar. Dies gilt auch dann, wenn ein minimaler äquivalenter DFA vertretbare Größe hat. Wir suchen also nach effizienten Algorithmen, die möglicherweise die drei Schritte, die wir oben beschrieben haben, integrieren. Für alle drei Schritte gelingt dies nicht, wohl aber für die ersten beiden Schritte. Wir konstruieren den gleichen DFA wie in der Potenzmengenkonstruktion, nur vermeiden wir die Betrachtung der überflüssigen Zustände.

4.4.6 Algorithmus Potenzmengenkonstruktion unter Vermeidung überflüssiger Zustände

Wir benutzen eine Queue Q^* zur Speicherung der erzeugten, aber nicht verarbeiteten Zustände und ein Dictionary D (z. B. einen 2-3-Baum) als Nachschlagewerk für die bereits erzeugten Zustände. Q^* und D werden mit $q_0' = \{q_0\}$ initialisiert.

Solange Q^* nicht leer ist, wird der erste Zustand q' aus Q^* verarbeitet. Wie in Algorithmus 4.4.4 beschrieben, werden für $a \in \Sigma$ die Zustände $\delta'(q', a)$ berechnet. Jeder Zustand $\delta'(q', a)$ wird darauf getestet, ob er bereits in D enthalten ist. Wenn dies nicht der Fall ist, wird er in Q^* und D eingefügt.

Nach Konstruktion ist unmittelbar klar, daß wir die Depth First Suche so mit der Potenzmengenkonstruktion verbunden haben, daß wir nur die nicht überflüssigen Zustände erzeugen. Da D nicht mehr als $2^{|Q|}$ Zustände enthalten kann, ist die Suche in D in Zeit $O(|Q|)$ ebenso möglich wie das Einfügen. Insgesamt ist analog zur Analyse von Algorithmus 4.4.4 die Rechenzeit um nicht mehr als den Faktor $O(|Q|^2)$ größer als die Beschreibung des berechneten DFA. Es kann gehofft werden, daß dieser DFA wesentlich kleiner als der bei der Potenzmengenkonstruktion entstehende DFA ist. Der einzige für uns schlechte Fall ist der, daß wir aus einem kleinen NFA immer noch einen großen DFA erzeugen und der äquivalente minimale DFA wieder klein ist. Wenn der äquivalente minimale DFA selbst sehr groß ist, ist die Rechenzeit bezogen auf die notwendige Größe der Ausgabe in jedem Fall klein.

Für einen NFA mit 200 Zuständen brauchen wir mit der Potenzmengenkonstruktion gar nicht erst anzufangen, während wir mit Algorithmus 4.4.6 zumindest die Hoffnung verbinden können, in vernünftiger Zeit zu einem äquivalenten DFA zu kommen.

Das Ergebnis aus Satz 4.4.5 läßt sich auch so interpretieren, daß die Ausdruckskraft von endlichen Automaten recht robust gegen Modifikationen des Automatenmodells ist. Diese These wollen wir im Rest von Kapitel 4.4 und in Kapitel 4.5 durch zwei weitere Automatenmodelle untermauern.

Bisher können NFA's beim Lesen eines Buchstabens einen von eventuell mehreren möglichen Übergängen raten. Wir wollen nun auch Übergänge, ohne daß ein Buchstabe gelesen wird, ermöglichen. Formal können wir uns vorstellen, daß wir in das Eingabewort w beliebig viele ε-Einträge einfügen dürfen. Bei der Abarbeitung rät der Automat die Zahl der „ε-Buchstaben“ und behandelt dann ε wie einen normalen Buchstaben.

4.4.7 Definition Bei einem NFA A mit ε-Übergängen ist die Übergangsfunktion eine Funktion δ von $Q \times (\Sigma \cup \{\varepsilon\})$ in die Potenzmenge von Q. Der Automat A akzeptiert eine Eingabe w genau dann, wenn es einen akzeptierenden Rechenweg gibt, wobei $q' \in \delta(q, \varepsilon)$ bedeutet, daß A, ohne eine Buchstaben zu lesen, vom Zustand q in den Zustand q' wechseln darf.

Die Option, ε-Übergänge benutzen zu dürfen, kann den Entwurf von NFA's erleichtern. Andererseits ist die Erweiterung um ε-Übergänge nicht so gravierend, daß uns der folgende Satz überraschen könnte.

4.4.8 Satz *Zu jedem NFA A mit ε-Übergängen gibt es einen äquivalenten NFA A' ohne ε-Übergänge, der nicht mehr Zustände als A hat. Dabei kann A' in Zeit $O(|Q||\delta|)$ konstruiert werden, wobei δ die Summe aller $|\delta(q, a)|$, $a \in \Sigma \cup \{\varepsilon\}$ und $q \in Q$, ist.*

B e w e i s A' übernimmt von A die Zustandsmenge und den Anfangszustand. Die Übergangsfunktion wird folgendermaßen definiert. Es soll $\delta'(q, a)$ für $a \in \Sigma$ genau die Zustände enthalten, in die A aus q mit i, $i \in \mathbb{N}_0$, ε-Übergängen und dem anschließenden Lesen von a gelangen kann. Für Wörter $w \in \Sigma^* - \{\varepsilon\}$ gilt dann offensichtlich für die Fortsetzung von δ' auf $\Sigma^* - \{\varepsilon\}$, daß $\delta'(q, w)$ genau die Zustände enthält, die in A auf folgende Weise erreicht werden können: einige ε-Übergänge, ein Übergang, in dem w_1 gelesen wird, einige ε-Übergänge, ..., ein Übergang, in dem der letzte Buchstabe w_n von w gelesen wird. Darüber hinaus ist $\delta'(q, \varepsilon) = \{q\}$, da A' keine ε-Übergänge gestattet.

Mit δ' haben wir das Verhalten von A nachgeahmt. Der Automat A darf nach dem Lesen des letzten Buchstabens von w noch weitere ε-Übergänge durchführen. Daher definieren wir F', die Menge akzeptierender Zustände von A', als Menge aller Zustände q, von denen aus A mit ε-Übergängen in einen akzeptierenden Zustand $q' \in F$ gelangen kann. Damit sollte klar sein, daß A' die gleiche Sprache wie A akzeptiert.

Wir kommen nun zur Rechenzeit für die Konstruktion von A'. Dazu betrachten wir den gerichteten Graphen G, der die Zustände von A als Knoten und die ε-Übergänge als Kanten enthält. Für jeden Zustand berechnen wir mit einer Depth First Suche die Menge der durch ε-Übergänge erreichbaren Zustände. Hierbei erhalten wir als Nebenprodukt die Menge F' akzeptierender Zustände. Die Rechenzeit für die Depth First Suche können wir durch $O(|Q||\delta|)$ abschätzen. Verbesserungen an dieser Stelle, z. B. durch die Berechnung starker Zusammenhangskomponenten, wirken sich nicht auf die Gesamtrechenzeit aus, da wir für den zweiten Teil des Algorithmus eine

Rechenzeit von $\Theta(|Q||\delta|)$ verbrauchen. Für die $O(|\delta|)$ Tripel (q', q'', a) mit $a \in \Sigma$ und $q' \in \delta(q'', a)$ und alle Zustände $q \in Q$ überprüfen wir, ob q'' von q aus mit ε-Übergängen erreichbar ist. Im positiven Fall wird q' in $\delta(q, a)$ eingefügt. □

4.5 Zwei-Wege Automaten

Deterministische endliche Automaten sind dadurch ausgezeichnet, daß sie nur einen endlichen Speicher haben und die Eingabe nur einmal von links nach rechts lesen können. Ihre Rechenzeit für Eingaben der Länge n beträgt also n. Wir erweitern das Konzept der endlichen Automaten nun auf Zwei-Wege Automaten, d. h. wir erlauben es dem endlichen Automaten, den Kopf auch nach links zu bewegen. Die Übergangsfunktion ist dann von der Form $\delta : Q \times \Sigma \rightarrow Q \times \{L, R\}$, wobei L und R die Richtungen der Kopfbewegungen beschreiben. Die Möglichkeit, den Kopf nicht zu bewegen, haben wir hier gleich ausgeschlossen, da sie nutzlos ist (Übungsaufgabe). Wenn ein Zwei-Wege Automat in eine unendliche Schleife gerät oder die Eingabe nach links verläßt, wird die Eingabe nicht akzeptiert. Wenn der Automat die Eingabe nach rechts verläßt, stoppt die Rechnung, und die Eingabe wird genau dann akzeptiert, wenn der Automat in einem akzeptierenden Zustand ist. Die Rechenzeit für Eingaben der Länge n kann nun für nicht akzeptierte Wörter kleiner als n sein. Für akzeptierte Wörter ist die Rechenzeit mindestens n, kann aber erheblich größer sein. Es stellt sich daher die Frage, ob dieser Rechenzeitverlust eventuell durch einen Gewinn bei der notwendigen Größe endlicher Automaten für die Beschreibung einer Sprache kompensiert werden kann (s. Satz 4.5.2).

4.5.1 Beispiel $Q = F = \{q_0, q_1, q_2\}$, $\Sigma = \{0, 1\}$.

δ	q_0	q_1	q_2
0	(q_0, R)	(q_1, R)	(q_0, R)
1	(q_1, R)	(q_2, L)	(q_2, L)

Wenn für einen DFA $Q = F$ gilt, wird die Sprache Σ^* akzeptiert. Dies ist für Zwei-Wege-Automaten nach unseren Vorüberlegungen nicht notwendigerweise so. Für den Automaten dieses Beispiels wollen wir zeigen, daß er genau die Wörter ohne zwei aufeinanderfolgende Einsen akzeptiert. Dazu verfolgen wir die Arbeitsweise des Automaten. Wenn die Eingabe höchstens eine Eins enthält, wird, ohne die Leserichtung zu ändern, das rechte Ende der Eingabe erreicht und akzeptiert. Ansonsten wird bei der ersten Eins in den Zustand q_1 gewechselt, beim Lesen der zweiten Eins wechselt der Automat in den Zustand q_2 und geht auf den Buchstaben links von der zweiten Eins zurück. Wenn dieser Buchstabe eine Null ist, ist die erste Eins isoliert, und der Automat startet hinter der ersten Eins neu im Zustand q_0. Wenn der Buchstabe vor der zweiten Eins ebenfalls eine Eins ist, macht der Automat einen weiteren Schritt nach links. Entweder er verläßt dabei die Eingabe und akzeptiert nicht, oder er startet vor dem Hindernis der beiden aufeinanderfolgenden Einsen neu. Er kann dieses Hindernis nie überwinden und wird die Eingabe nicht akzeptieren. Insgesamt werden also die Wörter ohne zwei aufeinanderfolgende Einsen akzeptiert.

Wir wollen die Arbeitsweise dieses Zwei-Wege Automaten auf den Eingaben 101101 und 101001 veranschaulichen. Wir schreiben dabei den erreichten Zustand unter den Zwischenraum, der beim Zustandswechsel überschritten wird.

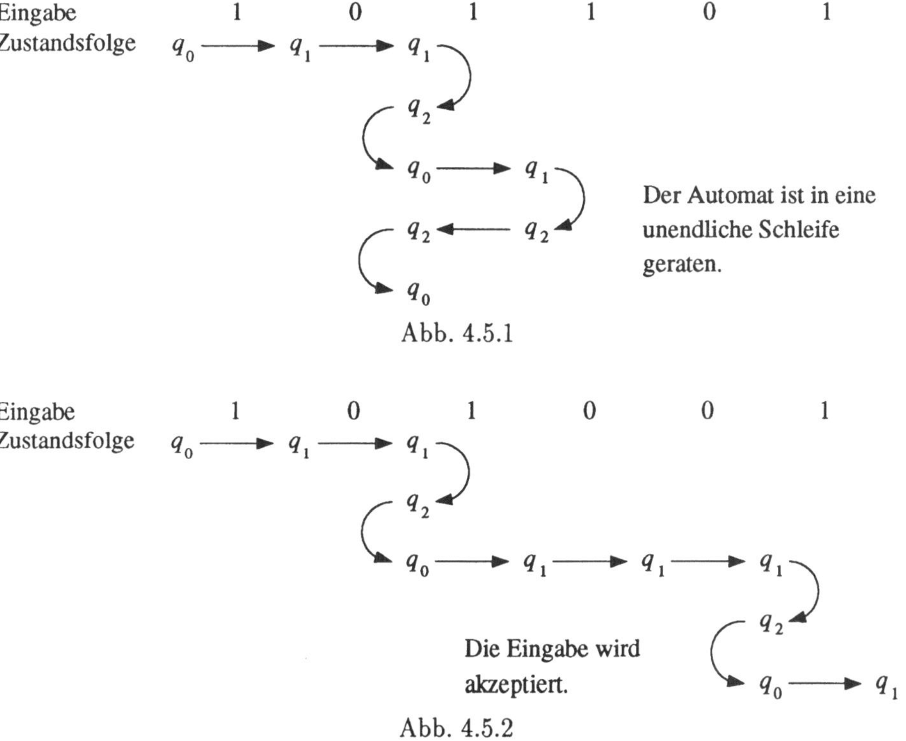

Abb. 4.5.1

Abb. 4.5.2

Beispiel 4.5.1 diente mehr der Illustration, denn es ist leicht, für die akzeptierte Sprache auch einen DFA mit drei Zuständen anzugeben. Es stellt sich also die Frage, ob mit Zwei-Wege Automaten mehr als die regulären Sprachen erkannt werden können und ob Zwei-Wege Automaten für bestimmte reguläre Sprachen mit sehr viel weniger Zuständen auskommen als minimale DFA's. Wir beantworten zunächst die zweite Frage.

Aus Satz 4.4.3 wissen wir, daß jeder DFA für die Sprache L_n über $\{0,1\}$, die alle Wörter enthält, deren n-letzter Buchstabe eine Eins ist, mindestens 2^n Zustände enthält. Zwei-Wege Automaten kommen mit weit weniger Zuständen aus.

4.5.2 Satz *$L_n \subseteq \{0,1\}^*$ sei die Sprache aller Wörter w, deren n-letzter Buchstabe eine Eins ist. Die Sprache L_n kann von einem Zwei-Wege Automaten mit $2n-1$ Zuständen erkannt werden, wenn $n \geq 3$ ist.*

Beweis Wir beschreiben den Automaten informal. Im Zustand q_0 gehen wir nach rechts, bis die erste Eins gelesen wird. Danach gehen wir weiter nach rechts, zählen aber mit unserem endlichen Speicher, der Zustandsmenge, den wievielten Buchstaben hinter der Eins wir lesen. Im Zustand q_i, $1 \leq i \leq n$, soll der i-te Buchstabe hinter der Eins gelesen werden. Nur der Zustand q_n soll akzeptierend sein. Folgen hinter der Eins nur $i \leq n-2$ Buchstaben, wird die Eingabe in Zustand q_{i+1} verlassen und nicht akzeptiert. Folgen hinter der Eins genau $n-1$ Buchstaben, wird die Eingabe im Zustand q_n verlassen und akzeptiert. Folgen hinter der Eins mindestens n Buchstaben, wird in q_n ein Buchstabe gelesen und die Leserichtung gewechselt. Es soll der erste Buchstabe hinter der überprüften Eins aufgesucht werden und wieder im Zustand q_0 gelesen werden. Dazu benötigen wir die Zustände $q_{n+1}, \ldots, q_{2n-2}$, um beim Zurücklaufen zu zählen, wann die gewünschte Position erreicht wird. Da jede Eins darauf überprüft wird, ob sie die n-letzte ist, akzeptiert der Automat L_n. □

Wir werden im folgenden Zwei-Wege Automaten durch NFA's simulieren. Dazu betrachten wir nochmals die Abbildungen 4.5.1 und 4.5.2. Die Zustandsfolgen, die unter den Zwischenräumen stehen, heißen crossing sequences (cs's), da sie beschreiben, in welchen Zuständen der Automat diesen Zwischenraum überquert hat. In Abb. 4.5.2 kommen die cs's $[q_0], [q_1]$ und $[q_1, q_2, q_0]$ vor, während in Abb. 4.5.1 auch die cs $[q_1, q_2, q_0, q_2, q_0, q_2, q_0, \ldots]$ vorkommt. Diese unendliche cs gehört jedoch zu einer nicht akzeptierenden Berechnung.

4.5.3 Definition Eine crossing sequence heißt gültig (gcs), wenn sie in einer akzeptierenden Berechnung vorkommt.

4.5.4 Lemma Die Länge gültiger crossing sequences ist ungerade und durch $2|Q|-1$ beschränkt. Die Anzahl gültiger crossing sequences ist durch $|Q|^{2|Q|}$ beschränkt.

Beweis Wenn ein Zwischenraum zum i-ten Mal überschritten wird, ist die Leserichtung links, wenn i gerade ist, und rechts, wenn i ungerade ist. Da ein Zwei-Wege Automat nicht schreiben darf, ist er in eine unendliche Schleife geraten, wenn er einen Zwischenraum in der gleichen Leserichtung zum zweiten Mal im gleichen Zustand überschreitet. Dies ist bei einer crossing sequence der Länge $2|Q| + 1$ nach dem Schubfachprinzip sicher der Fall. Da jede akzeptierende Berechnung die Eingabe nach rechts verläßt, hat jede gcs ungerade Länge. Damit folgt die erste Aussage. Die zweite Aussage ist eine grobe Abschätzung der Zahl der Q-Folgen, deren Länge durch $2|Q| - 1$ beschränkt ist. □

Ein DFA oder NFA darf nicht umkehren. Die naheliegende Idee besteht also darin, als Zustandsmenge eines NFA die Menge der gcs's zu wählen. Der NFA muß dann beim Lesen von a die passende folgende gcs raten. Da zunächst unklar ist, welche cs's gültig sind, werden wir unsere Überlegungen für beliebige cs's durchführen. Welche cs's dürfen auf die cs c_1 beim Lesen von a folgen? Derartige cs's c_2 wollen wir rechtsverträglich über a zu c_1 nennen, Notation c_1 rv c_2 über a. Es soll c_1 rv c_2 über a gelten, wenn es lokal möglich ist, daß wir links von dem zu c_1 gehörigen Zwischenraum starten, c_1 die cs an dem zugehörigen Zwischenraum, a der folgende Buchstabe und c_2 die cs für den folgenden Zwischenraum ist. Da wir diesen Begriff konstruktiv für immer längere cs's definieren werden, benötigen wir auch den Begriff der Linksverträglichkeit, Notation lv, bei dem wir annehmen, daß wir rechts von dem zu c_2 gehörigen Zwischenraum starten.

4.5.5 Definition Es gilt c_1 rv c_2 über a bzw. c_1 lv c_2 über a genau dann, wenn dies aus den Regeln a) – e) folgt.

a) Für alle $a \in \Sigma$ gilt für die leere cs $[\varepsilon]$: $[\varepsilon]$ rv $[\varepsilon]$ über a und $[\varepsilon]$ lv $[\varepsilon]$ über a.

b) $[q_3, \ldots, q_k]$ rv $[p_1, \ldots p_l]$ über a und $\delta(q_1, a) = (q_2, L) \Rightarrow [q_1, \ldots, q_k]$ rv $[p_1, \ldots p_l]$ über a.

c) $[q_2, \ldots, q_k]$ lv $[p_2, \ldots p_l]$ über a und $\delta(q_1, a) = (p_1, R) \Rightarrow [q_1, \ldots, q_k]$ rv $[p_1, \ldots p_l]$ über a.

d) $[q_1, \ldots, q_k]$ lv $[p_3, \ldots p_l]$ über a und $\delta(p_1, a) = (p_2, R) \Rightarrow [q_1, \ldots, q_k]$ lv $[p_1, \ldots p_l]$ über a.

e) $[q_2, \ldots, q_k]$ rv $[p_2, \ldots p_l]$ über a und $\delta(p_1, a) = (q_1, L) \Rightarrow [q_1, \ldots, q_k]$ lv $[p_1, \ldots p_l]$ über a.

Wir wollen die Regeln aus Definition 4.5.5 interpretieren. Wenn wir von links starten und einen Zwischeraum nicht erreichen, dann erreichen wir auch den rechts davon gelegenen Zwischenraum nicht (Regel a). Wenn wir von links starten und $\delta(q_1, a) = (q_2, L)$ ist, dann ist es lokal möglich, daß wir einen Zwischenraum in q_1 überschreiten, a lesen und den gleichen Zwischenraum in q_2 überschreiten. Danach erreichen wir diesen Zwischenraum wieder von links (Regel b). Wenn wir von links starten und $\delta(q_1, a) = (p_1, R)$ ist, dann ist es lokal möglich, daß wir einen Zwischenraum in q_1 überschreiten, a lesen und den rechts benachbarten Zwischenraum in p_1 überschreiten. Danach erreichen wir diese Zwischenräume von rechts (Regel c). Die restlichen Regeln können analog interpretiert werden.

Wir haben bisher nur die aus lokaler Sicht möglichen Operationen ausgelotet. Dabei ist z. B. nicht ausgeschlossen, daß der Zustand q_1 global überhaupt nicht erreichbar ist.

4.5.6 Satz *Die von Zwei-Wege Automaten akzeptierten Sprachen sind regulär.*

Beweis Sei A ein Zwei-Wege Automat, der die Sprache L akzeptiert. Wir werden einen NFA A' für L sogar konstruieren, allerdings wird die Zustandsmenge Q' dieses NFA exponentiell größer als die Zustandsmenge Q von A sein.

Als Zustandsmenge Q' wählen wir die Menge aller gültigen crossing sequences von A. Nach Lemma 4.5.4 ist Q' endlich, aber $|Q'|$ ist exponentiell in $|Q|$. Wenn L die leere Menge ist, ist L natürlich regulär. Daher nehmen wir im folgenden an, daß L nicht leer ist. Dann ist $[q_0]$ eine gcs, da der Zwischenraum vor dem ersten Buchstaben auf akzeptierenden Rechnungen nur einmal, und zwar im Zustand q_0 überschritten wird. Es sei $q_0' := [q_0]$ der Anfangszustand von A'. Falls $q \in F$ ein erreichbarer akzeptierender Zustand für A ist, ist $[q]$ eine gcs, da für die in q akzeptierten Eingaben der Zwischenraum hinter dem letzten Buchstaben nur einmal, und zwar im Zustand q überschritten wird. Als Menge akzeptierender Zustände F' für A' wählen wir alle $[q]$, für die $q \in F$ für den Automaten A erreichbar ist. Schließlich sei

$$\delta'(c, a) := \{d \in Q' | c \ rv \ d \text{ über } a\}.$$

Es bleibt zu zeigen, daß A' die Sprache L akzeptiert.

Sei zunächst $w = w_1 \dots w_n \in L$. Es seien $c_0 = [q_0], c_1, \dots, c_{n-1}, c_n = [q]$ mit $q \in F$ die bei der Bearbeitung von w durch A entstehenden crossing sequences. Es genügt zu zeigen, daß $c_{i-1}\ rv\ c_i$ über w_i für $i \in \{1, \dots, n\}$ gilt. Seien $c_{i-1} = [q_1, \dots, q_k]$, $c_i = [p_1, \dots, p_l]$, $w_i = a$ und Z_{i-1} und Z_i die zu c_{i-1} und c_i gehörenden Zwischenräume. Der Automat A überschreitet Z_{i-1} zum ersten Mal von links im Zustand q_1. Da die entstehenden crossing sequences c_{i-1} und c_i sind, gilt entweder $\delta(q_1, a) = (q_2, L)$ oder $\delta(q_1, a) = (p_1, R)$. Im ersten Fall genügt es nach Definition, $[q_3, \dots, q_k]\ rv\ [p_1, \dots, p_l]$ über a zu zeigen, im zweiten Fall $[q_2, \dots, q_k]\ lv\ [p_2, \dots, p_l]$ über a. Die Gesamtlänge beider crossing sequences ist in jedem Fall kleiner geworden. Wir fahren analog fort und bauen die crossing sequences auf die Weise ab, wie sie bei der Rechnung mit A entstanden sind. Da schließlich die leeren crossing sequences links- und rechtsverträglich über a sind, haben wir die Gültigkeit der Aussage $c_{i-1}\ rv\ c_i$ über a bewiesen.

Wir müssen noch zeigen, daß A' keine Wörter w, die nicht in L sind, akzeptiert. Statt dessen beweisen wir die äquivalente Aussage, daß jedes von A' akzeptierte Wort w in L enthalten ist.

Sei $c_0, c_1, \ldots, c_n$ ein akzeptierender Rechenweg des Automaten A' für das Wort $w = w_1 \ldots w_n$. Dann ist $c_0 = [q_0]$, $c_n = [q]$ mit $q \in F$, und es gilt $c_{i-1}\ rv\ c_i$ über w_i für $1 \leq i \leq n$. Wir beweisen die beiden folgenden Aussagen.

Wenn A' für die Eingabe $w_1 \ldots w_i$ den Zustand $c = [p_1, \ldots, p_l]$ ereichen kann, gelten (1) und (2).

(1) Falls A in q_0 startet und die Eingabe $w_1 \ldots w_i$ liest, wird die Eingabe zum ersten Mal im Zustand p_1 nach rechts verlassen.

(2) Es sei j gerade und $j+1 \leq l$. Falls A den Buchstaben w_i der Eingabe $w_1 \ldots w_i$ im Zustand p_j liest, wird die Eingabe $w_1 \ldots w_i$ zum ersten Mal im Zustand p_{j+1} nach rechts verlassen.

Die Behauptung (1) impliziert für $i = n$, daß A die Eingabe $w = w_1 \ldots w_n$ zum ersten Mal im Zustand $q \in F$ nach rechts verläßt, also ist $w \in L$. Wir beweisen die Aussagen (1) und (2) durch Induktion über i.

Für $i = 0$ betrachten wir das leere Wort als Eingabe. Für sie kann A' nur den Zustand $[q_0]$ erreichen. Da die Länge dieser crossing sequence Eins beträgt, ist die Aussage (2) leer.

Die Aussage (1) ist trivial, da das leere Wort bereits beim Start nach rechts verlassen ist.

Für den Induktionsschritt „$i-1 \rightarrow i$" sei $c_i = [p_1, \ldots, p_l]$ ein von A' nach dem Lesen von $w_1 \ldots w_i$ erreichbarer Zustand und $c_{i-1} = [q_1, \ldots, q_k]$ ein möglicher Vorgängerzustand. Dann gilt $c_{i-1}\ rv\ c_i$ über w_i.

Für die Aussage (1) stellen wir fest, daß w_i zum ersten Mal gelesen wird, nachdem die Eingabe $w_1 \ldots w_{i-1}$ zum ersten Mal nach rechts verlassen worden ist. Nach Induktionsvoraussetzung geschieht dies im Zustand q_1. Nach Definition der Rechtsverträglichkeit gilt $\delta(q_1, w_i) = (p_1, R)$ oder $\delta(q_1, w_i) = (q_2, L)$. Im ersten Fall folgt, daß die Eingabe $w_1 \ldots w_i$ zum ersten Mal im Zustand p_1 nach rechts verlassen wird. Im zweiten Fall folgt, daß $[q_3, \ldots, q_k] rv [p_1, \ldots, p_l]$ über w_i gilt. Nach Induktionsvoraussetzung für die Aussage (2) und $j = 2$ folgt, daß w_i das nächste Mal im Zustand q_3 gelesen wird. Wir wiederholen unsere obigen Überlegungen. Da gültige crossing sequences ungerade Länge haben, kommen wir irgendwann in den ersten Fall und haben Aussage (1) bewiesen.

Für den Beweis von Aussage (2) fahren wir mit den Überlegungen aus dem Beweis von Aussage (1) fort. Wenn wir zum ersten Mal beim r-ten Versuch im ersten Fall gelandet sind, gilt $[q_{2r}, \ldots, q_k] lv [p_2, \ldots, p_l]$ über w_i. Nach Definition der Linksverträglichkeit gilt $\delta(p_2, w_i) = (p_3, R)$ oder $\delta(p_2, w_i) = (q_{2r}, L)$. Im ersten Fall wird die Eingabe $w_1 \dots w_i$ im Zustand p_3 verlassen, und es gilt $[q_{2r}, \dots, q_k]lv[p_4, \dots, p_l]$ über w_i. Wir haben die Aussage für $j = 2$ bewiesen und können für $j = 4$ analog fortfahren. Im zweiten Fall gilt $[q_{2r+1}, \dots, q_k]rv[p_3, \dots, p_l]$ über w_i. Es wird der Buchstabe w_{i-1} im Zustand q_{2r} gelesen. Nach Induktionsvoraussetzung für die Aussage (2) wird die Eingabe $w_1 \dots w_{i-1}$ das nächste Mal im Zustand q_{2r+1} verlassen und dabei w_i gelesen. Die Argumentation kann nun wie im Beweis der Aussage (1) fortgeführt werden.

Insgesamt sind die Aussagen (1) und (2) und damit der Satz bewiesen. □

Zwar haben wir im Beweis von Satz 4.5.6 den NFA, der den gegebenen Zwei-Wege Automaten simuliert, beschrieben, jedoch kennen wir noch kein Verfahren zur Berechnung der Menge gültiger crossing sequences. Als Ausweg können wir nach Lemma 4.5.4 alle crossing sequences ungerader und durch $2|Q| - 1$ beschränkter Länge bilden, bei denen sich weder an den geraden noch an den ungeraden Stellen ein Zustand wiederholt. Die so gebildete Zustandsmenge hat mit Sicherheit eine in $|Q|$ exponentielle Größe. Zwar können mit weiteren Überlegungen crossing sequences als ungültig erkannt werden, jedoch bleiben in den meisten Fällen noch viele ungültige crossing sequences übrig. Diese können wir erst nach Konstruktion des NFA entfernen. Ein effizientes Verfahren, das wie bei der Potenzmengenkonstruktion die Betrachtung überflüssiger Zustände vermeidet, ist uns bei der Simulation von Zwei-Wege Automaten durch NFA's nicht bekannt.

4.6 Effiziente Algorithmen für die Konstruktion endlicher Automaten und die Entscheidung von Eigenschaften regulärer Sprachen

Wenn wir nun endliche Automaten gegeben haben, stellen sich viele Probleme, für die wir effiziente Algorithmen entwerfen wollen. Als wichtigstes Problem fällt uns sofort das Äquivalenzproblem, der Test, ob zwei DFA's die gleiche Sprache entscheiden, ein. Unser Algorithmus für das Äquivalenzproblem benutzt als Unterprogramme einen Algorithmus für das Leerheitsproblem und die Konstruktion von DFA's für $L_1 \cap L_2$ und $\overline{L}$ aus DFA's für L_1 und L_2 bzw. L. Daher beginnen wir mit dem Leerheitsproblem.

4.6.1 Satz *Für einen DFA oder NFA kann in linearer Zeit entschieden werden, ob die zugehörige Sprache leer ist.*

B e w e i s Die zugehörige Sprache ist genau dann leer, wenn in dem den Automaten darstellenden Graphen vom Anfangszustand q_0 kein Weg zu einem akzeptierenden Zustand existiert. Dies kann mit einer Depth First Suche getestet werden. Die Suchzeit ist linear bezogen auf die Größe des Graphen. □

4.6.2 Satz *Für einen DFA kann in linearer Zeit entschieden werden, ob die zugehörige Sprache Σ^* ist.*

B e w e i s Die zugehörige Sprache ist genau dann Σ^*, wenn in dem den Automaten darstellenden Graphen vom Anfangszustand q_0 kein Weg zu einem nicht akzeptierenden Zustand existiert. Dies kann mit einer Depth First Suche getestet werden. □

Aus den folgenden Algorithmen und Bemerkungen können wir ableiten, warum dieses sogenannte Vollständigkeitsproblem für NFA's vermutlich keinen so effizienten Algorithmus hat.

4.6.3 Satz *Für einen DFA kann in linearer Zeit entschieden werden, ob die zugehörige Sprache unendlich viele Wörter enthält.*

B e w e i s Zunächst entfernen wir in linearer Zeit alle überflüssigen Zustände. Der Automat akzeptiert nun unendlich viele Wörter genau dann, wenn der den Automaten darstellende Graph einen Kreis enthält und von diesem Kreis aus ein akzeptierender Zustand erreicht werden kann. Wenn so ein Kreis existiert, kann dieser, da alle überflüssigen Zustände entfernt sind, von q_0 aus erreicht werden, dann beliebig oft durchlaufen werden und schließlich ein akzeptierender Zustand erreicht werden. Wenn es derartige Kreise nicht gibt, können die akzeptierenden Zustände nur auf kreisfreien Wegen, deren Länge durch $|Q|$ beschränkt ist, erreicht werden. Damit ist die zugehörige Sprache endlich.

Da Graphen exponentiell viele Kreise haben können, sollten wir nicht von den Kreisen aus suchen. Statt dessen drehen wir die Richtung aller Kanten des Graphen um. Dadurch bleiben Kreise erhalten, sie ändern nur die Richtung. Nun suchen wir von den akzeptierenden Zuständen aus mit dem Depth First Ansatz. Dieser liefert auch eine Einteilung der Kanten in Tree-, Back-, Cross- und Forward-Kanten. Von einem akzeptierenden Zustand kann genau dann ein Kreis erreicht werden, wenn die Menge der Backkanten nicht leer ist. □

4.6.4 Satz *Aus einem DFA A für eine Sprache L kann in linearer Zeit $O(|Q|)$ ein DFA für $\overline{L}$, das Komplement von L, erzeugt werden. Insbesondere ist $\overline{L}$ regulär, wenn L regulär ist.*

Beweis Offensichtlich genügt es, die Menge F der akzeptierenden Zustände durch $Q - F$ zu ersetzen. □

Falls für die Sprache L ein NFA A gegeben ist, ist die Konstruktion eines NFA für $\overline{L}$ nicht auf so einfache Weise möglich. Für Wörter $w \in L$ kann es in A nämlich akzeptierende und nicht akzeptierende Wege geben. Im NFA für $\overline{L}$ darf es für w dann keinen akzeptierenden Weg geben.

4.6.5 Satz *Aus zwei DFA's A_1 und A_2 für die Sprachen L_1 und L_2 kann in Zeit $O(|Q_1||Q_2||\Sigma|)$ ein DFA A für $L_1 \cup L_2$ konstruiert werden. Insbesondere ist $L_1 \cup L_2$ regulär, wenn L_1 und L_2 regulär sind. Gleiches gilt für den Durchschnitt regulärer Sprachen.*

Beweis Wir benutzen die gleiche Konstruktion wie bei den Turingmaschinen. Also sei $Q = Q_1 \times Q_2$, q_0 das Paar der Anfangszustände von A_1 und A_2 und F die Menge aller (q_1, q_2) mit $q_1 \in F_1$ oder $q_2 \in F_2$. Schließlich sei

$$\delta((q_1, q_2), a) = (\delta_1(q_1, a), \delta_2(q_2, a)).$$

Für den Durchschnitt können wir eine analoge Konstruktion benutzen oder die de Morgan Regel

$$L_1 \cap L_2 = \overline{\left(\overline{L_1} \cup \overline{L_2}\right)}$$

anwenden. □

Analog zu Algorithmus 4.4.6, der Potenzmengenkonstruktion unter Vermeidung überflüssiger Zustände, kann auch der DFA A für $L_1 \cup L_2$ unter Vermeidung überflüssiger Zustände konstruiert werden. Wir beginnen auch hier mit dem Zustand q_0, der das Paar der Anfangszustände von A_1 und A_2 darstellt. Das Dictionary können wir hier durch ein Array für $Q_1 \times Q_2$ ersetzen. Damit ist eine Suche im Dictionary nur ein Look-up in einem Array und daher in konstanter Zeit durchführbar. Die worst case Konstruktionszeit für A wird also nicht schlechter, während häufig Einsparungen möglich sind. Ähnliche Überlegungen führen zu Verbesserungen in den Algorithmen, die in den Beweisen von Satz 4.6.6 und 4.6.8 benutzt werden.

Ein NFA für $L_1 \cup L_2$ kann sogar in linearer Zeit $O((|Q_1| + |Q_2|)|\Sigma|)$ konstruiert werden, selbst wenn für L_1 und L_2 NFA's gegeben sind (Übungsaufgabe). Diese Konstruktion läßt sich allerdings nicht auf $L_1 \cap L_2$ übertragen.

4.6.6 Satz *Für zwei DFA's A_1 und A_2 für die Sprachen L_1 und L_2 kann in Zeit $O(|Q_1||Q_2||\Sigma|)$ entschieden werden, ob $L_1 = L_2$ ist.*

B e w e i s Es ist $L_1 = L_2$ genau dann, wenn $L_1 \cap \overline{L_2}$ und $\overline{L_1} \cap L_2$ beide leer sind. Für $L_1 \cap \overline{L_2}$ und $\overline{L_1} \cap L_2$ können in der vorgegebenen Zeit endliche Automaten konstruiert werden (Satz 4.6.4 und Satz 4.6.5). Für jeden der Automaten kann in linearer Zeit getestet werden, ob er die leere Sprache akzeptiert (Satz 4.6.1). Es ist $L_1 = L_2$ genau dann, wenn beide Tests positiv ausgehen. □

Es sei hier nur bemerkt, daß die gleiche Frage für NFA's ein NP-hartes Problem ist und es daher vermutlich für das Äquivalenzproblem für NFA's keinen polynomiellen Algorithmus gibt (Garey und Johnson (1979)).

Analog zu Satz 4.6.6 kann auch entschieden werden, ob $L_1 \subseteq L_2$ ist. Dies ist nämlich äquivalent zu $L_1 \cap \overline{L_2} = \emptyset$.

4.6.7 Definition Es seien L_1 und L_2 Sprachen über Σ. Die Quotientensprache L_1/L_2 ist definiert durch

$$L_1/L_2 = \{w \in \Sigma^* \mid \exists\, z \in L_2 : wz \in L_1\}.$$

Die Wörter der Quotientensprache entstehen aus Wörtern aus L_1 mit Suffix in L_2 durch Streichung des Suffixes.

4.6.8 Satz *Aus zwei DFA's A_1 und A_2 für die Sprachen L_1 und L_2 kann in Zeit $O(|Q_1|^2|Q_2||\Sigma|)$ ein DFA für L_1/L_2 konstruiert werden. Insbesondere ist L_1/L_2 regulär, wenn L_1 und L_2 reguläre Sprachen sind.*

B e w e i s Der Automat A für L_1/L_2 läßt sich leicht beschreiben. Wir übernehmen den Automaten A_1 und ändern nur die Menge der akzeptierenden Zustände F_1 in

$$F = \{q \in Q_1 \mid \exists z \in L_2 : \delta_1(q, z) \in F_1\}.$$

Der Automat A arbeitet also zunächst wie der Automat für L_1. Er akzeptiert Wörter dann, wenn das Wort durch einen Suffix aus L_2 zu einem Wort aus L_1 verlängert werden kann; dies entspricht gerade der Definition von L_1/L_2. Wir müssen nun algorithmisch für jeden der $|Q_1|$ Zustände q von A_1 überprüfen, ob es ein Wort $z \in L_2$ mit $\delta_1(q, z) \in F_1$ gibt. Dazu betrachten wir den Automaten A_1 mit dem neuen Anfangszustand q, der die Sprache $L_1(q)$ akzeptiert, und testen (siehe Satz 4.6.4 und 4.6.1), ob $L_1(q) \cap L_2 \neq \emptyset$ ist. □

Für einige weitere Verknüpfungen regulärer Sprachen lassen sich NFA's effizient berechnen.

4.6.9 Definition Es seien L_1 und L_2 Sprachen über Σ. Die Produktsprache L_1L_2 (auch Konkatenation von L_1 und L_2 genannt) ist definiert durch

$$L_1L_2 = \{vw \in \Sigma^* \mid v \in L_1,\ w \in L_2\}.$$

4.6.10 Satz *Aus zwei DFA's A_1 und A_2 für die Sprachen L_1 und L_2 kann in Zeit $O((|Q_1|+|Q_2|)|\Sigma|)$ ein NFA für L_1L_2 konstruiert werden. Insbesondere ist L_1L_2 regulär, wenn L_1 und L_2 reguläre Sprachen sind.*

Beweis Der NFA A für L_1L_2 arbeitet auf der Zustandsmenge $Q_1 \cup Q_2$, wobei wir durch eine eventuelle Umbenennung der Zustände sicherstellen, daß Q_1 und Q_2 disjunkt sind. Das Alphabet ist Σ. Anfangszustand ist der Anfangszustand von Q_1. Die Menge der akzeptierenden Zustände ist gleich F_2, falls $\varepsilon \notin L_2$ ist, und gleich $F_1 \cup F_2$, falls $\varepsilon \in L_2$ ist. Die Zustandsüberführungsfunktion δ soll nun raten, an welcher Stelle der Eingabe z der Präfix aus L_1 gelesen ist und der Suffix aus L_2 beginnt.

Für $q \in Q_2$ sei $\delta(q,a) = \{\delta_2(q,a)\}$. Für $q \in Q_1 - F_1$ sei $\delta(q,a) = \{\delta_1(q,a)\}$ und für $q \in F_1$ sei

$$\delta(q,a) = \{\delta_1(q,a), \delta_2(q^*,a)\}$$

für den Anfangszustand q^* von A_2. Immer wenn ein Zustand $q \in F_1$ erreicht wird, ist der Präfix aus L_1. Wir können uns dann entscheiden, ob dies der „passende" Präfix ist. In diesem Fall benutzen wir die Übergänge des Anfangszustandes von A_2. Ansonsten wird in A_1 weitergearbeitet. □

4.6.11 Definition Für eine Sprache L über Σ ist der Kleenesche Abschluß (auch $*$-Bildung genannt) L^* definiert durch

$$L^* = \bigcup_{i \geq 0} L^i,$$

wobei L^i das i-fache Produkt von L (siehe Definition 4.6.9) ist. Dabei ist $L^0 = \{\varepsilon\}$. Der positive Abschluß L^+ ist definiert als Vereinigung aller L^i mit $i \geq 1$.

4.6.12 Satz *Aus einem DFA A für L kann in Zeit $O(|Q||\Sigma|)$ ein NFA für L^* konstruiert werden. Insbesondere ist L^* regulär, wenn L regulär ist.*

Beweis Wir konstruieren einen NFA für die Sprache L^+. Die Konstruktion folgt der Idee aus dem Beweis von Satz 4.6.10. Der Automat A^+ für L^+ übernimmt Q, q_0

und F vom DFA A. Nur die Zustandsüberführungsfunktion δ^+ wird neu definiert. Für $q \in Q - F$ ist $\delta^+(q,a) = \{\delta(q,a)\}$, und für $q \in F$ ist

$$\delta^+(q,a) = \{\delta(q,a), \delta(q_0,a)\}.$$

Wenn ein Wort aus L vollendet ist, kann geraten werden, ob ein neues Wort aus L begonnen werden soll oder ob dieses Wort nur ein Präfix eines Wortes aus L ist, das erst noch vollendet werden muß. Da $L^* = L^+ \cup \{\varepsilon\}$, kann hieraus leicht ein NFA für L^* konstruiert werden. □

Analog zur Programmierung mit Hilfe von Unterprogrammen ist es häufig vernünftig, Teilsprachen (Teilprobleme) zwischenzeitlich durch einen Buchstaben abzukürzen und diesen Buchstaben als Platzhalter beim Aufbau größerer Sprachen zu benutzen. Am Ende der Betrachtungen müssen diese Abkürzungen rückgängig gemacht werden. Die Umkehrung einer Abkürzung besteht darin, für das Kürzel wieder die zugehörige Sprache zu substituieren.

4.6.13 Definition Eine Abbildung f, die jedem Buchstaben aus Σ eine Sprache über Δ zuordnet, heißt Substitution. Diese Abbildung f wird folgendermaßen auf Wörter und Sprachen über Σ fortgesetzt. Es ist $f(\varepsilon) = \{\varepsilon\}$. Für $w = w_1 \ldots w_n \in \Sigma^*$ ist

$$f(w) = f(w_1)f(w_2)\ldots f(w_n)$$

das Produkt (die Konkatenation) der Sprachen $f(w_1), \ldots, f(w_n)$. Schließlich ist $f(L)$ für eine Sprache $L \subseteq \Sigma^*$ die Vereinigung aller $f(z)$ mit $z \in L$.

4.6.14 Satz *Gegeben seien ein DFA A über Σ für die Sprache L und DFA's A_a, $a \in \Sigma$, über Δ für die Sprachen $f(a)$ einer Substitution f. Dann kann ein NFA A_f für die Sprache $f(L)$ in Zeit $O(|\Delta||Q|^2(\sum_{a\in\Sigma}|Q_a|)^2)$ konstruiert werden. Insbesondere ist $f(L)$ regulär, wenn L und alle $f(a)$, $a \in \Sigma$, regulär sind.*

Dieser Satz läßt sich im Rahmen der endlichen Automaten nur auf recht komplexe Weise zeigen. Wir geben daher im folgenden nur eine Beweisidee, um diese Bemerkung zu veranschaulichen. In Kapitel 5.3 können wir sehr einfach zeigen, daß $f(L)$ regulär ist, wenn L und alle $f(a)$, $a \in \Sigma$, regulär sind. Um mit Hilfe des Beweises in Kapitel 5.3 einen NFA für $f(L)$ zu konstruieren, müßten wir jedoch die regulären Sprachen L und $f(a)$, $a \in \Sigma$, zunächst durch reguläre Ausdrücke (s. Definition 5.3.2) ausdrücken, dann einen regulären Ausdrücke für $f(L)$ bilden und daraus einen NFA für $f(L)$ konstruieren. Die letzten beiden dieser drei Schritte sind effizient durchführbar.

B e w e i s i d e e: Basis der Konstruktion von A_f ist der DFA A für L. Jeder Knoten aus A wird ersetzt durch disjunkte Kopien der Automaten A_a, $a \in \Sigma$. Innerhalb dieser Kopien gleichen die Kopien von A_a ihrem Original A_a, d. h. sie akzeptieren die Sprache A_a. Für die akzeptierenden Zustände von A_a werden weitere Übergänge ermöglicht. Nehmen wir an, daß es in A den Übergang $\delta(q, b) = q'$ gibt. Wir betrachten einen akzeptierenden Zustand in der Kopie von A_a, die den Knoten q des Automaten A ersetzt. Wir ermöglichen von dort Übergänge in die Kopie von A_b, die den Knoten q' des Automaten ersetzt. Für den Buchstaben $\alpha \in \Delta$ kann in A_b der Zustand erreicht werden, der vom Anfangszustand von A_b beim Lesen von α erreicht wird. Wenn $\varepsilon \in f(b)$ ist, kann b durch das leere Wort ersetzt werden. Wir müssen, falls $\delta(q', c) = q''$ ist, auch Übergänge von der Kopie von A_a in q in die Kopie von A_c in q'' zulassen, usw.

Als akzeptierende Zustände wählen wir die akzeptierenden Zustände aller Kopien aller A_a, $a \in \Sigma$, die akzeptierende Zustände von A ersetzen. Zusätzlich werden die akzeptierenden Zustände der Kopien von A_a als akzeptierend definiert, für die folgendes gilt. Die Kopie von A_a ersetzt den Zustand q aus A, und es gibt ein Wort $z = z_1 \ldots z_m$ mit $\delta(q, z) \in F$ und $\varepsilon \in f(z_i)$ für alle i.

Als Anfangszustand von A_f wählen wir einen neuen Zustand q_f. Von q_f aus sind alle Übergänge möglich, die von den Anfangszuständen der A_a, die den Anfangszustand von A ersetzen, möglich sind. Der Zustand q_f ist genau dann akzeptierend, wenn $\varepsilon \in L$ ist oder es für A ein Wort $z = z_1 \ldots z_n$ mit $\delta(q_0, z) \in F$ und $\varepsilon \in f(z_i)$ für alle i gibt.

Die Aussage über die für die Konstruktion von A_f benötigte Rechenzeit folgt leicht, wenn wir die Größe von A_f betrachten und bemerken, daß es leicht ist, festzustellen, ob $\varepsilon \in f(a)$ ist und ob es Wörter $z = z_1 \ldots z_n$ mit $\delta(q_0, z) \in F$ und $\varepsilon \in f(z_i)$ gibt. (Depth First Suche in A, wobei nur Buchstaben a mit $\varepsilon \in f(a)$ berücksichtigt werden.)

Wir wollen keinen formalen Beweis führen, daß A_f die Sprache $f(L)$ akzeptiert. Die Idee des Beweises ist die folgende. Falls $w \in f(L)$ ist, ist $w \in f(z) = f(z_1) \ldots f(z_n)$ für ein $z = z_1 \ldots z_n \in L$. Bei der Abarbeitung von w kann folgender Weg genommen werden. Sei $w = w_1 \ldots w_n$ mit $w_i \in f(z_i)$. Es seien $q_0, q_1, \ldots, q_n$ die Zustände, die A beim Lesen von z durchläuft. Diese Zustandsüberführungen werden im Großen nachgeahmt. Dann wird w_i in der Kopie A_{z_i}, die q_i ersetzt, abgearbeitet. Wenn w_i das leere Wort ist, kann nach Konstruktion der Automat A_{z_i} „ausgelassen" werden. Andererseits kann jedes akzeptierte Wort auf passende Weise zerlegt werden, so daß es sich als Wort aus $f(L)$ erweist. □

Homomorphismen sind besonders einfache Substitutionen.

4.6.15 Definition Ein Homomorphismus h ist eine Substitution, für die $h(a)$ für $a \in \Sigma$ nur aus einem Wort aus Δ^* besteht. Für eine Sprache L über Δ ist das

Urbild unter h definiert durch

$$h^{-1}(L) = \{z \in \Sigma^* \mid h(z) \in L\}.$$

Die Abbildung h^{-1} wird auch inverser Homomorphismus genannt.

4.6.16 Beispiel Sei $\Sigma = \{0,1\}$ und $\Delta = \{a,b\}$. Der Homomorphismus h sei definiert durch $h(0) = aa$ und $h(1) = aba$. Schließlich sei L für $L' = \{ab, ba\}$ definiert als $L = (L')^*a$. Damit enthält L genau die Wörter, die mit endlich vielen Paaren beginnen, die ab und ba (auch gemischt) sind, und mit dem weiteren Buchstaben a enden.

Wir wollen $h^{-1}(L)$ berechnen. Nach Definition hat kein mit b beginnendes Wort aus L ein Urbild in $h^{-1}(L)$. Also brauchen wir nur Wörter zu betrachten, die mit ab beginnen. Dann müssen die Wörter mit aba beginnen, d. h. alle Wörter in $h^{-1}(L)$ beginnen mit 1. Da $aba \in L$, ist $1 \in h^{-1}(L)$. Alle längeren Wörter aus L beginnen mit $abab$. Dagegen beginnt für kein $z \in \Sigma^*$ das Wort $h(z)$ mit $abab$. Also ist $h^{-1}(L) = \{1\}$.

Wir bemerken, daß nicht notwendigerweise $h(h^{-1}(L)) = L$ sein muß. In Beispiel 4.6.16 ist $h(h^{-1}(L)) = h(\{1\}) = \{aba\} \neq L$.

4.6.17 Satz *Sei $h : \Sigma \to \Delta^*$ ein Homomorphismus und $|h|$, die Summe aller $|h(a)|$, die Länge der Darstellung von h. Aus einem DFA A für L über Δ kann in Zeit $O(|Q|(|\Sigma| + |h|))$ ein DFA $A_{h^{-1}}$ für $h^{-1}(L)$ konstruiert werden. Insbesondere ist $h^{-1}(L)$ regulär, wenn L regulär ist.*

Beweis Der DFA $A_{h^{-1}}$ wird natürlich über dem Alphabet Σ definiert. Er übernimmt von A die Zustandsmenge Q, den Anfangszustand q_0 und die Menge der akzeptierenden Zustände F. Die Zustandsüberführungsfunktion $\delta_{h^{-1}}$ wird definiert durch

$$\delta_{h^{-1}}(q, a) = \delta(q, h(a)).$$

Wir bemerken, daß δ auch für Wörter wie $h(a)$ wohldefiniert ist. Für $z = z_1 \ldots z_n \in \Sigma^*$ ist

$$\delta_{h^{-1}}(q_0, z) = \delta(q_0, h(z)).$$

Damit wird z von $A_{h^{-1}}$ genau dann akzeptiert, wenn $h(z)$ von A akzeptiert wird.

Wir benötigen Zeit $O(|\Sigma| + |h|)$, um für ein $q \in Q$ und alle $a \in \Sigma$ die Zustände $\delta(q, h(a))$ zu berechnen und in die Tabelle für $\delta_{h^{-1}}$ einzutragen. □

Gemäß der Ausrichtung der Vorlesung haben wir die Abschlußeigenschaften der Klasse der regulären Sprachen gegen viele Operationen algorithmisch bewiesen. Viele der Algorithmen lassen sich auf die Situation übertragen, daß die regulären Sprachen durch NFA's gegeben sind. Dies gilt nicht für Satz 4.6.4 und damit nicht für die Aussagen wie Satz 4.6.6, die auf Satz 4.6.4 aufbauen. Akzeptieren und Verwerfen sind für deterministische Automaten und Maschinen nur die beiden Seiten der gleichen Medaille. Für nichtdeterministische Automaten und Maschinen stellt sich die Situation ganz anders dar. Wenn wir akzeptierende und nicht akzeptierende Zustände vertauschen, wie im Beweis von Satz 4.6.4, werden alle die Wörter akzeptiert, für die es vorher einen nicht akzeptierenden Weg gab. Da es im allgemeinen Wörter gibt, für die es akzeptierende und nicht akzeptierende Rechenwege gibt, wird auf diese Weise im allgemeinen nicht das Komplement der zuvor akzeptierten Sprache akzeptiert. Das Problem, für zwei NFA's A_1 und A_2 zu entscheiden, ob sie die gleiche Sprache akzeptieren, hat sich sogar als NP-hart erwiesen.

Übungen

1.) Gib endliche Automaten für die folgenden Sprachen über $\{0,1\}$ an.

a) Die Menge aller Wörter mit höchstens einem Paar aufeinanderfolgender Nullen und höchstens einem Paar aufeinanderfolgender Einsen .

b) Die Menge aller Wörter, die 101 nicht als Teilwort enthalten.

2.) Beschreibe das von Neumann Addierwerk als sequentielles Schaltwerk und als Mealy-Automat.

3.) Die Sprache $L = \{0^p \mid p \text{ ist Primzahl}\}$ ist nicht regulär, aber L^* ist regulär.

4.) Wie groß ist die Minimalzahl der Zustände eines DFA, der alle durch 7 teilbaren Zahlen in Dezimaldarstellung akzeptiert?

5.) Gib die Äquivalenzklassen bzgl. der Nerode-Relation für die Sprache $L = \{0^k \mid k \geq 1 \text{ und } k = n^2 \text{ für ein } n \in \mathbb{N}\}$ an.

6.) Charakterisiere alle Sprachen über dem Alphabet $\{0\}$, die von endlichen Automaten akzeptiert werden können. Hinweis: Wie sieht ein DFA über einem Alphabet mit nur einem Buchstaben aus?

7.) Sei L eine Sprache über $\{0\}$. Dann kann L^* von einem DFA akzeptiert werden.

8.) Implementiere den Algorithmus zur Minimierung endlicher Automaten.

9.) Für eine von endlichen Automaten akzeptierte Sprache sind alle minimalen endlichen Automaten bis auf Isomorphie (Benennung der Zustände) identisch.

10.) Ist der für das eingeschränkte Rucksackproblem entworfene DFA nach Entfernung der nicht erreichbaren Zustände minimal?

11.) Gib eine Sprache an, für die mit Hilfe des Pumping Lemmas, aber nur durch „Abpumpen" ($i = 0$) gezeigt werden kann, daß die Sprache von keinem endlichen Automaten akzeptiert wird.

12.) Beweise das verallgemeinerte Pumping Lemma 4.3.4.

13.) Die Sprache

$$L = \{z \mid z = 1^k \text{ für } k \geq 0 \text{ oder } z = 0^j 1^{k^2} \text{ für } j \geq 1 \text{ und } k \geq 0\}$$

ist nicht von einem DFA akzeptierbar.

14.) Es sei ein DFA für $L \subseteq \Sigma^*$ gegeben. Gibt es stets einen DFA für

$$L_1 = \{a_1 \ldots a_n \mid a_i \in \Sigma,\ n \geq 1,\ \exists\, b_1, \ldots, b_n \in \Sigma : a_1 b_1 a_2 b_2 \ldots a_n b_n \in L\}?$$

15.) Es sei ein DFA für $L \subseteq \Sigma^*$ gegeben. Gibt es stets einen DFA für

$$L_2 = \{a_1 \ldots a_n \in L \mid \forall\, 0 \leq i \leq n-1 : a_1 \ldots a_i \notin L\}?$$

16.) Für $L \subseteq \Sigma^*$ sei $L/2$ die Menge aller Wörter $w \in \Sigma^*$, so daß es ein Wort x gleicher Länge wie w mit $wx \in L$ gibt. Es sei ein DFA für L gegeben. Gibt es stets einen DFA für $L/2$?

17.) Sei $L_1 \subseteq \{0,1\}^*$ die Sprache aller Wörter mit genau einer Eins, $L_2 \subseteq \{0,1\}^*$ die Sprache aller Wörter, die mit Eins beginnen und enden, mindestens Länge 2 haben und genau zwei Einsen enthalten, und $L_3 \subseteq \{0,1\}^*$ die Sprache aller Wörter, die mit Eins enden und genau eine Eins enthalten. Wie sehen die Sprachen L_i/L_j $(1 \leq i, j \leq 3)$ aus?

18.) Es seien DFA's A_1 und A_2 für L_1 und L_2 gegeben. Dann kann ein NFA A für $L_1 \cup L_2$ in Zeit $O\left((|Q_1| + |Q_2|)|\Sigma|\right)$ konstruiert werden. Gilt die Aussage auch, wenn A_1 und A_2 NFA's sind?

19.) Gelten die Aussagen aus Aufgabe 18 auch für $L_1 \cap L_2$?

20.) Für Zwei-Wege Automaten ist die Option, den Kopf nicht zu bewegen, nutzlos.

21.) Wende die allgemeine Konstruktion von NFA's zur Simulation von Zwei-Wege Automaten auf den Automaten aus Beispiel 4.5.1 an.

22.) Wie groß ist die Rechenzeit des Zwei-Wege Automaten aus dem Beweis von Satz 4.5.2 für Eingaben der Länge n?

5 Grammatiken, die Chomsky-Hierarchie und das Wortproblem

5.1 Grammatiken und die Chomsky-Hierarchie

Wir nehmen nun eine ganz neue Sichtweise ein. Wir wollen Regelsysteme entwerfen, mit denen sich genau die Wörter einer vorgegebenen Sprache erzeugen lassen. Für Programmiersprachen bedeutet dies, daß wir Regeln suchen, mit denen sich genau die syntaktisch korrekten Programme aufbauen lassen. Derartige Systeme werden in Anlehnung an natürliche Sprachen Grammatiken genannt. Wir wollen auf weitergehende Analogien zu natürlichen Sprachen nicht eingehen, da alle Vergleiche hinken. Natürliche Sprachen sind nicht so regelbasiert aufgebaut, wie es Programmiersprachen sein sollen (sollten).

Vor der formalen Definition von Grammatiken wollen wir für zwei Sprachen diskutieren, wie ein Regelsystem zum Aufbau der Sprache aussehen kann.

Zunächst betrachten wir die NP-vollständige Sprache aller ungerichteten Graphen $G = (V, E)$, die eine $\lfloor |V|/2 \rfloor$-elementige Clique enthalten. Algorithmisch können wir die Sprache leicht beschreiben. Zunächst wählen wir die Zahl n als Knotenzahl. Dann wählen wir eine $\lfloor n/2 \rfloor$-elementige Knotenmenge aus und fügen die Clique auf diesen Knoten zu G hinzu. Schließlich wählen wir weitere Kanten aus. Es ist unmittelbar klar, daß mit diesen Regeln genau die Graphen $G = (V, E)$ mit einer $\lfloor |V|/2 \rfloor$-elementigen Clique beschrieben werden. Die Beschreibung ist an drei Stellen nichtdeterministisch: bei der Wahl von n, bei der Auswahl der $\lfloor n/2 \rfloor$ Knoten, auf denen eine Clique aufgebaut wird, und bei der Wahl der zusätzlichen Kanten. Eine gewisse Freiheit, d. h. ein gewisser Nichtdeterminismus, im Regelsystem ist notwendig, da ein deterministisches Regelsytem ja nur einen Graphen und nicht eine Klasse von Graphen beschreiben kann. Dem Phänomen des Nichtdeterminismus begegnen wir auf ganz natürliche und notwendige Weise.

Als zweites Beispiel kommen wir zu den arithmetischen Ausdrücken über der Variablen a und den Operationen $+$ und $*$. Arithmetische Ausdrücke enthalten zusätzlich Klammern. Die Menge der arithmetischen Ausdrücke ist folgendermaßen aufgebaut.

- $a, a + a$ und $a * a$ sind arithmetische Ausdrücke.

- Falls A_1 und A_2 arithmetische Ausdrücke sind, dann sind auch $(A_1) + (A_2)$ und $(A_1) * (A_2)$ arithmetische Ausdrücke.

Mit diesem Regelsystem erhalten wir genau alle arithmetischen Ausdrücke, allerdings mit zu vielen Klammern. Um anstelle von $(a+a)+(a)$ den Ausdruck $(a+a)+a$ zu erhalten, genügt es, die zweite Regel so zu modifizieren, daß die Klammern um A_1 bzw. A_2 weggelassen werden, wenn diese den Ausdruck a darstellen. Etwas schwieriger ist es bereits, Klammern wegzulassen, die aufgrund der Regel „Punktrechnung geht vor Strichrechnung" oder der Assoziativität von $+$ und $*$ überflüssig sind.

Grammatiken wurden formal durch den Linguisten Chomsky (1956) definiert. Sie bestehen aus vier Komponenten:

- T (oder Σ), dem endlichen Alphabet, über dem die zu erzeugende Sprache definiert ist (Terminalzeichen).
- V, einer endlichen, zu T disjunkten Menge von Hilfszeichen (Variablen).
- $S \in V$, dem Startsymbol.
- P, einer endlichen Menge von Ableitungsregeln (Produktionen). Eine Ableitungsregel ist ein Paar (l, r) (linke und rechte Seite der Regel), wobei $l \in (V \cup T)^+$ und $r \in (V \cup T)^*$ ist. Wenn in einem Wort z die linke Seite einer Produktion (l, r) Teilwort von z ist, darf l durch r ersetzt werden.

Wir benutzen die Notation $w \rightarrow z$, wenn sich z in einem Schritt (durch Anwendung einer Produktion) aus w ableiten läßt. Die Notation $w \xrightarrow{*} z$ bedeutet, daß sich z aus w in endlich vielen Schritten ableiten läßt. Die von einer Grammatik G erzeugte Sprache $L(G)$ besteht aus allen $z \in T^*$, für die $S \xrightarrow{*} z$ gilt.

Unsere einfachste Form der Menge arithmetischer Ausdrücke läßt sich nun leicht durch eine Grammatik G beschreiben. Es ist $T = \{(,), a, +, *\}$, $V = \{S\}$ und P enthält die folgenden Regeln:

$$S \rightarrow (S) + (S),\ S \rightarrow (S) * (S),\ S \rightarrow a,\ S \rightarrow a + a,\ S \rightarrow a * a.$$

Hierbei haben wir Regeln schon nicht mehr als Paare beschrieben, sondern in der anschaulicheren $\rightarrow$-Form. Wenn mehrere Regeln die gleiche linke Seite haben, benutzen wir auch die verkürzende Notation der Aufzählung der rechten Seiten:

$$S \rightarrow (S) + (S),\ (S) * (S),\ a,\ a + a,\ a * a.$$

Unter dem Wortproblem verstehen wir nun das Problem, für eine Grammatik G und ein Wort $w \in T^*$ zu entscheiden, ob $w \in L(G)$ ist. In der Anwendung ist dies das Problem, für die Syntax einer Programmiersprache und eine Zeichenkette w zu entscheiden, ob w ein syntaktisch korrektes Programm ist. Damit sind wir in einem Zwiespalt. Wenn wir die Klasse zugelassener Grammatiken nicht einschränken, hat das Wortproblem eine zu hohe Komplexität. Wenn wir dagegen die Klasse zugelassener Grammatiken zu stark einschränken, können wir nicht mehr genügend mächtige Programmiersprachen beschreiben. Es muß also ein passender Kompromiß gefunden werden. Wir beschreiben zunächst die vier Grammatikklassen der Chomsky-Hierarchie.

5.1.1 Definition

i) Grammatiken ohne weitere Einschränkungen heißen Grammatiken vom Typ Chomsky-0.

ii) Grammatiken, bei denen alle Produktionen die Form $u \to v$ mit $u \in V^+$, $v \in ((V \cup T) - \{S\})^+$ und $|u| \leq |v|$ oder $S \to \varepsilon$ haben, heißen kontextsensitiv oder Grammatiken vom Typ Chomsky-1.

iii) Grammatiken, bei denen alle Produktionen die Form $A \to v$ mit $A \in V$ und $v \in (V \cup T)^*$ haben, heißen kontextfrei oder Grammatiken vom Typ Chomsky-2.

iv) Grammatiken, bei denen alle Produktionen die Form $A \to v$ mit $A \in V$ und $v = \varepsilon$ oder $v = aB$ mit $a \in T$ und $B \in V$ haben, heißen rechtslinear, regulär oder Grammatiken vom Typ Chomsky-3.

Bei kontextsensitiven Grammatiken kann die Regel $S \to \varepsilon$ nur als erster Schritt angewendet werden. Da für alle anderen Regeln $|u| \leq |v|$ gilt, werden kontextsensitive Grammatiken auch monotone Grammatiken genannt. In kontextsensitiven Grammatiken kann die Produktion $ABC \to AXYC$ erlaubt, die Produktion $DBC \to DXYC$ dagegen verboten sein. Ob B durch XY ersetzt werden darf, kann also vom Kontext, in dem B steht, abhängen. Dies ist bei kontextfreien Grammatiken nach Definition ausgeschlossen. Wir werden in Kapitel 6 sehen, daß wir kontextfreie Grammatiken in eine Form bringen können, bei der alle Produktionen die Form $A \to v$ mit $A \in V$ und $v \in ((V \cup T) - \{S\})^+$ oder $S \to \varepsilon$ haben. Also bilden die Klassen $\mathcal{L}_i$ der durch Grammatiken vom Typ Chomsky-i erzeugbaren Sprachen eine Hierarchie

$$\mathcal{L}_3 \subseteq \mathcal{L}_2 \subseteq \mathcal{L}_1 \subseteq \mathcal{L}_0,$$

von der wir zeigen werden, daß sie echt ist, d. h. die Sprachklassen sind wirklich verschieden.

Wir werden zunächst zeigen, daß wir zwei dieser Klassen bereits intensiv untersucht haben.

5.2 Chomsky-0-Grammatiken und rekursiv aufzählbare Sprachen

Chomsky-0-Grammatiken werden auch „general rewriting systems" genannt, da die Menge der Ersetzungsregeln nicht eingeschränkt ist. Wir wollen zeigen, daß $\mathcal{L}_0$ und die Klasse der rekursiv aufzählbaren Sprachen übereinstimmen. Bei Grammatiken werden aus dem Startsymbol S alle Wörter der Sprache abgeleitet, während Turingmaschinen mit einem Wort beginnen und eventuell den akzeptierenden Endzustand erreichen. Turingmaschinen, die „rückwärts" arbeiten, sind also Grammatiken, und Grammatiken, die „rückwärts" arbeiten, sind Turingmaschinen. Diese Idee werden wir im folgenden formalisieren.

5.2.1 Satz *Falls L rekursiv aufzählbar ist, gibt es eine Chomsky-0-Grammatik G mit $L(G) = L$.*

Beweis Da L rekursiv aufzählbar ist, gibt es eine deterministische Turingmaschine M, die genau die Wörter $w \in L$ akzeptiert. Wir können M so umbauen, daß sie nur einen akzeptierenden Zustand q^* hat und diesen erst dann erreicht, wenn das ganze Band gesäubert ist, d. h. wieder mit Blankbuchstaben beschrieben ist. Außerdem können wir annehmen, daß M zunächst $\#$ hinter die Eingabe schreibt und das Band rechts von $\#$ nicht benutzt. Als neue Anfangskonfiguration können wir also $q_0 w_1 \dots w_n \#$ bezeichnen, in der der Kopf wieder an den Anfang des Wortes zurückgekehrt ist. Außerdem soll q_0 nur in der Anfangskonfiguration vorkommen.

Die Grammatik G soll nun die Rechnung aus der akzeptierenden Konfiguration q^* zu allen Anfangskonfigurationen rückwärts erzeugen können, wenn die Turingmaschine aus der Anfangskonfiguration zu dem akzeptierenden Zustand gelangt. Wir beschreiben die Grammatik in drei Schritten.

1.) Erzeugung der akzeptierenden Schlußkonfigurationen mit genügend vielen Blankbuchstaben B.

$$S \to q^*,\ q^* \to q^*B,\ q^* \to Bq^*.$$

2.) Die Rückwärtsrechnung.

Falls $\delta(q, a) = (q', a', R)$, enthält G die Produktion
$$a'q' \to qa.$$

Falls $\delta(q, a) = (q', a', L)$, enthält G die Produktionen
$$q'ba' \to bqa \text{ für } b \in \Gamma.$$

Falls $\delta(q,a) = (q',a',N)$, enthält G die Produktion
$q'a' \to qa$.

Mit diesen Produktionen kann jede Vorgängerkonfiguration erzeugt werden.

3.) Schlußregeln.
Unsere Konfiguration ist nun von der Form $B \dots Bq_0w_1 \dots w_n\#$, und wir wollen q_0 und die Buchstaben B und $\#$ löschen. Dazu genügen folgende Produktionen

$$Bq_0 \to q_0, \ q_0a \to aq_0, \ q_0\# \to \varepsilon.$$

Wörter $w \in L$ können nun erzeugt werden, indem die Rechnung von M rückwärts erzeugt wird. Andererseits kann die Grammatik nur Rechnungen von M rückwärts erzeugen. Daher ist $L(G) = L$. □

Wir bemerken, daß wir die Grammatik G effizient aus der Turingmaschine M konstruieren können. Gleiches gilt für die folgende Umkehrung.

5.2.2 Satz *Wenn L durch eine Chomsky-0-Grammatik G beschrieben ist, gibt es eine NTM M, die genau L akzeptiert.*

Beweis Wir schreiben S auf einen freien Teil des Bandes. Danach wählen wir jeweils nichtdeterministisch eine anwendbare Produktion aus und vergleichen das erzeugte Wort mit der Eingabe w. Bei Gleichheit wird w akzeptiert, ansonsten eine weitere Produktion gewählt, usw. Diese NTM akzeptiert offensichtlich L. □

5.2.3 Satz *Wenn L durch eine NTM M akzeptiert wird, ist L rekursiv aufzählbar.*

Beweis Wir benutzen die grundlegende Idee des Beweises von Satz 3.2.7. Nacheinander simulieren wir alle Rechenwege von M der Länge l, wobei l die natürlichen Zahlen durchläuft. Genau dann, wenn bei der Simulation ein akzeptierender Zustand erreicht wird, wird w akzeptiert. □

5.2.4 Korollar Die Klasse der rekursiv aufzählbaren Sprachen läßt sich durch jede der folgenden Aussagen charakterisieren.

(1) Als Klasse der von DTM's akzeptierten Sprachen.

(2) Als Klasse der von NTM's akzeptierten Sprachen.

(3) Als Klasse $\mathcal{L}_0$ der von Chomsky-0-Grammatiken erzeugten Sprachen.

Das Wortproblem für die Klasse $\mathcal{L}_0$ ist die universelle Sprache U, die nach Satz 2.6.7 nicht rekursiv ist. Die Klasse der Chomsky-0-Grammatiken ist also zu groß, um als Basis für den Entwurf von Programmiersprachen zu dienen.

5.3 Chomsky-3-Grammatiken, reguläre Sprachen und Ausdrücke, lexikalische Analyse

Die Bezeichnung von Chomsky-3-Grammatiken als reguläre Grammatiken ist nicht zufällig gewählt worden, wie folgender Satz zeigt.

5.3.1 Satz *Die Klasse der von endlichen Automaten akzeptierten Sprachen und die Klasse der von Chomsky-3-Grammatiken erzeugten Sprachen stimmen überein.*

Beweis Sei zunächst A_L ein DFA für die Sprache L über Σ. Wir konstruieren eine rechtslineare Grammatik G für L, indem wir die Rechnung des DFA simulieren.

Es sei $V = Q$, die Zustandsmenge von A_L, $T = \Sigma$ und $S = q_0$. Für $\delta(q, a) = q'$ nehmen wir die Regel $q \to aq'$ in P auf. Schließlich gehören die Regeln $q \to \varepsilon$ für $q \in F$ zu P.

Falls $w = w_1 \ldots w_n \in L$ ist, durchläuft A_L für diese Eingabe die Zustände $q_0, q_1, \ldots, q_n$ mit $q_n \in F$. Also gilt

$$q_0 \to w_1 q_1 \to w_1 w_2 q_2 \ldots \to w q_n \to w.$$

Andererseits sehen alle anderen Ableitungen in G so aus wie die eben beschriebene Ableitung von w aus q_0. Dann gilt aber $\delta(q_0, w) = q_n \in F$ und $w \in L$.

Sei nun eine Chomsky-3-Grammatik G für L gegeben. Nach Satz 4.4.5 genügt es, einen NFA A_L für L zu entwerfen. Sei $Q = V$, $q_0 = S$ und F die Menge aller $A \in V$, für die die Regel $A \to \varepsilon$ in P enthalten ist. Schließlich sei

$$\delta(A, a) = \{B | (A \to aB) \in P\}.$$

Falls $w = w_1 \ldots w_n \in L$, hat die Ableitung von w mit Regeln aus G folgendes Aussehen.

$$S \to w_1 A_1 \to w_1 w_2 A_2 \to \ldots \to w A_n \to w.$$

Der NFA A_L kann folgende Konfigurationsfolge erraten:

$$S w_1 \ldots w_n \vdash A_1 w_2 \ldots w_n \vdash A_2 w_3 \ldots w_n \vdash A_{n-1} w_n \vdash A_n,$$

und A_n ist akzeptierend. Wenn andererseits der NFA A_L die Eingabe w über die Zustandsfolge $S, A_1, \ldots, A_n$ akzeptiert, gilt $A_1 \in \delta(S, w_1)$ und $A_{i+1} \in \delta(A_i, w_{i+1})$. Da $A_n \in F$, kann w abgeleitet werden als

$$S \to w_1 A_1 \to w_1 w_2 A_2 \to \ldots \to w A_n \to w.$$

□

Auch hier enthalten beide Beweisteile effiziente Algorithmen zur Konstruktion der simulierenden Grammatik bzw. des simulierenden NFA.

Neben den endlichen Automaten und Chomsky-3 Gramatiken wollen wir noch eine dritte für viele Anwendungen praktische Charakterisierung regulärer Sprachen kennenlernen.

5.3.2 Definition Die Menge der regulären Ausdrücke über einem endlichen Alphabet Σ wird rekursiv durch die folgenden Regeln definiert.

(1) Die Ausdrücke $\emptyset$, ε und a für $a \in \Sigma$, die die leere Sprache, die Sprache des leeren Wortes und die Sprache des einbuchstabigen Wortes a darstellen, sind regulär.

(2) Sind A_1 und A_2 reguläre Ausdrücke, dann auch $(A_1) + (A_2)$, $(A_1) \cdot (A_2)$ und $(A_1)^*$, wobei $+$ die Vereinigung, $\cdot$ die Konkatenation und $*$ den Kleeneschen Abschluß darstellen.

(3) Alle regulären Ausdrücke lassen sich durch endliche Anwendung der Regeln (1) und (2) erzeugen.

Wir sparen Klammern, indem wir die Klammern um die elementaren Ausdrücke $\emptyset$, ε und a weglassen. Außerdem definieren wir Prioritäten auf den Operationen. Entsprechend der Schulmathematik hat $*$ (Potenzbildung) höhere Priorität als $\cdot$ (Multiplikation). Schließlich hat $+$ (Addition) die geringste Priorität. Damit steht $01^* + 1$ eindeutig für $(0(1^*)) + 1$.

5.3.3 Satz *Genau die regulären Sprachen lassen sich durch reguläre Ausdrücke beschreiben.*

Beweis Wir zeigen zunächst, daß alle regulären Ausdrücke reguläre Sprachen beschreiben. Dies gilt sicherlich für die nach Regel (1) gebildeten elementaren Ausdrücke. In Kapitel 4.6 haben wir bereits bewiesen, daß die Klasse der regulären Sprachen gegen Vereinigung, Konkatenation und den Kleeneschen Abschluß abgeschlossen ist. Mit den dort gegebenen Beweisen haben wir sogar effiziente Algorithmen kennengelernt, wie wir diese Operationen mit NFA's nachbauen können.

Sei nun andererseits ein DFA A für L gegeben. Wir konstruieren einen regulären Ausdruck für L. Dabei benutzen wir die Methode der Dynamischen Programmierung, mit der tabellarisch die Lösung eines großen Problems aus den Lösungen kleinerer Probleme zusammengesetzt wird. O.B.d.A. sei die Zustandsmenge $Q = \{1, \ldots, n\}$ und 1 der Anfangszustand. L ist die Sprache aller Wörter, bei deren Bearbeitung A vom Anfangszustand in einen akzeptierenden Zustand gelangt, wobei als Zwischenzustände alle Zustände in Q in Frage kommen. Damit haben wir schon motiviert, was die kleineren Probleme sein können. Es sei R_{ij}^k die Menge aller $w \in \Sigma^*$ mit $\delta(i, w) = j$, wobei alle erreichten Zwischenzustände (außer Anfangs- und Endzustand) in $\{1, \ldots, k\}$ liegen. Damit ist

$$L = \bigcup_{i \in F} R_{1i}^n.$$

Da die Vereinigung eine der erlaubten Operationen in regulären Ausdrücken ist, genügt es, zu zeigen, daß alle Sprachen R_{1i}^n durch reguläre Ausdrücke darstellbar sind. Dieser Nachweis erfolgt induktiv über die Zahl k erlaubter Zwischenzustände.

R_{ij}^0 ist die Menge aller $w \in \Sigma^*$ mit $\delta(i, w) = j$, wobei kein Zwischenzustand erlaubt ist. Damit ist R_{ij}^0 eine eventuell leere Teilmenge von $\{\varepsilon\} \cup \{a | a \in \Sigma\}$ und somit durch einen regulären Ausdruck darstellbar.

Als Bellmansche (Optimalitäts-) Gleichung, die Schlüsselgleichung der Dynamischen Programmierung, zeigen wir hier folgende Gleichung:

$$R_{ij}^k = R_{ij}^{k-1} + R_{ik}^{k-1}(R_{kk}^{k-1})^* R_{kj}^{k-1}.$$

Falls diese Gleichung gilt, läßt sich R_{ij}^k als regulärer Ausdruck darstellen, da sich die Sprachen auf der rechten Seite nach Induktionsvoraussetzung durch reguläre Ausdrücke darstellen lassen.

Für die Gleichung zeigen wir zunächst den „$\supseteq$"-Teil. Nach Definition ist $R_{ij}^{k-1} \subseteq R_{ij}^k$. Sei $w \in R_{ik}^{k-1}(R_{kk}^{k-1})^* R_{kj}^{k-1}$, dann wird bei der Bearbeitung von w und Start in Zustand i zunächst Zustand k über Zwischenzustände in $\{1, \ldots, k-1\}$ erreicht. Danach wird noch endlich oft Zustand k über Zwischenzustände in $\{1, \ldots, k-1\}$ erreicht und schließlich Zustand j über Zwischenzustände in $\{1, \ldots, k-1\}$. Insgesamt gilt $\delta(i, w) = j$, und alle Zwischenzustände liegen in $\{1, \ldots, k\}$, d. h. $w \in R_{ij}^k$.

Wir kommen zum „$\subseteq$"-Teil. Sei $w \in R_{ij}^k$. Wir betrachten die Zustandsfolge bei der Bearbeitung von w und Start in Zustand i. Alle Zwischenzustände liegen in $\{1, \ldots, k\}$. Wir zerlegen w an allen Positionen, wo wir Zustand k erreichen. Wenn dies nie der Fall ist, liegt w sogar in R_{ij}^{k-1}. Ansonsten ist der erste Teil in R_{ik}^{k-1}, der letzte Teil in R_{kj}^{k-1}, während alle mittleren Teile in R_{kk}^{k-1} liegen. Also gilt $w \in R_{ik}^{k-1}(R_{kk}^{k-1})^* R_{kj}^{k-1}$. □

Die letzte Umformung war zwar konstruktiv, jedoch wird der konstruierte reguläre Ausdruck oft sehr groß. Die Zahl der Operationen ist nur durch

$$|\Sigma|4^{|Q|} + |Q| - 1$$

nach oben beschränkt.

Dieser Blow-up läßt sich für manche Sprachen nicht vermeiden. Wir betrachten das Alphabet $\Sigma_n = \{(i,j) \mid 1 \le i,j \le n\}$ mit n^2 Buchstaben und die Sprache L_n aller Wörter $(i_1,j_1)\ldots(i_k,j_k)$ mit $i_1 = 1$, $i_r = j_{r-1}$ für $2 \le r \le k$, $j_k = n$ und $k \in \mathbb{N}$. Wir können uns dabei einen vollständigen gerichteten Graphen auf n Knoten vorstellen. Die Sprache L_n enthält alle Kantenfolgen, die einen Weg vom Knoten 1 zum Knoten n beschreiben. Für diese Sprache gibt es einen DFA mit $n+1$ Zuständen. Die Zustände $1,\ldots,n$ entsprechen den im Graphen erreichten Knoten, und der Zustand $n+1$ ist der Fehlerzustand, der erreicht wird, wenn in einem Zustand i ein Buchstabe (i',j') mit $i \ne i'$ gelesen wird. Der Fehlerzustand wird dann nicht mehr verlassen. Anfangszustand ist 1, beim Lesen von (i,j) im Zustand i wechseln wir in den Zustand j, und nur Zustand n ist akzeptierend. Ehrenfeucht und Zeiger (1976) haben bewiesen, daß jeder reguläre Ausdruck für L_n mindestens 2^{n-1} Symbole enthält. Abrahamson (1987) hat exponentielle Trade-offs sogar für Alphabete konstanter Größe nachgewiesen.

Auf der anderen Seite ist es leicht, Sprachen zu finden, für die reguläre Ausdrücke eine wesentlich kompaktere Beschreibung liefern als DFA's. In Satz 4.4.3 haben wir gezeigt, daß jeder DFA für die Sprache L'_n aller Wörter über $\{0,1\}$, deren n-letzter Buchstabe eine 1 ist, mindestens 2^n Zustände hat. Ein regulärer Ausdruck kommt mit $O(n)$ Symbolen aus, denn es ist

$$L'_n = (0+1)^*\,1(0+1)\ldots(0+1),$$

wobei $(0+1)$ am Ende $(n-1)$-mal konkateniert wird.

Mit L_n kennen wir bereits Sprachen, für die es NFA's linearer Größe, aber nur reguläre Ausdrücke exponentieller Länge gibt. Andererseits können Sprachen L, die durch reguläre Ausdrücke der Länge l darstellbar sind, stets von NFA's mit $O(l)$ Zuständen akzeptiert werden. Dazu ist es ausreichend, die Operationen Vereinigung, Konkatenation und Kleenescher Abschluß mit NFA's nachzubilden, und dies haben wir bereits in Satz 4.5.5 und der nachfolgenden Bemerkung sowie in den Beweisen von Satz 4.5.10 und Satz 4.5.12 getan.

5.3.4 Satz *Die Menge der regulären Ausdrücke (und damit der regulären Sprachen) ist abgeschlossen gegen Substitutionen, d. h. sind L und alle $f(a) \subseteq \Delta^*$, $a \in \Sigma$, für eine Substitution f regulär, dann ist $f(L)$ regulär.*

B e w e i s Wir stellen L durch einen regulären Ausdruck dar und ersetzen in diesem Ausdruck jedes Vorkommen von $a \in \Sigma$ durch einen regulären Ausdruck für $f(a)$. Auf diese Weise erhalten wir einen regulären Ausdruck über dem Alphabet Δ. Direkt aus der Definition 4.5.13 für die Sprache $f(L)$ folgt nun, daß dieser reguläre Ausdruck $f(L)$ darstellt. □

Nachdem wir die Untersuchung endlicher Automaten mit der Synthese von Schaltwerken motiviert haben, können wir nach der Einführung regulärer Ausdrücke ein weiteres wichtiges Anwendungsgebiet regulärer Sprachen diskutieren. Zu den Aufgaben eines Compilers gehört die Überprüfung der syntaktischen Korrektheit von Programmen und im positiven Fall die Zerlegung in die syntaktische Struktur. Da dabei u. a. überprüft werden muß, ob die Klammerstrukturen korrekt sind und insbesondere ob die Zahl der Klammeröffnungen mit der Zahl der Klammerschließungen übereinstimmt, sind reguläre Sprachen zu schwach, um syntaktisch korrekte Programme zu beschreiben. Die lexikalische Analyse ist eine Phase, die dem eigentlichen Parsing, d. h. der Erkennung der syntaktischen Struktur, vorausgeht.

In der lexikalischen Analyse soll erkannt werden, welche Teile des Strings, der das Programm darstellt, zusammengehören und z. B. eine Zahl, einen Variablennamen oder einen Kommentar bilden. Diese Teilstrings sollen berechnet und mit ihrem Typ, einem sogenannten Token, versehen werden. Die einzelnen Tokenklassen, wie Zahlen oder Kommentare, sind von so einfacher Struktur, daß sie als reguläre Ausdrücke $T_1, \ldots, T_n$ dargestellt werden können. Die Sprache L aller lexikalisch korrekten Strings, die wir als lexikalische Struktur bezeichnen, ist somit der reguläre Ausdruck

$$L = (T_1 + \ldots + T_n)^*.$$

Die Erkennung der lexikalischen Korrektheit eines Strings w, also die Entscheidung, ob $w \in L$ ist, kann mit einem DFA effizient durchgeführt werden. Dazu wird aus dem regulären Ausdruck zunächst ein NFA A für die Sprache L konstruiert, dessen Größe im wesentlichen der Länge des regulären Ausdrucks für L entspricht. Bei der Berechnung eines zu A äquivalenten minimalen DFA ist es wesentlich, daß wir die Potenzmengenkonstruktion unter Vermeidung überflüssiger Zustände durchführen können.

Damit ist jedoch unsere Aufgabe noch nicht gelöst. Wir wollen zu $w \in L$ eine Zerlegung $w = w^1 \ldots w^m$ und Tokennummern $k(1), \ldots, k(m) \in \{1, \ldots, n\}$ berechnen, so daß $w^i \in T_{k(i)}$ ist. Wenn wir uns den regulären Ausdruck für L anschauen, ist keinesfalls sichergestellt, daß es nur eine korrekte Zerlegung von w gibt. Bevor wir uns der Behandlung dieser Mehrdeutigkeiten zuwenden, betrachten wir ein für Programmiersprachen nicht untypisches Beispiel (Sippu und Soisolon-Soininen (1988)).

5.3.5 Beispiel *P*-Text soll die lexikalische Beschreibung einer imaginären Programmiersprache mit 10 Tokenklassen $T_1, \ldots, T_{10}$ sein. Für reguläre Ausdrücke verwenden wir eckige Klammern, um sie von den in P-Text vorkommenden runden Klammern zu unterscheiden. Die Menge aller Buchstaben bezeichnen wir mit B und die Menge aller Ziffern mit Z. Außerdem gehören zum Alphabet Σ die „Klammer auf", die „Klammer zu", das Semikolon, der Doppelpunkt, das Gleichheitszeichen, der Leerraum ␣ und das Sonderzeichen $*$. Es seien $\Sigma_1 = \Sigma - \{*\}$ und $\Sigma_2 = \Sigma - \{)\}$.

T_1 : (Variablen-) Namen $B[B+Z]^*$
T_2 : Zahlen Z^+
T_3 : Klammer auf (
T_4 : Klammer zu)
T_5 : Zwischenräume ␣$^+$
T_6 : Semikolon ;
T_7 : Doppelpunkt :
T_8 : Gleichheitszeichen =
T_9 : Zuweisung :=
T_{10}: Kommentare $(*\ [\Sigma_1 + [*\Sigma_2]]^*\ *)$

In P-Text sind verschiedene Typen von Mehrdeutigkeiten versteckt. Der String := kann ebenso eine Zuweisung darstellen wie eine Konkatenation aus Doppelpunkt und Gleichheitszeichen. Der String 587 kann sogar auf vier Arten gedeutet werden, nämlich als Zahl 587, als Verkettung der Zahlen 5 und 87 oder 58 und 7 oder als Verkettung von 5, 8 und 7. Wie wir es von allen Programmiersprachen gewohnt sind, wollen wir die Zerlegung als lexikalische Analyse des Strings bezeichnen, bei der jeweils der längstmögliche Teilstring gewählt wird. Also ist := stets eine Zuweisung und 587 eine Zahl.

Wie kann die so definierte Zerlegung erzeugt werden? Das folgende Beispiel zeigt die Probleme auf.

5.3.6 Beispiel Sei $L = (1 + 122 + 23)^*$ eine lexikalische Struktur mit drei Tokenklassen. Der String 123 hat nur eine korrekte Zerlegung in 1 und 23. Dies kann aber erst nach dem Lesen des letzten Zeichens erkannt werden.

Eine einfache Lösung des Problems besteht darin, alle Arbeit dem Benutzer aufzuhalsen. Wir fügen dem Alphabet die Endmarkierungen $\#_1, \ldots, \#_n$ hinzu und ersetzen die lexikalische Struktur L durch

$$L_{\#} = (T_1\#_1 + \ldots + T_n\#_n)^*.$$

Die lexikalische Analyse ist nun trivial. Allerdings wird niemand mit der so veränderten Programmiersprache arbeiten wollen. Dennoch entwerfen wir zur lexikalischen Analyse von L einen minimalen DFA $A_{\#}$ für $L_{\#}$. Hieraus wollen wir ein Programm ableiten, das Strings aus L (nicht $L_\#$) analysiert. Das Programm besteht aus Unterprogrammen für die Zustände von $A_\#$. Dieser DFA hat offensichtlich nur einen akzeptierenden Zustand, nämlich den Anfangszustand q_0, und, wie aus dem Satz von Nerode folgt, auch nur einen Zustand q^*, von dem aus q_0 nicht erreichbar ist.

5.3.7 Algorithmus (Scanner)

Aufgabe: Erstellung eines Programms zur lexikalischen Analyse von L.

Input: Minimaler DFA $A_\#$ für $L_\#$ mit Anfangszustand q_0 und dem Zustand q^*, von dem aus q_0 nicht erreichbar ist.

Für alle Zustände q von $A_\#$ wird ein Unterprogramm beschrieben. Das Programm startet in q_0.

Im Unterprogramm für q^* wird festgelegt, daß der Eingabestring lexikalisch nicht korrekt aufgebaut ist. Es kann vereinbart werden, daß mit dem Reststring die Analyse vom Anfangszustand q_0 aus fortgesetzt wird, um den Rest lexikalisch zu analysieren und eventuell weitere Fehler zu finden.

Für alle anderen Zustände $q \neq q^*$ wird geprüft, ob der nächste Buchstabe a der Eingabe in $A_\#$ in den Zustand q^* führt. Wenn dies nicht der Fall ist, wird der gelesene Buchstabe in die Ausgabe geschrieben und der Nachfolgezustand $\delta(q, a)$, d. h. das zugehörige Programm, aufgesucht. Falls $\delta(q, a) = q^*$ ist, wird überprüft, ob es ein i mit $\delta(q, \#_i) = q_0$ gibt. In diesem Fall wird dem in die Ausgabe geschriebenen String der Token von Klasse i angehängt. Mit dem Reststring beginnend mit a starten wir im Unterprogramm für q_0.

Algorithmus 5.3.7 ist stets anwendbar. Er wählt auch die längstmöglichen Strings für die Zerlegung aus und liest die Eingabe nur einmal von links nach rechts (daher der Name Scanner). Für P-Text liefert der Scanner für alle Strings die korrekte lexikalische Analyse (Übungsaufgabe). Bei der lexikalischen Struktur des Strings 123 aus Beispiel 5.3.6 wird dieser jedoch als lexikalisch inkorrekt klassifiziert. Um die lexikalische Analyse immer mit dem effizienten Scanner durchführen zu können, fordern wir, daß der Scanner stets die korrekte Analyse liefert. Derartige lexikalische Strukturen werden wohlstrukturiert genannt.

Welche Eigenschaften muß eine lexikalische Struktur haben, damit sie wohlstrukturiert ist? Zunächst einmal müssen die Tokenklassen $T_1, \ldots, T_n$ disjunkt sein. Zusätzlich muß folgende Bedingung erfüllt sein. Falls es für einen String wa mit $w \in T_i$ eine Verlängerung (eventuell um das leere Wort) $z \in T_1 + \ldots + T_n$ gibt, dann gibt es für jede Verlängerung z' von wa eine lexikalische Analyse, deren erster String mindestens wa enthält. Dies ist nämlich genau die kritische Situation für den Scanner. Wenn er, nachdem w gelesen worden ist, den Buchstaben a liest, wird er nicht an w

das Token der Klasse T_i anhängen, sondern a an w anhängen. Die Bedingung sichert, daß der Scanner nicht in eine vermeidbare Sackgasse läuft. Wir können festhalten, daß die Wohlstrukturiertheit einer lexikalischen Struktur algorithmisch überprüfbar ist.

Wohlstrukturierte lexikalische Strukturen müssen nicht präfixfrei sein. Für P-Text ist z. B. der Präfix 58 von 587 ebenfalls in T_2 und der Präfix : von := $\in T_9$ in T_7. Für die lexikalische Struktur aus Beispiel 5.3.6 ist die oben angegebene Bedingung nicht erfüllt. Für $w = 1$ und $a = 2$ ist $w \in T_1$. Es gibt die Verlängerung 122 von wa, die in T_2 ist, aber es gibt auch die Verlängerung 123 von wa, für die es keine Zerlegung gibt, deren erster String mindestens $wa = 12$ enthält.

5.4 Kontextsensitive Grammatiken und Sprachen

Die Klasse der Chomsky-0 Grammatiken G ist so groß, daß das Wortproblem, also die Entscheidung, ob ein Wort w zu $L(G)$ gehört, nicht rekursiv ist. Mit den Chomsky-3 oder regulären Grammatiken lassen sich dagegen keine sinnvollen Programmiersprachen beschreiben. Kontextsensitive und kontextfreie Grammatiken liegen zwischen diesen beiden Extremen. Wir werden sehen, daß für bestimmte kontextsensitive Grammatiken das Wortproblem NP-vollständig ist. Damit sind kontextsensitive Grammatiken ebenfalls zu allgemein, um als Basis für Programmiersprachen dienen zu können. Wir werden jedoch eine interessante Charakterisierung der kontextsensitiven Sprachen durch platzbeschränkte nichtdeterministische Turingmaschinen herleiten.

Zur Vorbereitung diskutieren wir Komplexitätsklassen, die durch den Platzbedarf von Turingmaschinen charakterisiert sind. Um auch sublinearen Platzbedarf zu ermöglichen, treffen wir die Vereinbarung, daß die Eingabe auf einem Read-only Eingabeband steht, dessen Zellen beim Platzbedarf nicht berücksichtigt werden. Der erste und der letzte Buchstabe der Eingabe sind markiert, so daß der Kopf für das Eingabeband die Eingabe nicht verlassen muß. Es „zählen" also nur die Zellen auf dem Arbeitsband. Außerdem spielen konstante Faktoren beim Platzbedarf keine Rolle. Probleme, die mit Platzbedarf $s(n)$ gelöst werden können, können für $k \in \mathbb{N}$ auch mit Platzbedarf $\lceil s(n)/k \rceil$ gelöst werden. Es ist dazu ausreichend, auf dem Arbeitsband $k+1$ Spuren zu benutzen. Das Bandalphabet Γ wird durch $\Gamma^k \times \{1, \ldots, k\}$ ersetzt. Wir können dann in einer Bandzelle k Buchstaben unterbringen und auch notieren, auf welchen der k Buchstaben der Kopf der simulierten Turingmaschine blickt.

5.4.1 Definition DTAPE($s(n)$) und NTAPE($s(n)$) sind die Klassen der Sprachen, die von einer deterministischen bzw. nichtdeterministischen Turingmaschine mit Platzbedarf $s(n)$ akzeptiert werden können.

5.4.2 Definition PSPACE ist die Vereinigung aller DTAPE(n^k), $k \in \mathbb{N}$, und NPSPACE die Vereinigung aller NTAPE(n^k), $k \in \mathbb{N}$.

Zunächst wollen wir festhalten, daß eine Platzschranke auch eine Zeitschranke impliziert. Wenn ein Rechenweg nämlich zu lang wird, hat sich eine Konfiguration wiederholt. Für deterministische Turingmaschinen impliziert dies, daß die Rechnung nicht zum Stoppen kommt. Diese Folgerung läßt sich für nichtdeterministische Turingmaschinen nicht ziehen. Wenn es jedoch einen stoppenden Rechenweg gibt, dann auch einen, auf dem sich keine Konfiguration wiederholt. Wieviele Konfigurationen gibt es bei Platzbedarf $s(n)$ für die Eingabe w der Länge n? Für die Kopfposition auf dem Eingabeband gibt es n Möglichkeiten und für die Kopfposition auf dem Arbeitsband $s(n)$ Möglichkeiten. Jede Zelle auf dem Arbeitsband kann jeden der $|\Gamma|$ Buchstaben beinhalten. Schließlich sind $|Q|$ Zustände möglich. Die Gesamtzahl der Konfigurationen läßt sich demnach abschätzen durch

$$|Q| n\, s(n) |\Gamma|^{s(n)} = 2^{O(\log n + s(n))}.$$

Dies halten wir für den Spezialfall $s(n) = n$ in einem Satz fest.

5.4.3 Satz *Sprachen $L \in$ DTAPE(n) und $L \in$ NTAPE(n) können von deterministischen bzw. nichtdeterministischen Turingmaschinen in Zeit $2^{O(n)}$ entschieden werden.*

5.4.4 Satz *$P \subseteq NP \subseteq PSPACE$.*

Beweis Im Beweis von Satz 3.2.7 wurden polynomiell zeitbeschränkte nichtdeterministische Turingmaschinen durch deterministische Turingmaschinen simuliert. Diese Turingmaschinen kommen mit polynomiellem Platz aus. □

Nach diesen Vorbereitungen kehren wir zu kontextsensitiven Sprachen zurück. Die Monotonie in den kontextsensitiven Regeln impliziert, daß die Länge der Wörter in einer Ableitung $S \xrightarrow{*} w$ in keinem Schritt abnimmt (mit der einen möglichen Ausnahme der Ableitung von ε aus S in einem Schritt). Wenn also stets nur der abgeleitete String auf dem Turingmaschinenband steht, kommen wir mit linearem Platzbedarf aus, wobei Grammatiken naturgemäß nichtdeterministisch arbeiten. Die Klasse der kontextsensitiven Sprachen sollte also in NTAPE(n) enthalten sein. Es gilt sogar mehr.

5.4.5 Satz *Die Klasse der kontextsensitiven Sprachen stimmt mit der Klasse NTAPE(n) überein.*

Beweis Sei L kontextsensitiv und G eine kontextsensitive Grammatik mit $L(G) = L$. Wir entwerfen eine n-platzbeschränkte nichtdeterministische Turingmaschine für die Sprache L. Das Wort w der Länge n steht auf dem Eingabeband. Auf dem Arbeitsband markieren wir einen Bereich von n Zellen und schreiben das Startsymbol S der Grammatik in die erste Zelle. Es werden Ableitungen, die gemäß G möglich sind, erzeugt. Daher nehmen wir allgemein an, daß ein String $\alpha \in (V \cup T)^+$ auf dem Band steht. Die Turingmaschine wählt nichtdeterministisch eine Position in α und eine Ableitungsregel $u \to v$ der Grammatik G. Wenn an der gewählten Stelle in α nicht der Teilstring u beginnt, wird die Rechnung erfolglos abgebrochen. Ansonsten wird dort die Regel $u \to v$ angewendet. Dabei muß das Restwort von α, falls $|u| < |v|$, nach rechts verschoben werden. Falls die Endmarkierung überschritten wird, wird die Rechnung ebenfalls erfolglos beendet. Ansonsten wird das neue Wort α' auf dem Arbeitsband mit dem Wort w auf dem Eingabeband verglichen und w bei Gleichheit akzeptiert. Bei Ungleichheit wird α' wie zuvor α behandelt. Nach unseren Vorüberlegungen ist klar, daß diese Turingmaschine auf Platz n genau die Wörter $w \in L$ akzeptiert.

Sei nun M eine nichtdeterministische Turingmaschine, die mit Platzbedarf n auskommt und genau die Wörter $w \in L$ akzeptiert. Das besondere Eingabeband hatten wir nur eingeführt, um auch sublinearen Platzbedarf diskutieren zu können. Hier nehmen wir wieder an, daß M nur auf einem Band (mit eventuell mehreren Spuren) arbeitet. Um das Ende der Eingabe erkennen zu können, nehmen wir o. B. d. A. an, daß der letzte Buchstabe w_n von w markiert ist, d. h. w_n wird durch $\hat{w}_n$ ersetzt.

Die kontextsensitive Grammatik $G = (V, \Sigma, S, P)$ für L soll aus dem Startsymbol S zunächst alle Wörter $w \in \Sigma^*$ ableiten können und dann verifizieren, ob M das Wort w akzeptiert. Dazu arbeitet die Grammatik „mit zwei Spuren“, d. h. sie arbeitet mit Symbolpaaren. Im ersten Teil der Paare wird M simuliert und im zweiten Teil das zu testende Wort w gespeichert. Nur wenn die Turingmaschine einen akzeptierenden Zustand erreicht hat, darf der erste Teil vollständig gelöscht werden, und erst dann wird das Wort w aus S tatsächlich abgeleitet. Wir erinnern uns daran, daß wir Turingmaschinenkonfigurationen auf $n = |w|$ Zellen durch $n + 1$ Zeichen darstellen, da eine Konfiguration auch den Zustand der Turingmaschine beinhaltet. Für den ersten Teil der Symbolpaare wählen wir nun das Alphabet $\Delta := \Gamma \cup (Q \times \Gamma)$, um Konfigurationen $a_1 \ldots a_{i-1} q a_i \ldots a_n$ auf n „Buchstaben“ $a_1 \ldots a_{i-1}(q, a_i)a_{i+1} \ldots a_n$ verkürzen zu können.

Als Variablenmenge V der Grammatik G wählen wir nun $V = \{S, Z\} \cup (\Delta \times \Sigma)$. Dabei ist S das Startsymbol und Z eine Hilfsvariable. Die Variablen aus $\Delta \times \Sigma$ stellen die oben diskutierten Symbolpaare dar, das erste Symbol aus Δ ist Teil der Beschreibung einer Turingmaschinenkonfiguration und das zweite Symbol aus Σ

Buchstabe des Wortes, das auf Zugehörigkeit zu L überprüft wird.

Bevor wir die Regelmenge P der Grammatik G beschreiben, definieren wir eine Regelmenge P' kontextsensitiver Regeln, die das Verhalten einer Turingmaschine simulieren. Sei z. B. $(q', a', L) \in \delta(q, a)$. Da eine Linksbewegung durchgeführt wird, wird die n-platzbeschränkte Turingmaschine diese Konstellation nicht erreichen, wenn sie für eine Eingabe $w \in L$ auf der ersten Zelle steht. Für alle $b \in \Gamma$ soll P' die Regel $b(q, a) \to (q', b)a'$ enthalten. Für $(q', a', N) \in \delta(q, a)$ fügen wir die Regel $(q, a) \to (q', a')$ zu P' hinzu und für $(q', a', R) \in \delta(q, a)$ für alle $b \in \Gamma$ die Regel $(q, a)b \to a'(q', b)$.

Wir kommen nun zur Konstruktion der Regelmenge P. Die erste Gruppe von Regeln dient der Erzeugung der Anfangskonfiguration der simulierten Turingmaschine. Sie beinhaltet die Regeln

$$\begin{aligned} S &\to \varepsilon, \quad \text{falls} \quad \varepsilon \in L, \\ S &\to Z(\hat{a}, a) \\ Z &\to Z(a, a) \\ Z &\to (q_0 a, a) \end{aligned}$$

für alle $a \in \Sigma$, die als Endbuchstaben markierten Buchstaben $\hat{a}$ und den Anfangszustand q_0 der Turingmaschine. Da S und Z in allen weiteren Regeln nicht vorkommen, werden durch diese Regeln genau die Strings

$$(q_0 w_1, w_1) \ldots (w_{n-1}, w_{n-1})(\hat{w}_n, w_n)$$

für $w = w_1 \ldots w_n \in \Sigma^*$ erzeugt. Die nächste Regelgruppe simuliert im ersten Teil der Symbolpaare die Rechnung der Turingmaschine. Sie enthält die Regeln

$$\begin{aligned} (A, a) &\to (C, a) \\ (A, a)(B, b) &\to (C, a)(D, b) \end{aligned}$$

für alle $a, b \in \Sigma$ und alle Regeln $A \to C$ und $AB \to CD$ aus P'. Damit lassen sich im ersten Teil der Paare die Konfigurationen erzeugen, die die Turingmaschine auf akzeptierenden Rechenwegen für die Eingabe $\hat{w} = w_1 \ldots w_{n-1}\hat{w}_n$ erreichen kann. Die letzte Regelgruppe erkennt akzeptierende Konfigurationen der Turingmaschine und leitet dann das Wort $w = w_1 \ldots w_{n-1}w_n$ ab. Sie enthält die Regeln

$$\begin{aligned} ((q, a), b) &\to b \\ (a, b) &\to b \end{aligned}$$

für alle $a \in \Gamma, b \in \Sigma$ und alle akzeptierenden Zustände $q \in F$. Nur wenn die Turingmaschine einen akzeptierenden Zustand erreicht hat, kann ein Wort aus Σ^* abgeleitet werden. Es kann auch nur das Wort abgeleitet werden, auf dem die Turingmaschine simuliert wurde. Also ist $L(G) = L$. □

Es sei noch darauf hingewiesen, daß der Beweis von Satz 5.4.5 sowohl eine effiziente Konstruktion der simulierenden Turingmaschine als auch eine effiziente Konstruktion der simulierenden kontextsensitiven Grammatik enthält. Darüber hinaus haben wir beliebige kontextsensitive Grammatiken über den Umweg von nichtdeterministischen linear bandbeschränkten Turingmaschinen in eine einfache sogenannte Normalform gebracht. Dazu betrachten wir die Regeln der im Beweis von Satz 5.4.5 erzeugten Grammatik näher. Alle drei Regelgruppen enthalten nur Regeln der Form $S \to \varepsilon, A \to C, A \to CD, AB \to CD$ und $A \to a$ für $a \in \Sigma$ und Variablen A, B, C, D, wobei C und D von S verschieden sind. Also folgt

5.4.6 Korollar Für jede kontextsensitive Sprache L über Σ gibt es eine kontextsensitive Grammatik $G = (V, \Sigma, S, P)$, bei der alle Regeln die Form $A \to C, A \to CD, AB \to CD, A \to a$ oder $S \to \varepsilon$ haben, wobei $A, B \in V, C, D \in V - \{S\}$ und $a \in \Sigma$ ist.

Da die nichtdeterministischen linear platzbeschränkten Turingmaschinen genau die kontextsensitiven Sprachen akzeptieren, haben sie einen eigenen Namen, nämlich NLBA (nondeterministic linear (space) bounded automaton) erhalten. Es stellt sich sofort die Frage, ob wir Satz 5.4.5 nicht auch für deterministische linear platzbeschränkte Turingmaschinen (DLBA's) beweisen können. Das Problem, ob NLBA's und DLBA's die gleiche Klasse von Sprachen erkennen können, oder in anderer Formulierung, ob DTAPE(n)= NTAPE(n) ist, ist ein wichtiges offenes Problem, das als LBA-Problem bezeichnet wird.

Die beste bisher bekannte Simulation nichtdeterministischer platzbeschränkter Turingmaschinen durch deterministische platzbeschränkte Turingmaschinen geht immer noch auf Savitch(1970) zurück. Um dieses Ergebnis allgemein formulieren zu können, definieren wir, wann Platzschranken „gutartig" sind. Es ist leicht zu sehen, daß alle gebräuchlichen Platzschranken $s(n) \geq \log n$ gutartig sind.

5.4.7 Definition Eine Funktion $s : \mathbb{N} \to \mathbb{N}$ heißt bandkonstruierbar, wenn es eine $s(n)$-platzbeschränkte deterministische Turingmaschine gibt, die bei Eingabe w die Binärdarstellung von $s(|w|)$ berechnet.

5.4.8 Satz von Savitch *Für bandkonstruierbare Funktionen $s : \mathbb{N} \to \mathbb{N}$ mit $s(n) \geq \log n$ gilt NTAPE($s(n)$) $\subseteq$ DTAPE($s(n)^2$).*

Wir verzichten auf den Beweis des Satzes von Savitch. Die Aussage PSPACE = NPSPACE ist ein einfaches Korollar aus dem Satz von Savitch.

Für das LBA-Problem haben wir bisher keine Vermutung geäußert. Die Vermutung NTAPE(n) $\neq$ DTAPE(n) (in Analogie zur These NP $\neq$ P) hat wohl noch eine

Mehrheit hinter sich. Die Skeptiker (oder Optimisten?) haben in den letzten Jahren jedoch Pluspunkte gesammelt. Analog zur polynomiellen Hierarchie (s. Kap. 3.9) können wir uns nämlich Sprachklassen Σ_kTAPE($s(n)$), Π_kTAPE(($s(n)$) und Δ_kTAPE(($s(n)$) definieren. Seit 1987 (Immerman (1988), Szelepcsényi(1988)) ist bekannt, daß diese Hierarchie auf der ersten Stufe zusammenbricht, d. h. DTAPE($s(n)$) ist eventuell von NTAPE($s(n)$) verschieden, alle anderen Sprachklassen sind jedoch gleich NTAPE($s(n)$).

Dieses Ergebnis wurde gleichzeitig, aber unabhängig von zwei Wissenschaftlern gefunden. Beide benutzten dabei im wesentlichen die gleiche Beweisidee. Dies mag zu der Vermutung Anlaß geben, daß der eine vom anderen abgeschrieben hat. Dies ist aber nicht der Fall. Daß häufig wichtige Erkenntnisse unabhängig von verschiedenen Forschergruppen erzielt werden, liegt nämlich daran, daß diese Resultate nicht aus dem Nichts entstehen, sondern durch andere Resultate vorbereitet sind. Dennoch ist der letzte und entscheidende Schritt zu einem bedeutenden Satz immer noch eine große Leistung.

Neil Immerman war 1987 bereits ein etablierter Wissenschaftler in der Komplexitätstheorie, dem viele ein bahnbrechendes Resultat zugetraut haben. Robert Szelepcsényi war damals ein ganz normaler Student in Bratislava, der sich an die Arbeit machte, als das LBA-Problem in einer Vorlesung vorgestellt wurde. Dies sollte alle (noch) nicht in der Forschung aktiven Leserinnen und Leser zur wissenschaftlichen Arbeit ermuntern. Nach so langer Vorrede wollen wir den Satz von Immerman und Szelepcsényi formulieren und beweisen.

5.4.9 Satz von Immerman und Szelepcsényi *Für bandkonstruierbare Funktionen* $s : \mathbb{N} \to \mathbb{N}$ *mit* $s(n) \geq \log n$ *gilt NTAPE*($s(n)$) = *co-NTAPE*($s(n)$).

B e w e i s Da das Komplement von $\overline{L}$ wieder L ist, genügt es zu zeigen, daß NTAPE($s(n)$) $\subseteq$ co-NTAPE($s(n)$) ist. Sei also $L \in$ NTAPE($s(n)$). Es gibt nun eine $s(n)$-platzbeschränkte, nichtdeterministische Turingmaschine M für L. Daher gibt es für jedes $w \in L$ eine akzeptierende Berechnung mit weniger als $2^{cs(|w|)}$ Schritten, wobei $c > 0$ eine geeignete Konstante ist. Da s bandkonstruierbar ist, können wir die Rechenschritte zählen und Berechnungen nach $2^{cs(|w|)}$ Schritten für beliebige Eingaben w stoppen. Also ist M nun $2^{cs(n)}$-zeitbeschränkt und benutzt nie mehr als $s(n)$ Bandzellen.

Wir wollen eine nichtdeterministische Rechnung für L durch eine nichtdeterministische Rechnung für $\overline{L}$ simulieren. Das Problem besteht darin, daß M Eingaben $w \notin L$ nicht verwerfen muß. Es ist nur sichergestellt, daß diese Eingaben niemals akzeptiert werden. Es bleibt also nichts übrig, als alle denkbaren Rechnungen nachzuvollziehen. Es ist naheliegend, daß wir mit deterministischen Turingmaschinen Extraplatz zur Protokollführung brauchen, um keinen Rechenweg zu „verpassen" und zu wissen, wann alle Rechenwege versucht worden sind. Hier können wir den Extraplatz einsparen, da wir mit einer nichtdeterministischen Turingmaschine für $\overline{L}$ arbeiten dürfen. Diese NTM wollen wir nach der Bottom-Up Methode entwerfen.

Mit $n_d(K)$ bzw. $N_d(K)$ bezeichnen wir die Zahl bzw. die Menge der Konfigurationen, die von K aus in d Schritten durch Rechnungen auf Bandlänge m erreicht werden können. Dabei ist m die Länge des in der Konfiguration K beschriebenen Bandes. Wir beschreiben nun eine NTM M^*, die die Eingabe (K, d, r) akzeptiert, wenn $r = n_d(K)$ ist, und in diesem Fall $n_{d+1}(K)$ berechnet. Mit $K_1, \dots, K_{\ell(m)}$ bezeichnen wir die lexikographische Aufzählung aller Konfigurationen der Länge m. Da auf linearem Platz getestet werden kann, ob eine Zeichenfolge eine Konfiguration darstellt, kann auf Platz $O(m)$ aus $j \le \ell(m)$ die Konfiguration K_j berechnet werden.

Mit z_{d+1} zählen wir die Konfigurationen in $N_{d+1}(K)$, die wir gefunden haben, ebenso zählen wir in jeder Schleife mit z_d die Konfigurationen in $N_d(K)$.

Algorithmus A: Input (K, d, r), Output z_{d+1}.
1.) $z_{d+1} := 0$;
2.) für $i := 1, \dots, \ell(m)$:
3.) $\quad$ $z_d := 0$; gefunden := false;
4.) $\quad$ für $j := 1, \dots, \ell(m)$:
5.) $\quad\quad$ rate Konfigurationenfolge $K(0) := K, K(1), \dots, K(t-1), K(t)$ mit $t \le d$, Bandlänge in den Konfigurationen höchstens m, $K(s)$ ist direkte Nachfolgekonfiguration von $K(s-1)$ $(1 \le s \le t)$;
6.) $\quad\quad$ if $K_j = K(t)$
$\quad\quad$ then $z_d := z_d + 1$;
7.) $\quad\quad\quad$ if [($K_i = K_j$ oder K_i direkte Nachfolgekonfiguration von K_j) und (gefunden = false)] then gefunden := true; $z_{d+1} := z_{d+1} + 1$;
$\quad$ Ende der in Zeile 4 begonnenen Schleife;
8.) $\quad$ if $z_d < r$ then verwerfe und STOP.
Ende der in Zeile 2 begonnenen Schleife.

Wir analysieren den Algorithmus. Falls $r > n_d(K)$, wird dies stets in Schritt 8 erkannt. Der Zähler z_d kann maximal den Wert $n_d(K)$ erreichen. Falls $r < n_d(K)$, muß der berechnete Wert von z_{d+1} nicht korrekt sein. Wir müssen also darauf achten, daß wir Algorithmus A nie in einer solchen Situation aufrufen.

Sei also $r = n_d(K)$. Für festes i wird in Schritt 8 nur dann nicht verworfen, wenn für jedes $K_j \in N_d(K)$ eine passende Konfigurationenfolge geraten wird. Genau dann ist $K_i \in N_{d+1}(K)$, wenn es ein $K_j \in N_d(K)$ gibt, so daß $K_i = K_j$ ist oder K_i direkte Nachfolgekonfiguration von K_j ist. Nur in diesem Fall wird z_{d+1} um 1 erhöht. Durch das Label „gefunden“ wird verhindert, daß eine Konfiguration K_i mehr als einmal gezählt wird. Falls $r = n_d(K)$, gilt also am Ende des Algorithmus $z_{d+1} = n_{d+1}(K)$ für die nicht verwerfenden Rechenwege.

Wir schätzen nun den Platzbedarf von Algorithmus A ab. Es müssen nie mehr als

5 Konfigurationen auf dem Band stehen, nämlich K, K_i, K_j und zwei aufeinanderfolgende Konfigurationen $K(\ell), K(\ell+1)$ der geratenen Rechnung. Hierfür genügt Platz $O(m)$. Dazu kommen die Zahlen d, r, i, j, l, z_d und z_{d+1} in Binärdarstellung. Die Länge dieser Zahlen läßt sich natürlich durch $O(m + \log d + \log r)$ abschätzen.

Algorithmus A ist das Kernstück des folgenden Algorithmus B zur Berechnung von $n(K)$, der Zahl der von Konfiguration K aus auf Band m erreichbaren Konfigurationen. Falls $n_d(K) = n_{d+1}(K)$, ist natürlich $n_d(K) = n(K)$. In Algorithmus B werden auch alle erreichbaren Konfigurationen erkannt.

Algorithmus B: Input K, Output z.
1.) $y := n_0(K)$; $z := n_1(K)$; $d := 1$;
2.) while $y \neq z$
 führe Algorithmus A für (K, d, z) aus;
 $y := z$; $z := z_{d+1}$; $d := d + 1$.

Es ist $n_0(K) = 1$, und $n_1(K)$ kann einfach deterministisch berechnet werden. Algorithmus A wird nur für Tripel (K, d, r) mit $r = n_d(K)$ aufgerufen. Daher wird $n_{d+1}(K)$ auf den nicht verwerfenden Rechenwegen berechnet. Es ist also stets $(y, z) = (n_d(K), n_{d+1}(K))$. Da $n(K) = n_d(K)$ für ein endliches d, stoppt der Algorithmus auf geeigneten Rechenwegen. Für diese Rechenwege ist $z = n(K)$. Da neue Konfigurationen nur nach Zeit $2^{O(m)}$ erreicht werden und $n(K) = 2^{O(m)}$ ist, ist der Platzbedarf von Algorithmus B linear in m.

Nun ist es leicht, Algorithmus B in leicht modifizierter Form für den Beweis unseres Satzes zu benutzen. Wir starten Algorithmus B mit der Anfangskonfiguration $K_0(w)$ zur Eingabe w. Dabei wird zuvor $s(|w|)$ berechnet, und $K_0(w)$ hat Bandlänge $s(|w|)$. Immer, wenn in Zeile 7 von Algorithmus A eine Konfiguration K_i als Nachfolgekonfiguration von $K_0(w)$ erkannt wird, testen wir, ob sie akzeptierend ist. In diesem Fall ist $w \in L$, und wir verwerfen w, da $w \notin \overline{L}$. Falls das Ende der Rechnung erreicht wird, ohne daß w verworfen wurde, ist, da M eine nichtdeterministische Turingmaschine für L ist, $w \notin L$. Wir akzeptieren nun, da $w \in \overline{L}$ ist. Insgesamt haben wir $\overline{L}$ nichtdeterministisch erkannt. Der Platzbedarf ist nach den Vorüberlegungen $O(s(|w|))$. □

Sind nun kontextsensitive oder deterministisch kontextsensitive Sprachen, das sind die Sprachen in DTAPE(n), als Grundlage für den Entwurf von Programmiersprachen geeignet? Linearer Platzbedarf ist ja keineswegs abschreckend. Wie groß kann der Zeitbedarf für das Wortproblem werden?

5.4.10 Satz *Die Entscheidungsvariante des Cliquenproblems ist in DTAPE(n) enthalten.*

Beweis Es seien ein Graph $G = (V, E)$ mit $n = |V|$ Knoten und eine Zahl $k \in \{1, \ldots, n\}$ gegeben. Auf linearem Platz kann ein Vektor $a \in \{0,1\}^n$ dargestellt werden. Derartige Vektoren a interpretieren wir als Knotenmengen $A \subseteq V$, o. B. d. A. $V = \{1, \ldots, n\}$, wobei $i \in A$ genau dann ist, wenn $a_i = 1$ ist. Für den Vektor a kann auf linearem Platz getestet werden, ob $|A| = k$ ist und G die Clique auf A enthält. Wir beginnen mit dem Vektor $a = (0, \ldots, 0)$ für die leere Menge. Nach jedem negativen Test erzeugen wir für a den lexikographischen Nachfolger, wobei a überschrieben wird. Wenn schließlich auch der Test für $a = (1, \ldots, 1)$ negativ ausgegangen ist, wird (G, k) verworfen. Nach einem positiven Test wird natürlich akzeptiert. □

Der Beweis von Satz 5.4.10 kann auf viele NP-vollständige Probleme, darunter die Entscheidungsvarianten von BPP, KP und TSP, verallgemeinert werden. Viele NP-vollständige Probleme lassen sich also durch kontextsensitive Grammatiken beschreiben.

Falls NP $\neq$ P, kann das Wortproblem für kontextsensitive Grammatiken nicht in polynomieller Zeit entscheidbar sein. Wir kennen nämlich nach Satz 5.4.10 und 5.4.5 eine kontextsensitive Grammatik für das Cliquenproblem. Ein polynomieller Algorithmus für das Wortproblem für kontextsensitive Grammatiken enthält daher einen polynomiellen Algorithmus für das NP-vollständige Cliquenproblem. Für die Syntaxanalyse von Programmen benötigen wir dagegen sogar polynomielle Algorithmen, für die das Rechenzeitpolynom kleinen Grad hat. Damit bleibt von den vier Chomskytypen nur noch die Klasse der kontextfreien Grammatiken als Kandidat für Erzeugendensysteme für Programmiersprachen übrig.

Übungen

1.) Berechne für die durch den folgenden DFA akzeptierte Sprache einen regulären Ausdruck.

$$Q = \{q_0, q_1, q_2\},\ F = \{q_1, q_2\},\ \Sigma = \{0, 1\}$$

δ	0	1
q_0	q_1	q_2
q_1	q_0	q_2
q_2	q_1	q_1

2.) Es sei ein NFA A für die Sprache L gegeben. Konstruiere einen regulären Ausdruck für L, ohne den Umweg über DFA's zu gehen.

3.) Beweise oder widerlege die folgenden Gleichungen für Sprachen L_1, L_2 und L_3.

a) $(L_1L_2)L_3 = L_1(L_2L_3)$.

b) $(L_1^*)^* = L_1^*$.

c) $(L_1 + L_2)^* = L_1^* + L_2^*$.

d) $(L_1^*L_2^*)^* = (L_1 + L_2)^*$.

4.) Sei $L^R = \{w_1 \ldots w_n \mid w_n \ldots w_1 \in L\}$. Falls L regulär ist, ist auch L^R regulär. Argumentiere im Beweis nur mit regulären Ausdrücken.

5.) Es seien r und s reguläre Ausdrücke über disjunkten Alphabeten, und es sei $\varepsilon \notin r$. Zeige, daß es genau einen regulären Ausdruck x mit $x = rx + s$ gibt. Wie sieht x aus?

6.) Beweise den Abschluß der Klasse regulärer Sprachen gegen Vereinigung, Konkatenation und Kleeneschen Abschluß direkt mit regulären Grammatiken.

7.) Ist die Klasse der rekursiv aufzählbaren Sprachen gegen Konkatenation und Kleeneschen Abschluß abgeschlossen?

8.) P-Text ist wohlstrukturiert.

9.) Entwerfe eine kontextsensitive Grammatik für die Sprache $L = \{a^nb^nc^n \mid n \geq 1\}$.

6 Kontextfreie Grammatiken und Sprachen

6.1 Beispiele kontextfreier Sprachen und Syntaxbäume

Von den vier Klassen der Chomsky-Hierarchie bleibt nur noch die Klasse der kontextfreien Sprachen als Basis für den Entwurf von Programmiersprachen übrig. Zunächst überzeugen wir uns davon, daß diese Klasse viel ausdrucksstärker als die Klasse der regulären Sprachen ist. Dafür entwerfen wir für drei Sprachen, die wir bereits als nicht regulär nachgewiesen haben, kontextfreie Grammatiken.

6.1.1 Beispiel Sei $L = \{0^n 1^n | n \geq 1\}$. Die folgende kontextfreie Grammatik erzeugt offensichtlich genau die Sprache L. Es sei $V = \{S\}$, $\Sigma = \{0,1\}$, und P enthalte die Regeln

$$S \rightarrow 01,\ S \rightarrow 0S1.$$

6.1.2 Beispiel Sei $L = \{w \in \{0,1\}^* | w = w^R\}$ die Sprache aller Palindrome über $\{0,1\}$. Die Sprache der Palindrome läßt sich durch die drei folgenden Bildungsregeln beschreiben.

(1) ε, 0, 1 sind Palindrome.

(2) Falls w ein Palindrom ist, sind $0w0$ und $1w1$ Palindrome.

(3) Alle Palindrome lassen sich durch endlich viele Anwendungen der Regeln (1) und (2) erzeugen.

Mit diesen Regeln läßt sich leicht eine kontextfreie Grammatik entwerfen. Es sei $V = \{S\}$, $\Sigma = \{0,1\}$, und P enthalte die Regeln

$$S \rightarrow \varepsilon,\ 0,\ 1,\ 0S0,\ 1S1.$$

6.1.3 Beispiel Sei L die Sprache aller $w \in \{0,1\}^+$ mit gleich vielen Nullen wie Einsen. Immer wenn wir eine Null (Eins) erzeugen, müssen wir uns merken, daß wir zum Ausgleich eine Eins (Null) erzeugen müssen. Wir setzen $V = \{S, A, B\}$ und

$\Sigma = \{0, 1\}$. Aus S sollen alle Wörter mit gleich vielen Nullen wie Einsen abgeleitet werden können. Aus A (bzw. B) sollen alle Wörter abgeleitet werden können, die eine Null (bzw. Eins) mehr als Einsen (bzw. Nullen) enthalten. Diese Überlegung führt zum Entwurf folgenden Regelsystems:

$$\begin{aligned} S &\rightarrow 0B, 1A \\ A &\rightarrow 0, 0S, 1AA \\ B &\rightarrow 1, 1S, 0BB \end{aligned}$$

Zum Nachweis, daß diese Grammatik wirklich L erzeugt, zeigen wir die oben angegebene Interpretation der Variablen S, A und B durch Induktion über die Länge k des erzeugten Wortes w. Dabei kommt uns zugute, daß bei jeder Regelanwendung genau ein Terminalzeichen erzeugt wird, alle Wörter der Länge k also in k Schritten erzeugt werden.

Sei $k = 1$. Aus S kann kein Wort der Länge 1 erzeugt werden, aus A nur das Wort 0 und aus B nur das Wort 1.

Sei die Behauptung für Wörter, deren Länge kleiner als k ist, richtig. Betrachten wir nun Wörter w der Länge k. Falls $S \xrightarrow{*} w = w_1 w'$ mit $w_1 \in \{0, 1\}$, gilt $S \rightarrow 0B \xrightarrow{*} w$, falls $w_1 = 0$. Da $B \xrightarrow{*} w'$, hat w' nach Induktionsvoraussetzung eine Eins mehr als Nullen. Damit hat w gleich viele Nullen wie Einsen. Falls $w_1 = 1$, folgt die Behauptung analog. Sei nun $A \xrightarrow{*} w$. Sowohl wenn $A \rightarrow 0S$ die erste angewendete Regel ist, als auch wenn dies $A \rightarrow 1AA$ ist, folgt die Behauptung nach Induktionsvoraussetzung. Für $B \xrightarrow{*} w$ folgt die Behauptung auf analoge Weise.

Sei nun $w = w_1 \ldots w_k$ mit gleich vielen Nullen wie Einsen gegeben. Falls $w_1 = 0$, beginnen wir die Ableitung mit $S \rightarrow 0B$. Da $w_2 \ldots w_k$ eine Eins mehr hat als Nullen, gilt nach Induktionsvoraussetzung $B \xrightarrow{*} w_2 \ldots w_k$. Falls $w_1 = 1$, folgt die Behauptung analog.

Sei nun $w = w_1 \ldots w_k$ mit einer Null mehr als Einsen. Falls $w_1 = 0$, beginnen wir die Ableitung mit $A \rightarrow 0S$. Da $w_2 \ldots w_k$ gleich viele Nullen wie Einsen hat, gilt nach Induktionsvoraussetzung $S \xrightarrow{*} w_2 \ldots w_k$. Falls $w_1 = 1$, beginnen wir die Ableitung mit $A \rightarrow 1AA$. Nun hat $w' = w_2 \ldots w_k$ zwei Nullen mehr als Einsen. Wir lesen dieses Wort von links nach rechts und notieren jeweils, wieviele Nullen wir mehr als Einsen gelesen haben. Wir beginnen mit dem Wert 0 und enden mit dem Wert 2. Da unser Wert sich jeweils nur um $+1$ oder -1 verändert, gibt es ein m, so daß $w_2 \ldots w_m$ und $w_{m+1} \ldots w_k$ jeweils eine Null mehr als Einsen enthalten. Nach Induktionsvoraussetzung gilt sowohl $A \xrightarrow{*} w_2 \ldots w_m$ als auch $A \xrightarrow{*} w_{m+1} \ldots w_k$.

Auf ähnliche Weise läßt sich zeigen, daß alle Wörter w mit einer Eins mehr als Nullen aus B ableitbar sind.

Wir kommen nun zu graphischen Darstellungen von Ableitungen. Da bei kontextfreien Grammatiken die linken Seiten aller Regeln genau eine Variable enthalten, lassen sich kontextfreie Ableitungen gut durch sogenannte Syntaxbäume darstellen. An der Wurzel steht das Startsymbol. Jeder innere Knoten ist mit einer Variablen belegt, während an den Blättern Terminalzeichen oder ε stehen. Wenn ein innerer Knoten mit A markiert ist und seine Söhne von links nach rechts mit $\alpha_1 \ldots \alpha_r \in V \cup T$ markiert sind, dann muß $A \to \alpha_1 \ldots \alpha_r$ eine Regel der Grammatik sein.

6.1.4 Beispiel Wir betrachten die Grammatik aus Beispiel 6.1.3 und die Ableitung

$$S \to 1A \to 11AA \to 11A0 \to 110S0 \to 1100B0 \to 110010.$$

Der zugehörige Syntaxbaum ist in Abbildung 6.1.1 dargestellt.

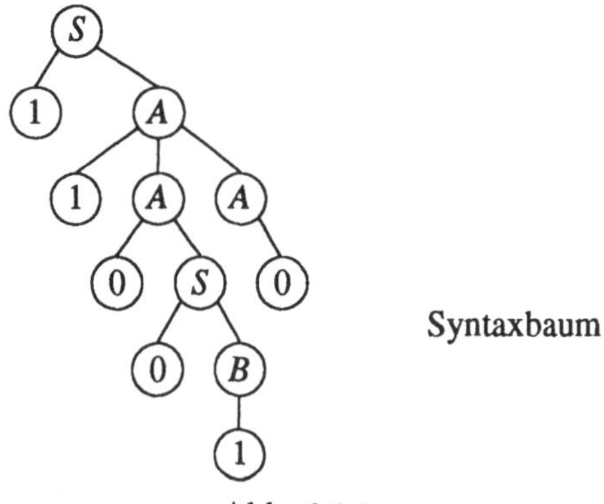

Abb. 6.1.1

Zu jeder Ableitung gehört genau ein Syntaxbaum, während zu einem Syntaxbaum verschiedene Ableitungen des gleichen Wortes gehören. Wegen der Kontextfreiheit der Grammatik ist die Reihenfolge, in der wir Variablen ableiten, unerheblich. Unter einer Linksableitung (Rechtsableitung) verstehen wir eine Ableitung, in der in jedem String die linkeste (rechteste) Variable abgeleitet wird. Zu jedem Syntaxbaum gehört genau eine Linksableitung, zu dem Syntaxbaum aus Abbildung 6.1.1 ist dies

$$S \to 1A \to 11AA \to 110SA \to 1100BA \to 11001A \to 110010.$$

6.1.5 Definition i) Eine kontextfreie Grammatik G heißt eindeutig, wenn es für jedes Wort $w \in L(G)$ genau einen Syntaxbaum gibt.
ii) Eine kontextfreie Sprache L heißt eindeutig, wenn es eine eindeutige Grammatik G mit $L(G) = L$ gibt. Ansonsten heißt L inhärent mehrdeutig.

Die Grammatiken aus den Beispielen 6.1.1 und 6.1.2 sind offensichtlich eindeutig. Die Grammatik aus Beispiel 6.1.3 ist nicht eindeutig, denn das Wort 110010 hat eine weitere Linksableitung

$$S \to 1A \to 11AA \to 110A \to 1100S \to 11001A \to 110010.$$

Dies liegt daran, daß wir den Reststring 0010 auf zwei Arten in Teilstrings zerlegen können, so daß beide Teilstrings eine Null mehr als Einsen enthalten: 0 | 010 und 001 | 0.

Damit ist nicht klar, ob die zugehörige Sprache eindeutig ist. Später werden wir für eine kontextfreie Sprache beweisen, daß sie inhärent mehrdeutig ist. Die hier behandelte Sprache wird sich in Kapitel 8 als eindeutig erweisen.

Warum interessiert uns eigentlich die Eindeutigkeit von Sprachen und Grammatiken? Für eindeutige Grammatiken haben wir die Möglichkeit, für ein Wort w den eindeutigen Syntaxbaum (z. B. bottom-up oder top-down) zu erzeugen. Bei der richtigen Konstruktion gibt es keine Wahlmöglichkeiten, während es bei mehrdeutigen Grammatiken verschiedene richtige Entscheidungen geben kann. Die Intuition sagt also, daß das Wortproblem für eindeutige Grammatiken vielleicht einfacher zu lösen ist als für mehrdeutige Grammatiken.

6.2 Die Chomsky-Normalform für kontextfreie Grammatiken

Sowohl für den Entwurf effizienter Algorithmen für das Wortproblem bei kontextfreien Grammatiken als auch für den Beweis eines Pumping-Lemmas für kontextfreie Sprachen ist es günstig, kontextfreie Grammatiken in eine Normalform zu bringen.

6.2.1 Definition Eine kontextfreie Grammatik ist in Chomsky-Normalform, wenn alle Produktionen von der Form $A \rightarrow BC$ oder $A \rightarrow a$ für $A, B, C \in V$ und $a \in T$ sind.

Offensichtlich können kontextfreie Grammatiken in Chomsky-Normalform das Wort ε nicht erzeugen. Wir betrachten daher nur kontextfreie Sprachen, die das leere Wort nicht enthalten. Es ist dann einfach, eine Sprache um das leere Wort zu ergänzen. Es wird ein neues Startsymbol S' zu der Grammatik ebenso hinzugefügt wie die Regeln $S' \rightarrow \varepsilon$ und $S' \rightarrow S$, was nur eine kleine Störung der Chomsky-Normalform ist.

Wir wollen nun in mehreren Schritten, aber auf effiziente Weise, eine kontextfreie Grammatik für eine Sprache L, die das leere Wort nicht enthält, in Chomsky-Normalform überführen.

Im ersten Schritt wollen wir erreichen, daß bei allen Regeln die rechte Seite entweder aus Variablen oder aus einem Terminal besteht. Dazu ersetzen wir auf allen rechten

Seiten der Regeln die Terminalbuchstaben $a \in T$ durch neue Variablen Y_a und fügen die Regeln $Y_a \rightarrow a$ zu P hinzu. Dadurch wird offensichtlich die erzeugte Sprache nicht verändert. Wir messen die Größe $s(G)$ einer Grammatik G durch die Zahl der Variablen und Terminalbuchstaben in allen Regeln. In diesem ersten Schritt wird die Größe der Grammatik höchstens verdreifacht.

Die Regeln $Y_a \rightarrow a$ sind in der gewünschten Form und werden im weiteren Verlauf auch nicht verändert. Im zweiten Schritt wollen wir die Regeln mit zu langen rechten Seiten ersetzen. Dazu betrachten wir die Regel

$$A \rightarrow B_1 \ldots B_m,$$

wobei $A, B_1, \ldots, B_m \in V$ sind und $m \geq 3$ ist. Speziell für diese Regel benutzen wir $m-2$ neue Variablen $C_1, \ldots, C_{m-2}$ und ersetzen die Regel durch folgende Regeln:

$$A \rightarrow B_1 C_1,\ C_i \rightarrow B_{i+1} C_{i+1}\ (1 \leq i \leq m-3),\ C_{m-2} \rightarrow B_{m-1} B_m$$

Auch durch diese Ersetzung wird die erzeugte Sprache nicht verändert. Aus C_1 läßt sich ja nur $B_2 \ldots B_m$ ableiten. Eine Regel mit $m+1$ Variablen wird durch $m-1$ Regeln mit je 3 Variablen ersetzt, die Größe der Grammatik verdreifacht sich also höchstens.

Im dritten Schritt wollen wir die ε-Regeln $A \rightarrow \varepsilon$ ersetzen. Dazu berechnen wir zunächst die Menge V' aller Variablen A, für die $A \xrightarrow{*} \varepsilon$ gilt. Wir betrachten die Regeln, die auf der rechten Seite kein Terminalsymbol haben. Sie sind vom Typ $A \rightarrow \varepsilon$, $A \rightarrow B$ oder $A \rightarrow BC$. Immer wenn wir eine Variable A in V' aufnehmen, können wir alle A-Regeln, d. h. Regeln mit linker Seite A, von der weiteren Betrachtung ausschließen und A in eine Queue Q einfügen. Zu Beginn werden alle Variablen A, für die $A \rightarrow \varepsilon$ eine Regel ist, in V' aufgenommen. Solange die Queue nicht leer ist, wird die erste Variable A aus Q entfernt und untersucht. Für alle Regeln wird auf den rechten Seiten jedes Vorkommen von A durch ε ersetzt. Wenn nun Regeln $B \rightarrow \varepsilon$ entstehen, wird B in V' aufgenommen. Auf diese Weise enthält V' am Ende alle Variablen A, für die $A \xrightarrow{*} \varepsilon$ gilt. Wir zeigen dies durch Induktion über die Länge l einer kürzesten ε-Ableitung. Für $l=1$ wird A in der Initialisierungsphase in V' aufgenommen. Für $l>1$ hat eine kürzeste ε-Ableitung die Form $A \rightarrow B \xrightarrow{*} \varepsilon$ oder $A \rightarrow BC \xrightarrow{*} \varepsilon$. Dann hat B bzw. haben B und C kürzere ε-Ableitungen. Nach Induktionsvoraussetzung wird B oder werden B und C in V' aufgenommen. Dabei entsteht die Regel $A \rightarrow \varepsilon$, und A wird in V' aufgenommen.

Wir streichen nun alle ε-Regeln. Für die Regeln $A \rightarrow BC$ fügen wir die Regel $A \rightarrow B$, falls $C \in V'$ ist, und die Regel $A \rightarrow C$, falls $B \in V'$, hinzu. Mit den neuen Regeln können nicht mehr Wörter erzeugt werden. Falls $C \in V'$, d. h. $C \xrightarrow{*} \varepsilon$, galt zuvor $A \rightarrow BC \xrightarrow{*} B$. Wir verlieren aber durch die Streichung der ε-Regeln auch nichts. Sei $w \in L$ und ein Syntaxbaum für w in der Grammatik mit ε-Regeln gegeben. Wenn der Syntaxbaum ε-Blätter hat, gibt es, da $w \neq \varepsilon$ ist, Knoten v, so daß alle

Blätter im Teilbaum mit Wurzel v ε-Blätter sind, während dies für den Vater nicht gilt. Am Vaterknoten wurde daher eine Regel $A \rightarrow BC$ angewendet. Wenn v der linke Sohn ist, gilt $B \xrightarrow{*} \varepsilon$. In der neuen Grammatik benutzen wir die Regel $A \rightarrow C$, was den Teilbaum mit Wurzel v im Syntaxbaum löscht. Dies wiederholen wir, bis es kein ε- Blatt mehr gibt. Wir erhalten einen Syntaxbaum für w bzgl. der neuen Grammatik. Jede Regel $A \rightarrow BC$ wird durch höchstens zwei Regeln $A \rightarrow B$ und $A \rightarrow C$ ergänzt. Die Größe der Grammatik wächst höchstens um den Faktor 7/3.

Während die ersten beiden Schritte unserer Grammatikumformung in linearer Zeit durchführbar waren, benötigt unser Algorithmus für den dritten Schritt Zeit $O(|V|\,s(G))$.

Im letzten Schritt wollen wir die Kettenregeln $A \rightarrow B$ ersetzen. Mit Hilfe des Depth First Search Ansatzes für gerichtete Graphen suchen wir in dem Graphen, der die Variablen als Knoten und die Kettenregeln als Kanten enthält, nach Kreisen. Wenn wir einen Kreis

$$A_1 \rightarrow A_2 \rightarrow \ldots \rightarrow A_r \rightarrow A_1$$

gefunden haben, ersetzen wir die Variablen $A_2, \ldots, A_r$ durch A_1. Dies ändert offensichtlich nicht die erzeugte Sprache, da diese Variablen gegeneinander austauschbar sind. Nach höchstens $|V|$ Depth First Suchen haben wir den Graph der Kettenregeln so verkleinert, daß er kreisfrei ist. Da $s(G) \geq |V|$ (sonst gibt es Variablen, die in keiner Regel vorkommen), genügt bis hierher Rechenzeit $O(|V|\,s(G))$. In der gleichen Rechenzeit können nun die übriggebliebenen Variablen so zu $A_1, \ldots, A_m$ topologisch sortiert werden, daß Kettenregeln $A_i \rightarrow A_j$ implizieren, daß $i < j$ ist. Wir arbeiten uns nun von hinten nach vorne vor, d. h. wir bearbeiten die Variablen in der Reihenfolge $A_m, \ldots, A_1$. Wenn wir zur Variablen A_k kommen und die Kettenregel $A_k \rightarrow A_l$ existiert, ist $l > k$ und alle A_l-Regeln sind keine Kettenregeln. Wir ersetzen $A_k \rightarrow A_l$ durch die Regeln $A_k \rightarrow \alpha$, für die $A_l \rightarrow \alpha$ eine Regel ist. Danach sind alle A_k-Kettenregeln durch Regeln, die keine Kettenregeln sind, ersetzt. Mit den neuen Regeln können nicht mehr Wörter abgeleitet werden, da für die neue Regel $A_k \rightarrow \alpha$ der String α auch schon vorher aus A_k ableitbar war. Es geht aber auch kein Wort verloren. Die Ableitung $A_k \rightarrow A_l$ mußte ja irgendwann durch $A_l \rightarrow \alpha$ fortgesetzt werden.

Wie groß wird unsere Grammatik durch diese Ersetzungen? Wenn am Ende $A_i \rightarrow \alpha$ eine Regel ist, war α bereits vor der Ersetzung der Kettenregel rechte Seite einer Regel. Aus jeder Regel wurden also höchstens $|V|-1$ neue Regeln erzeugt. Insgesamt haben wir folgendes Resultat erzielt.

6.2.2 Satz *Aus einer kontextfreien Grammatik $G = (V, T, S, P)$ der Größe $s(G)$ kann in Zeit $O(|V|\,s(G))$ eine kontextfreie Grammatik G' in Chomsky-Normalform berechnet werden, die die gleiche Sprache erzeugt und deren Größe durch $O(|V|\,s(G))$ beschränkt ist.*

Das im Beweis von Satz 6.2.2 angegebene Verfahren, eine kontextfreie Grammatik G in eine äquivalente Grammatik G' in Chomsky-Normalform umzuformen, erzeugt eine Grammatik, deren Größe durch $O(|V|s(G))$ bschränkt ist. Der Größenzuwachs ist ausschließlich der Elimination der Kettenregeln zuzuschreiben. Es gibt bisher keinen Algorithmus, der einen geringeren Größenzuwachs garantiert. Ist aber ein Größenzuwachs überhaupt nötig und wie groß muß dieser gegebenenfalls ausfallen? Das beste Resultat stammt von Blum (1983).

6.2.3 Satz *Für jedes $\varepsilon > 0$ gibt es kontextfreie Grammatiken G, so daß für äquivalente Grammatiken G' in Chomsky-Normalform $s(G') = \Omega(s(G)^{3/2-\varepsilon})$ gilt.*

Wir verzichten auf den recht aufwendigen Beweis dieses Satzes. Der Entwurf der Sprache L, die von G und G' erzeugt wird, benutzt Ergebnisse über das aus der Kombinatorik bekannte Problem von Zarankiewicz (siehe Bollobás (1978)). Blum (1982) hat bereits kontextfreie Grammatiken G angegeben, für die für jede äquivalente Grammatik G' in Chomsky-Normalform $s(G') = \Omega(s(G) \log\log s(G))$ gilt.

6.2.4 Beispiel Es sei $\Sigma_n = \{a_1, \ldots, a_{n-1}, b_2, \ldots, b_n\}$ und $L_n = \{a_i b_j \mid 1 \leq i < j \leq n\}$.

Zunächst geben wir eine kontextfreie Grammatik G_n für L_n an, die nur lineare Größe hat. Dabei werden wir intensiven Gebrauch von Kettenregeln machen. Es sei $V_n = \{S, B_2, \ldots, B_n\}$, und P_n enthalte folgende Regeln:

- $S \to a_i B_{i+1}$ $\quad 1 \leq i \leq n-1$
- $B_i \to B_{i+1}$ $\quad 2 \leq i \leq n-1$
- $B_i \to b_i$ $\quad 2 \leq i \leq n.$

Die Grammatik G_n kommt also mit $3n-4$ Regeln der Gesamtlänge $7n-9$ aus. Es ist leicht einzusehen, daß $L(G_n) = L_n$ ist.

Wenn wir den Algorithmus aus Satz 6.2.2 auf G_n anwenden, erhalten wir eine Grammatik mit $\Theta(n^2)$ Regeln, die alle Regeln $B_i \to b_j$ für $1 \leq i < j \leq n$ enthält. Wir wollen zeigen, daß L_n von einer Grammatik G'_n in Chomsky-Normalform der Größe $O(n \log\log n)$ erzeugt werden kann. Dabei benutzen wir die Divide-and-Conquer Methode. Wir teilen $\{1, \ldots, n\}$ in $n^{1/2}$ Blöcke der Größe $n^{1/2}$ ein und nehmen an, daß $n^{1/2}$ ganzzahlig ist. Ansonsten werden die Blockgrößen $\lfloor n^{1/2} \rfloor$ und $\lceil n^{1/2} \rceil$ verwendet, auf die notwendigen geringfügigen Modifikationen wollen wir hier verzichten.

Wir ordnen G'_n zunächst folgende Regeln in Chomsky-Normalform zu:

- $S \to A_i B_j$ $\quad 1 \leq i < j \leq n^{1/2}$
- $A_i \to a_{(i-1)n^{1/2}+k}$ $\quad 1 \leq i < n^{1/2},\ 1 \leq k \leq n^{1/2}$
- $B_j \to b_{(j-1)n^{1/2}+k}$ $\quad 2 \leq j \leq n^{1/2},\ 1 \leq k \leq n^{1/2}.$

Dieser Teil der Grammatik hat lineare Größe und erzeugt offensichtlich alle Wörter $a_i b_j$ mit $i < j$, für die i und j zu verschiedenen Blöcken gehören. Für jeden Block müssen noch die Wörter $a_i b_j$ erzeugt werden, für die i und j zu diesem Block gehören. Dies ist aber äquivalent zur Erzeugung der Sprache $L_{n^{1/2}}$. Wir fahren also analog fort und erhalten für die Größe der erzeugten Grammatik G'_n folgende Rekursionsgleichung:

$$\begin{aligned} s(G'_2) &= 7 \text{ und} \\ s(G'_n) &= n^{1/2} s(G'_{n^{1/2}}) + O(n). \end{aligned}$$

Auf jeder Stufe der Rekursion kommen Regeln der Größe $O(n)$ hinzu. Die Rekursionstiefe ist $O(\log\log n)$, denn

$$n^{1/2^{\log\log n}} = n^{1/\log n} = 2.$$

Also folgt $s(G'_n) = O(n \log\log n)$. Blum (1982) hat gezeigt, daß es keine Grammatiken in Chomsky-Normalform für L_n gibt, deren Größe $o(n \log\log n)$ ist.

6.3 Der Cocke-Younger-Kasami Algorithmus

Wir entwerfen nun einen effizienten Algorithmus (Younger (1967)) für das Wortproblem bei kontextfreien Sprachen. Nach den Ergebnissen des vorigen Abschnitts beschränken wir uns auf den Fall, daß die kontextfreie Sprache L durch eine kontextfreie Grammatik in Chomsky-Normalform gegeben ist. Dann kann die Größe der Grammatik auch durch die Anzahl $|P|$ der Ableitungsregeln gemessen werden.

6.3.1 Satz *Es gibt einen Algorithmus, den Cocke-Younger-Kasami oder CYK-Algorithmus, der für eine kontextfreie Grammatik G in Chomsky-Normalform und ein Wort $w \in T^*$ in Zeit $O(|P|\,n^3)$ entscheidet, ob $w \in L(G)$ ist.*

Wenn wir eine bestimmte Grammatik, also eine bestimmte Programmiersprache, festhalten und nur verschiedene w, also verschiedene Programmtexte, als Eingabe betrachten, ist $|P|$ eine Konstante und die Laufzeit des Algorithmus $O(n^3)$.

Beweis von Satz 6.3.1 Der CYK-Algorithmus benutzt die Methode der Dynamischen Programmierung. Sei $w = w_1 \dots w_n$. Für alle $1 \le i \le j \le n$ soll die Menge V_{ij} aller Variablen A berechnet werden, so daß $A \xrightarrow{*} w_i \dots w_j$ gilt. Natürlich gilt $w \in L(G)$ genau dann, wenn $S \in V_{1n}$ ist.

Die Tabelle aller V_{ij} wird nach wachsendem $l = j-i$ aufgebaut. Für $l = 0$ betrachten wir die Mengen V_{ii}, die alle Variablen A mit $A \xrightarrow{*} w_i$ enthalten. Da die Grammatik in Chomsky-Normalform ist, gilt $A \xrightarrow{*} w_i$ nur, wenn $A \rightarrow w_i$ eine Regel ist. Die Berechnung von V_{ii} ist also in Zeit $O(|P|)$ möglich.

Für $l > 0$ betrachten wir die Berechnung von V_{ij}, der Menge aller A mit $A \xrightarrow{*} w_i \dots w_j$. Da $j - i = l > 0$, muß jede Ableitung von $w_i \dots w_j$ aus A mit einer Regel vom Typ $A \rightarrow BC$ beginnen. Aus B muß dann ein Präfix und aus C der passende Suffix von $w_i \dots w_j$ abgeleitet werden. Wir erhalten also den Schlüssel für die Lösung des Problems, die Bellmansche (Optimalitäts-)Gleichung.

Es gilt $A \xrightarrow{*} w_{ij}$ genau dann, wenn es eine Regel $A \rightarrow BC$ und ein $k \in \{i, \dots, j-1\}$ mit $B \in V_{ik}$ (d. h. $B \xrightarrow{*} w_i \dots w_k$) und $C \in V_{k+1,j}$ (d. h. $C \xrightarrow{*} w_{k+1} \dots w_j$) gibt.

Zur Berechnung von V_{ij} betrachten wir $|P|$ Regeln und weniger als n Werte für k. Für jede Regel und jedes k genügt zum Test der Bedingungen Zeit $O(1)$, wenn wir die V-Mengen als Arrays der Länge $|V|$ implementieren, in denen für jede Variable markiert ist, ob sie zu der V-Menge gehört oder nicht.

Da weniger als n^2 V-Mengen berechnet werden müssen, ist die Rechenzeit durch $O(|P|\, n^3)$ beschränkt. □

Mit dem CYK-Algorithmus haben wir gezeigt, daß das Wortproblem für kontextfreie Sprachen polynomiell lösbar ist. Wenn wir bei der Einfügung von A in V_{ij} auch den Grund ($A \rightarrow BC$, $B \in V_{ik}$, $C \in V_{k+1,j}$ oder $A \rightarrow w_i$ für $i = j$) vermerken, kann im Erfolgsfall ($S \in V_{1n}$) leicht ein Syntaxbaum für w konstruiert werden. Es gibt also auch einen $O(n^3)$-Algorithmus für das Syntaxanalyseproblem. Kontextfreie Sprachen können als Basis für den Entwurf von Programmiersprachen dienen, da sie auch genügend ausdrucksstark sind. In der Praxis werden für den Entwurf von Programmiersprachen noch solche Unterklassen der Klasse kontextfreier Sprachen betrachtet, die ebenfalls noch ausdrucksstark genug sind und für die es sogar Algorithmen mit linearer Laufzeit für das Wortproblem und das Syntaxanalyseproblem gibt (deterministisch kontextfreie Sprachen, s. Kap. 8).

6.4 Das Pumping-Lemma und Ogden's Lemma für kontextfreie Sprachen

Wie für die Klasse der regulären Sprachen gibt das Pumping-Lemma für kontextfreie Sprachen eine Eigenschaft an, die alle kontextfreien Sprachen erfüllen. Durch Falsifizierung dieser Eigenschaft für Sprachen L kann dann bewiesen werden, daß L nicht kontextfrei ist. Wieder betrachten wir o. B. d. A. nur kontextfreie Sprachen, die das leere Wort nicht enthalten.

6.4.1 Pumping-Lemma Für jede kontextfreie Sprache L gibt es eine Konstante $n \in \mathbb{N}$, so daß sich jedes Wort $z \in L$ mit $|z| \geq n$ so als $z = uvwxy$ schreiben läßt, daß $|vx| \geq 1$, $|vwx| \leq n$ und für alle $i \geq 0$ das Wort $uv^iwx^iy \in L$ ist.

Wir haben bereits mit der Sprache L_3 in Kapitel 4.3 gesehen, daß das Pumping-Lemma manchmal nicht zum Nachweis der Nichtregularität einer Sprache ausreicht, da nicht erzwungen wird, wo gepumpt werden muß. Die Rolle des verallgemeinerten Pumping-Lemmas für reguläre Sprachen spielt hier das Lemma von Ogden (1968).

6.4.2 Ogden's Lemma Für jede kontextfreie Sprache L gibt es eine Konstante $n \in \mathbb{N}$, so daß für jedes Wort $z \in L$ mit $|z| \geq n$ folgende Aussage gilt. Wenn wir in z mindestens n Buchstaben markieren, läßt sich z so als $z = uvwxy$ schreiben, daß mindestens ein Buchstabe in vx markiert, in vwx höchstens n Buchstaben markiert sind und für alle $i \geq 0$ das Wort $uv^iwx^iy \in L$ ist.

Wenn wir uns in Ogden's Lemma dafür entscheiden, alle Buchstaben zu markieren, erhalten wir das Pumping-Lemma. Es genügt also, Ogden's Lemma zu beweisen.

Beweis von Ogden's Lemma Für die kontextfreie Sprache L betrachten wir eine kontextfreie Grammatik G in Chomsky-Normalform. Wir wählen $n = 2^{|V|+1}$. Sei $z \in L$ mit $|z| \geq n$. Im Wort z seien mindestens n Buchstaben markiert.

Wir betrachten einen Syntaxbaum B für z. Da die Grammatik in Chomsky-Normalform ist, ist der Baum binär und hat $|z|$ Blätter, die von links nach rechts das Wort z ergeben. Die einzigen Knoten mit Grad 1 sind die Väter der Blätter. Wir wählen einen Weg von der Wurzel von B zu einem Blatt aus. Wir wählen dabei stets die Richtung, in der mehr markierte Blätter liegen. Bei Gleichheit können wir uns beliebig entscheiden. Knoten auf diesem Weg, für die im linken und im rechten Teilbaum markierte Blätter liegen, heißen Verzweigungsknoten. Da $n > 2^{|V|}$ ist, folgt aus unserer Wahl des Weges, daß auf ihm mindestens $|V| + 1$ Verzweigungsknoten liegen. Von diesen betrachten wir die letzten $|V| + 1$. Von ihnen müssen nach dem Schubfachprinzip mindestens zwei mit der gleichen Variablen A belegt sein, diese Verzweigungsknoten nennen wir v_1 und v_2, siehe Abb. 6.4.1.

In dem Teilbaum mit Wurzel v_2 werde das Teilwort w von z erzeugt. In dem Teilbaum mit Wurzel v_1 werde das Teilwort vwx von z erzeugt. Damit sind auch u und y als passender Präfix und Suffix für z eindeutig definiert.

Da v_1 Verzweigungsknoten ist, enthalten der linke und der rechte Teilbaum markierte Blätter, und damit enthält vx mindestens ein markiertes Blatt bzw. einen markierten Buchstaben. Da wir einschließlich v_1 auf dem in v_1 startenden Teil des ausgewählten Weges nur $|V|+1$ Verzweigungsknoten haben, und wegen der speziellen Wahl unseres Weges enthält vwx höchstens $2^{|V|+1} = n$ markierte Buchstaben.

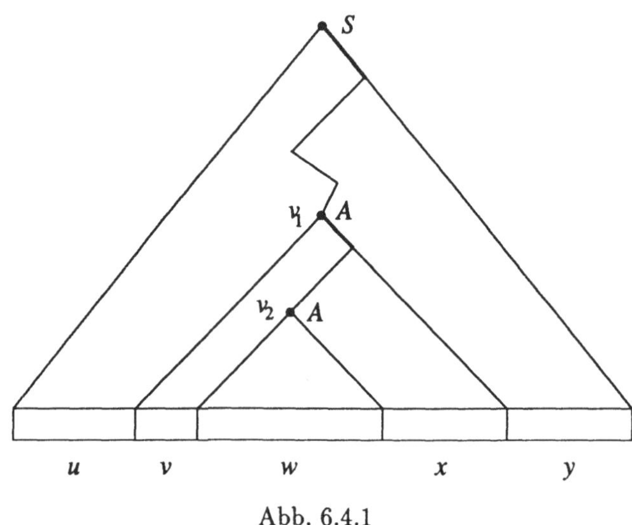

Abb. 6.4.1

In der Grammatik sind, da v_1 und v_2 mit A belegt sind, folgende Ableitungen möglich:

$$S \xrightarrow{*} uAy,\ A \xrightarrow{*} vAx,\ A \xrightarrow{*} w.$$

Aus diesen Ableitungen erhalten wir die Ableitung

$$S \xrightarrow{*} uAy \xrightarrow{*} uwy = uv^0wx^0y,$$

sowie für $i \geq 1$ die Ableitungen

$$S \xrightarrow{*} uAy \xrightarrow{*} uvAxy \to \ldots \to uv^iAx^iy \to uv^iwx^iy.$$

Also ist uv^iwx^iy für $i \geq 0$ in L enthalten. □

6.4.3 Beispiel $L = \{a^ib^ic^i \mid i \geq 1\}$ ist nicht kontextfrei. Wir nehmen an, daß L kontextfrei ist. Sei dann n die zugehörige Konstante aus dem Pumping-Lemma. Wir betrachten das Wort $z = a^nb^nc^n$. Es muß dann eine Zerlegung $z = uvwxy$ geben, so daß $|vx| \geq 1$, $|vwx| \leq n$ und $uv^iwx^iy \in L$ für $i \geq 0$ ist. Da $|vwx| \leq n$, enthält das Wort vwx höchstens zwei verschiedene Buchstaben. Da $|vx| \geq 1$, kann uv^2wx^2y nicht von allen drei Buchstaben gleich viele enthalten. Also ist L nicht kontextfrei.

Jetzt sind wir in der Lage, die Klassen der Chomsky-Hierarchie zu trennen.

6.4.4 Satz *Die Chomsky-Hierarchie $\mathcal{L}_3 \subsetneq \mathcal{L}_2 \subsetneq \mathcal{L}_1 \subsetneq \mathcal{L}_0$ ist echt.*

Beweis i) Es ist $L = \{0^i1^i \mid i \geq 1\}$ kontextfrei (Beispiel 6.1.1), aber nicht regulär (Beispiel 4.1.3).
ii) Es ist $L = \{a^ib^ic^i \mid i \geq 1\}$ kontextsensitiv, da eine linear bandbeschränkte Turingmaschine L entscheiden kann, aber nicht kontextfrei (Beispiel 6.4.3).
iii) Die universelle Sprache U ist rekursiv aufzählbar (Satz 2.6.8), aber nicht kontextsensitiv, da U nicht einmal rekursiv ist (Satz 2.6.7). Da die kontextsensitiven Sprachen nichtdeterministisch auf linearem Band entschieden werden können, können sie auch deterministisch in exponentieller Zeit entschieden werden. Auf einem linearen Band gibt es nämlich nur exponentiell viele verschiedene Konfigurationen, daher akzeptiert eine Turingmaschine eine Eingabe entweder bereits in exponentieller Zeit oder gar nicht. Schließlich kann in dem gerichteten Graphen aller Konfigurationen, für den die Kanten anzeigen, ob eine Konfiguration direkte Nachfolgekonfiguration einer anderen Konfiguration ist, mit Depth First Suche getestet werden, ob es einen Weg von der Anfangskonfiguration zu einer akzeptierenden Konfiguration gibt. Somit ist die Klasse der kontextsensitiven Sprachen in der Klasse der rekursiven Sprachen enthalten. □

6.4.5 Beispiel Mit diesem Beispiel wollen wir zeigen, daß es Sprachen gibt, deren Nichtkontextfreiheit mit Ogden's Lemma, aber nicht mit dem Pumping-Lemma bewiesen werden kann. Sei $L = \{a^ib^jc^kd^l \mid i = 0 \text{ oder } j = k = l\}$.

Das Pumping-Lemma führt zu keinem Widerspruch zu der Annahme, daß L kontextfrei ist. Sei $z \in L$ gegeben. Wenn z den Buchstaben a nicht enthält, gilt dies auch für uv^iwx^iy und jede Zerlegung $z = uvwxy$. Wenn z den Buchstaben a enthält, wählen wir die Zerlegung $z = uvwxy$ mit $u = \varepsilon$, $v = \varepsilon$, $w = \varepsilon$, $x = a$ und y als geeignetem Suffix. Dann ist $uv^iwx^iy \in L$, da sich nur die Häufigkeit des Buchstabens a am Beginn des Wortes geändert hat.

Ogden's Lemma führt dagegen zu einem Widerspruch. Für die Konstante n aus Ogden's Lemma wählen wir das Wort $z = ab^nc^nd^n \in L$ und markieren das Teilwort bc^nd. Für jede Zerlegung $z = uvwxy$, bei der vx mindestens einen markierten Buchstaben und vwx höchstens n markierte Buchstaben enthält, liegt uv^2wx^2y nicht in L, da vwx nur zwei verschiedene der Buchstaben b, c und d enthalten kann. Also ist L nicht kontextfrei.

Mit einem letzten Beispiel wollen wir eine etwas kompliziertere Anwendung von Ogden's Lemma vorstellen.

6.4.6 Beispiel Sei $L = \{a^ib^jc^k \mid i \neq j \text{ und } j \neq k \text{ und } i \neq k\}$. Wir nehmen an, daß L kontextfrei ist. Sei n die zugehörige Konstante aus Ogden's Lemma. Wir betrachten das Wort $z = a^nb^{n+n!}c^{n+2n!} \in L$ und markieren das Teilwort a^n. Sei $z = uvwxy$ die nach Ogden's Lemma existierende Zerlegung von z. Damit $uv^2wx^2y \in L$ ist, müssen in diesem Wort die Buchstaben a, b und c in dieser Reihenfolge vorkommen. Damit enthalten v und x jeweils nur Buchstaben eines Typs.

1. Fall $v = a^r$ und $x = a^s$ mit $r + s \geq 1$.
Da z nur n-mal a enthält, ist $r + s \leq n$, und damit ist $p = r + s$ ein Teiler von $n!$. Sei $q = \frac{n!}{p}$. Da auch w, da es zwischen v und x liegt, nur a's enthält, folgt

$$uv^{q+1}wx^{q+1}y = a^{n+n!}b^{n+n!}c^{n+2n!} \notin L$$

im Widerspruch zur Aussage in Ogden's Lemma.

2. Fall $v = a^p$ mit $p \geq 1$ und $x \in b^*$. Sei $q = \frac{n!}{p}$.
Dann ist

$$uv^{2q+1}wx^{2q+1}y = a^{n+2n!}b^?c^{n+2n!} \notin L$$

im Widerspruch zur Aussage in Ogden's Lemma.

3. Fall $v = a^p$ mit $p \geq 1$ und $x \in c^*$. Sei $q = \frac{n!}{p}$.
Dann ist

$$uv^{q+1}wx^{q+1}y = a^{n+n!}b^{n+n!}c^? \notin L$$

im Widerspruch zur Aussage in Ogden's Lemma.

Da vx einen markierten Buchstaben und damit ein a enthalten muß, haben wir alle möglichen Fälle untersucht. Also ist L nicht kontextfrei.

6.5 Effiziente Algorithmen für die Konstruktion kontextfreier Grammatiken und die Entscheidung von Eigenschaften kontextfreier Sprachen

Analog zur Behandlung regulärer Sprachen in Kapitel 4.6 wollen wir Abschlußeigenschaften für die Klasse kontextfreier Sprachen konstruktiv mit effizienten Algorithmen beweisen. Für einige Entscheidungsprobleme bei kontextfreien Sprachen sollen effiziente Algorithmen entworfen werden, viele Probleme werden sich jedoch als nicht rekursiv erweisen.

6.5.1 Definition Sei G eine kontextfreie Grammatik. Eine Variable A heißt nutzlos, wenn es keine Ableitung $S \xrightarrow{*} w \in T^*$ gibt, in der A vorkommt.

Ohne die erzeugte Sprache zu verändern, können alle nutzlosen Variablen und alle Regeln, die mindestens eine nutzlose Variable enthalten, gestrichen werden.

6.5.2 Satz *Für kontextfreie Grammatiken G kann die Menge nutzloser Variablen in Zeit $O(|V|\, s(G))$ berechnet werden.*

Beweis Wir gehen in zwei Schritten vor, wobei wir die Menge nützlicher, d. h. nicht nutzloser Variablen konstruieren. Im ersten Schritt berechnen wir die Menge V' aller $A \in V$, für die es ein $w \in T^*$ mit $A \xrightarrow{*} w$ gibt. Variablen, die nicht in V' liegen, sind offensichtlich nutzlos. Wenn wir für diesen Schritt in allen Regeln alle Terminalzeichen durch ε ersetzen, stellt sich die Aufgabe, die Menge aller $A \in V$ mit $A \xrightarrow{*} \varepsilon$ zu berechnen. Wir können also den entsprechenden Algorithmus für die Ersetzung aller ε-Regeln bei der Überführung einer kontextfreien Grammatik in Chomsky-Normalform benutzen.

Wenn $S \notin V'$ ist, sind alle Variablen nutzlos, die gegebene Grammatik erzeugt die leere Sprache.

Sei also $S \in V'$. Wir berechnen nun die Variablenmenge $V'' \subseteq V'$ aller $A \in V'$, für die es $\alpha, \beta \in (V' \cup T)^*$ mit $S \xrightarrow{*} \alpha A \beta$ gibt. Alle Variablen außerhalb von V'' sind offensichtlich nutzlos. Zunächst wird S in V'' aufgenommen. Mit jeder Variablen A können alle Variablen B, für die es eine Regel $A \rightarrow \alpha B \beta$ mit $\alpha, \beta \in (V' \cup T)^*$ gibt, in V'' aufgenommen werden. Dieser Schritt ist also sogar in Zeit $O(s(G))$ durchführbar. Die Korrektheit desAlgorithmus läßt sich wieder leicht mit Induktion über die Länge der kürzesten $S \xrightarrow{*} \alpha A \beta$-Ableitung beweisen.

Jede Variable in V'' ist nützlich. Sei $A \in V''$. Dann gibt es $\alpha, \beta \in (V' \cup T)^*$ mit $S \xrightarrow{*} \alpha A \beta$. Für alle Variablen B auf der rechten Seite dieser Ableitung gilt, daß sie in ein Wort aus T^* ableitbar sind. Also kommt A in der Ableitung eines Wortes aus T^* von S aus vor. □

6.5.3 Korollar Für eine kontextfreie Grammatik G kann in Zeit $O(|V|\, s(G))$ entschieden werden, ob $L(G) = \emptyset$ ist.

Beweis Es ist offensichtlich $L(G) = \emptyset$ genau dann, wenn S nutzlos ist. □

Die Tatsache, daß an dieser Stelle kein Algorithmus folgt, der entscheidet, ob $L(G) = T^*$ ist, sollte der Leserin und dem Leser zu denken geben.

6.5.4 Satz *Für eine kontextfreie Grammatik G ohne nutzlose Variablen in Chomsky-Normalform kann in linearer Zeit entschieden werden, ob $L(G)$ endlich viele oder unendlich viele Wörter enthält.*

Beweis Wir konstruieren einen gerichteten Graphen G^*, der für jede Variable aus G einen Knoten enthält. Die Kante (A, B) gehört zum Graphen genau dann, wenn es eine Regel $A \rightarrow BC$ oder $A \rightarrow CB$ in G gibt. Mit dem Depth First Search Ansatz wird für diesen Graphen entschieden, ob er kreisfrei ist. Wir behaupten, daß der Graph genau dann kreisfrei ist, wenn $L(G)$ nur endlich viele Wörter enthält.

Zum Beweis dieser Behauptung nehmen wir zunächst an, daß der Graph einen Kreis enthält. Dies bedeutet nach Definition des Graphen, daß es $\alpha, \beta \in V^*$ mit $|\alpha| + |\beta| \geq 1$ und $A \xrightarrow{*} \alpha A \beta$ gibt. Da A nicht nutzlos ist, gibt es $\alpha', \beta' \in V^*$ mit $S \xrightarrow{*} \alpha' A \beta'$. Da keine Variable nutzlos ist, gibt es $u, v', v, w', w \in T^*$ mit $|v| + |w| \geq 1$ (es gibt keine ε-Regeln), so daß $A \xrightarrow{*} u$, $\alpha' \xrightarrow{*} v'$, $\alpha \xrightarrow{*} v$, $\beta' \xrightarrow{*} w'$, $\beta \xrightarrow{*} w$ gilt. Damit gehören die verschiedenen Wörter $v'v^i u w^i w'$ für $i \geq 0$ zu $L(G)$.

Sei nun angenommen, daß der Graph keinen Kreis enthält. Dann gilt für jeden Syntaxbaum, daß auf jedem Pfad jede Variable nur einmal vorkommt. Die Tiefe der Syntaxbäume ist also durch $|V|$ beschränkt. Da es nur endlich viele dieser Syntaxbäume gibt, enthält die Sprache nur endlich viele Wörter. □

6.5.5 Satz *Es seien kontextfreie Grammatiken $G_1 = (V_1, T, S_1, P_1)$ und $G_2 = (V_2, T, S_2, P_2)$ gegeben. Dann können kontextfreie Grammatiken für $L(G_1) \cup L(G_2)$, $L(G_1)L(G_2)$ und $L(G_1)^*$ in linearer Zeit konstruiert werden. Insbesondere ist die Klasse der kontextfreien Sprachen abgeschlossen gegen Vereinigung, Konkatenation und Kleeneschen Abschluß.*

Beweis Durch eventuelle Umbenennung einiger Variablen wird erreicht, daß V_1 und V_2 disjunkt sind.

Die Grammatik für $L(G_1) \cup L(G_2)$ hat folgendes Aussehen, wobei S eine neue Variable ist:

$$V = V_1 \cup V_2 \cup \{S\},\ P = P_1 \cup P_2 \cup \{S \rightarrow S_1,\ S \rightarrow S_2\}.$$

Im ersten Schritt wird nichtdeterministisch entschieden, ob ein Wort aus $L(G_1)$ oder aus $L(G_2)$ erzeugt werden soll.

Die Grammatik für $L(G_1)L(G_2)$ hat folgendes Aussehen:

$$V = V_1 \cup V_2 \cup \{S\},\ P = P_1 \cup P_2 \cup \{S \rightarrow S_1 S_2\}.$$

Schließlich hat die Grammatik für $L(G_1)^*$ folgendes Aussehen:

$$V = V_1 \cup \{S\},\ P = P_1 \cup \{S \rightarrow \varepsilon,\ S \rightarrow SS,\ S \rightarrow S_1\}.$$

□

6.5.6 Satz *Die Klasse der kontextfreien Sprachen ist nicht abgeschlossen gegen Durchschnittsbildung oder Komplementbildung.*

Beweis Es seien $L_1 = \{a^n b^n \mid n \geq 1\}$, $L_2 = \{c\}^*$, $L_3 = \{a\}^*$ und $L_4 = \{b^n c^n \mid n \geq 1\}$. Wir wissen bereits, daß diese Sprachen kontextfrei sind. Nach Satz 6.5.5 sind auch $L_1 L_2$ und $L_3 L_4$ kontextfrei. Die Sprache $L = L_1 L_2 \cap L_3 L_4$ ist gerade die Sprache $L = \{a^n b^n c^n \mid n \geq 1\}$, die nicht kontextfrei ist (Beispiel 6.4.3).

Die Klasse der kontextfreien Sprachen ist abgeschlossen gegen Vereinigung (Satz 6.5.5). Wenn sie gegen Komplementbildung abgeschlossen wäre, dann wäre sie nach der de Morgan Regel

$$L_1 \cap L_2 = \overline{(\overline{L_1} \cup \overline{L_2})}$$

auch gegen Durchschnittsbildung abgeschlossen. □

6.5.7 Satz *Gegeben seien eine kontextfreie Grammatik $G = (V, T, S, P)$ für die Sprache L und kontextfreie Grammatiken $G_a = (V_a, \Delta, S_a, P_a)$, $a \in T$, für die Sprachen $f(a) \subseteq \Delta^*$ einer Substitution f. Dann kann in linearer Zeit eine kontextfreie Grammatik für die durch Substitution gebildete Sprache $f(L)$ konstruiert werden. Insbesondere ist die Klasse der kontextfreien Sprachen abgeschlossen gegen Substitutionen.*

Beweis Durch eventuelle Umbenennung einiger Variablen erreichen wir, daß die Mengen V und V_a, $a \in T$, paarweise disjunkt sind. Die Grammatik für $f(L)$ bauen wir folgendermaßen auf. Die Variablenmenge bestehe aus der Vereinigung von V und allen V_a, $a \in T$. Das Startsymbol S von G wird auch Startsymbol der neuen Grammatik. Die Menge der Produktionen bestehe aus der Vereinigung von P und allen P_a, $a \in T$, wobei in den Regeln aus P zuvor die Terminalbuchstaben $a \in T$ durch die Startsymbole S_a von G_a ersetzt worden sind. Was kann nun aus S abgeleitet werden? Wenn wir zunächst die Variablen S_a nicht weiter ableiten, erhalten wir alle $S_{a_1} \ldots S_{a_n}$ mit $a_1 \ldots a_n \in L$. Aus S_a können genau die Wörter in $f(a)$ abgeleitet werden. Also können aus S wie gewünscht genau die Wörter in

$$f(L) = \bigcup_{a_1 \ldots a_n \in L} f(a_1) \ldots f(a_n)$$

abgeleitet werden. □

Uns fällt auf, daß dieser Beweis sehr viel einfacher ist als unser entsprechender Beweis für reguläre Sprachen in Kapitel 4.6 (Satz 4.6.14). Für den Abschluß gegen Substitution ist die Darstellung von Sprachen durch Grammatiken angemessener.

Für den Abschluß gegen inverse Homomorphismen sind dagegen maschinenorientierte Beweise angemessener, siehe den Beweis von Satz 4.6.17. Wir vertagen daher den Beweis, daß die Klasse der kontextfreien Sprachen gegen inverse Homomorphismen abgeschlossen ist, bis wir ein Maschinenmodell für diese Klasse kennen. Die Überlegungen spiegeln die entgegengesetzte Sichtweise von Maschinen (versuche für ein Eingabewort den akzeptierenden Zustand zu erreichen) und Grammatiken (erzeuge aus dem Startsymbol alle Wörter der Sprache) wider.

6.6 Unentscheidbare Probleme

Viele Probleme, die wir gern mit effizienten Algorithmen lösen wollen, erweisen sich in der Klasse der kontextfreien Sprachen als unentscheidbar. Dazu gehören alle Probleme der folgenden Liste, wobei die kontextfreien Sprachen stets durch kontextfreie Grammatiken gegeben sind:

- gegeben G, ist $L(G) = T^*$?
- gegeben G_1 und G_2, ist $L(G_1) = L(G_2)$?
- gegeben G_1 und G_2, ist $L(G_1) \subseteq L(G_2)$?
- gegeben G_1 und G_2, ist $L(G_1) \cap L(G_2) = \emptyset$?
- gegeben G, ist $L(G)$ regulär?
- gegeben G_1 und G_2, ist $L(G_1) \cap L(G_2)$ kontextfrei?
- gegeben G, ist $\overline{L(G)}$ kontextfrei?
- gegeben G, ist $L(G)$ inhärent mehrdeutig?
- gegeben G, ist G mehrdeutig?

Für sieben der neun hier aufgeführten Probleme wollen wir die Unentscheidbarkeit beweisen. Dazu benutzen wir für die ersten beiden Beweise das Reduktionskonzept aus Definition 2.8.5 und die Unentscheidbarkeit des Postschen Korrespondenzproblems PKP (Satz 2.8.9).

6.6.1 Satz *Das Problem, für kontextfreie Grammatiken G_1 und G_2 zu entscheiden, ob $L(G_1) \cap L(G_2) = \emptyset$ ist, ist nicht rekursiv.*

Beweis Wir reduzieren PKP auf unser Schnittproblem. Dafür müssen wir eine berechenbare Funktion konstruieren, die jeder Eingabe $K = ((x_1, y_1), \ldots, (x_k, y_k))$ für das PKP zwei kontextfreie Grammatiken G_1 und G_2 so zuordnet, daß K genau dann eine Lösung $i_1, \ldots, i_m$ mit

$$x_{i_1} \ldots x_{i_m} = y_{i_1} \ldots y_{i_m}$$

hat, wenn es ein Wort $w \in L(G_1) \cap L(G_2)$ gibt.

Beim PKP ist es entscheidend, daß in der Lösung die x- und y-Folge mit der gleichen Indexfolge gebildet werden. Diese Eigenschaft codieren wir in die Grammatiken G_1 und G_2 mit Hilfe neuer Buchstaben $a_1, \ldots, a_k$ hinein. Es sei Σ das Alphabet, über dem das PKP K definiert ist. Die Grammatiken G_1 und G_2 erhalten beide das Terminalalphabet T, das neben den Buchstaben aus Σ die neuen Buchstaben $a_1, \ldots, a_k$ enthält. Beide Grammatiken kommen mit einer Variablen, S_1 bzw. S_2, aus, die natürlich auch Startsymbol ist. G_1 enthält die Regeln

$$S_1 \to a_1x_1, \ldots, a_kx_k, a_1S_1x_1, \ldots, a_kS_1x_k$$

und G_2 die Regeln

$$S_2 \to a_1y_1, \ldots, a_ky_k, a_1S_2y_1, \ldots, a_kS_2y_k.$$

Offensichtlich besteht $L(G_1)$ aus allen Wörtern $a_{i(n)} \ldots a_{i(1)}x_{i(1)} \ldots x_{i(n)}$ und $L(G_2)$ aus allen Wörtern $a_{i(n)} \ldots a_{i(1)}y_{i(1)} \ldots y_{i(n)}$.

Das PKP besitzt genau dann eine Lösung, wenn es eine Folge $i(1), \ldots, i(n)$ mit $x_{i(1)} \ldots x_{i(n)} = y_{i(1)} \ldots y_{i(n)}$ gibt. Dies ist genau dann der Fall, wenn

$$a_{i(n)} \ldots a_{i(1)}x_{i(1)} \ldots x_{i(n)} = a_{i(n)} \ldots a_{i(1)}y_{i(1)} \ldots y_{i(n)}$$

ist, und damit genau dann, wenn $L(G_1) \cap L(G_2) \neq \emptyset$ ist. □

6.6.2 Satz *Das Problem, für eine kontextfreie Grammatik G zu entscheiden, ob sie mehrdeutig ist, ist nicht rekursiv.*

Beweis In dem Beweis von Satz 6.6.1 haben wir mehr gezeigt als verlangt. Das Schnittproblem ist bereits für die speziellen in diesem Beweis konstruierten Grammatiken nicht rekursiv. Dieses spezielle Schnittproblem reduzieren wir auf unser Mehrdeutigkeitsproblem.

Es seien also Grammatiken G_1 und G_2 wie im Beweis von Satz 6.6.1 konstruiert gegeben. Die Grammatik G erhält eine neue Variable S als Startsymbol. Sie arbeitet mit den Variablen S, S_1 und S_2. Als Regeln erhält sie die Regeln von G_1 und G_2 und zusätzlich $S \to S_1$ und $S \to S_2$. Die Grammatiken G_1 und G_2 erzeugen genau dann ein gemeinsames Wort, wenn G mehrdeutig ist. Gilt nämlich $S_1 \xrightarrow{*} w$ und $S_2 \xrightarrow{*} w$, kann w von G auf die zwei Arten $S \to S_1 \xrightarrow{*} w$ und $S \to S_2 \xrightarrow{*} w$ abgeleitet werden. Da G_1 und G_2 offensichtlich eindeutig sind, kann G ein Wort w nur dann auf zwei Weisen ableiten, wenn diese Ableitungen sich bereits im ersten Schritt unterscheiden, d. h. die eine beginnt mit $S \to S_1$, die andere mit $S \to S_2$. Dann ist aber w in $L(G_1) \cap L(G_2)$ enthalten. □

Nach Definition ist ein Problem genau dann entscheidbar oder rekursiv, wenn es eine stets haltende Turingmaschine gibt, die das Problem löst. Um die Unentscheidbarkeit weiterer Probleme zu beweisen, werden wir in den nächsten Lemmas die Menge akzeptierender Rechenwege einer Turingmaschine und ihr Komplement durch kontextfreie Grammatiken beschreiben.

Unter dem Rechenweg einer Turingmaschine verstehen wir die Folge der bei der Rechnung durchlaufenen Konfigurationen, jeweils durch ein Trennsymbol $\# \notin \Gamma$ getrennt: $w_1\#w_2\#\ldots w_n\#$. Derartige Folgen lassen sich allerdings kaum in Relation zu kontextfreien Grammatiken setzen. Es ist nämlich eine einfache Übung, mit Hilfe des Pumpinglemmas zu zeigen, daß die Sprache $L = \{ww \mid w \in \{0,1\}^*\}$ nicht kontextfrei ist. Daher wird sich auch die Menge aller $w_1\#w_2$, so daß w_2 direkte Nachfolgekonfiguration von w_1 ist, kaum durch eine kontextfreie Grammatik beschreiben lassen. Dagegen ist (s. Beispiel 6.1.2) die Sprache $L' = \{w\#w^R \mid w \in \{0,1\}^*\}$ kontextfrei. Dies führt uns dazu, bei der Beschreibung eines Rechenweges jede zweite Konfiguration gespiegelt zu notieren. Damit Rechenwege für feste Eingaben eindeutig sind, vereinbaren wir, daß Konfigurationen weder mit Blankbuchstaben beginnen noch mit Blankbuchstaben enden.

6.6.3 Definition Die Sprache B_M der korrekten Rechenwege einer Turingmaschine M besteht aus allen Strings

$$w_1\#w_2^R\#w_3\#w_4^R\#\ldots w_n^R\#, \text{ falls } n \text{ gerade, und}$$

$$w_1\#w_2^R\#w_3\#w_4^R\#\ldots w_n\#, \text{ falls } n \text{ ungerade,}$$

für die alle w_i Konfigurationen sind, w_1 Anfangskonfiguration, w_n akzeptierende Konfiguration und w_{i+1} direkte Nachfolgekonfiguration von w_i für $1 \le i \le n-1$ ist.

6.6.4 Lemma Für alle Turingmaschinen M ist B_M der Durchschnitt zweier kontextfreier Sprachen L_1 und L_2, für die sich kontextfreie Grammatiken G_1 und G_2 berechnen lassen.

Beweis Kernstück des Beweises ist die Beschreibung einer kontextfreien Grammatik G für die Sprache L aller Strings $y\#z^R$, so daß z für die Turingmaschine M direkte Nachfolgekonfiguration von y ist. Da große Teile der Konfigurationen y und z übereinstimmen müssen, sollen die Regeln $S \to aSa$ für alle Bandbuchstaben $a \in \Gamma - \{B\}$ zu G gehören. Nur in der Nähe des Zustandes können sich y und z unterscheiden. Falls $\delta(q,a) = (q',b,R)$ ist, soll die Regel $S \to qaS'q'b$ zu G gehören, da $(q'b)^R = bq'$ ist. Mit der Variablen S' merken wir uns, daß links und rechts der Variablen bereits ein Zustand erzeugt wurde. Analog werden für die anderen Typen von δ-Zuweisungen Regeln zu G hinzugefügt. Schließlich gehören zu G die Regeln $S' \to aS'a$ für $a \in \Gamma$ und $S' \to \#$ als Abschlußregel. Da die Details denen im Beweis für die Unentscheidbarkeit des PKP ähneln, verzichten wir hier auf eine Wiederholung.

Analog können wir eine kontextfreie Grammatik G' für die Sprache L' aller $y^R\#z$, so daß z für M direkte Nachfolgekonfiguration von y ist, konstruieren.

Nun können wir die Abschlußeigenschaften aus Kapitel 6.5 zur Konstruktion der kontextfreien Sprachen L_1 und L_2 anwenden. Dabei folgt stets auch, daß zugehörige kontextfreie Grammatiken konstruiert werden können. So enthält (F ist die Menge akzeptierender Zustände von M)

$$L_1 = (L\#)^*(\{\varepsilon\} \cup \Gamma^* F \Gamma^* \#)$$

alle Folgen $w_1\#w_2^R\#\ldots w_{2i-1}\#w_{2i}^R\#$ und $w_1\#w_2^R\#\ldots w_{2i-1}\#w_{2i}^R\#w_{2i+1}\#$, so daß alle w_j Konfigurationen sind, w_{2j} für alle j direkte Nachfolgekonfiguration von w_{2j-1} bezogen auf die Turingmaschine M und w_{2i+1}, falls vorhanden, akzeptierende Konfiguration ist. Analog enthält

$$L_2 = q_0\Sigma^*\#(L'\#)^*(\{\varepsilon\} \cup \Gamma^* F \Gamma^* \#)$$

alle Folgen $w_1\#w_2^R\#\ldots w_{2i}^R\#$ und $w_1\#w_2^R\#\ldots w_{2i-2}^R\#w_{2i-1}\#$, so daß alle w_j Konfigurationen sind, w_1 Anfangskonfiguration, w_{2j+1} für alle j direkte Nachfolgekonfiguration von w_{2j} und w_{2i}, falls vorhanden, akzeptierende Konfiguration ist. Nach dieser Beschreibung folgt sofort, daß $L_1 \cap L_2 = B_M$ ist. □

Könnte B_M für bestimmte Turingmaschinen nicht sogar kontextfrei sein? Falls M nur höchstens einen Rechenschritt durchführt, ist dies nach unseren Überlegungen sicher der Fall. Daher ändern wir im folgenden alle Turingmaschinen so ab, daß sie auf jeder Eingabe mindestens zwei Schritte machen. Dann lassen sich die Turingmaschinen M, für die B_M kontextfrei ist, erstaunlich einfach charakterisieren.

6.6.5 Lemma Es sei M eine Turingmaschine, die auf jeder Eingabe mindestens zwei Rechenschritte durchführt. Dann ist B_M genau dann kontextfrei, wenn $L(M)$, die von M akzeptierte Sprache, endlich ist.

Beweis Falls $L(M)$ endlich ist, ist auch B_M endlich, da es für jede Eingabe genau einen Rechenweg gibt. Endliche Sprachen sind sogar regulär. Wir bemerken nur, daß es in diesem Fall auch leicht ist, eine kontextfreie Grammatik für B_M anzugeben.

Sei nun $L(M)$ unendlich. Wir nehmen an, daß B_M kontextfrei ist, und wenden Ogden's Lemma an. Sei n die Konstante aus Ogden's Lemma. Da $L(M)$ unendlich ist, enthält diese Sprache Wörter γ mit $|\gamma| \geq n$. Für ein derartiges Wort $\gamma = w_1\#w_2^R\#w_3\#\ldots$ gilt $|w_2^R| \geq n$. Wir markieren $\#w_2^R\#$. Nach Ogden's Lemma gibt es eine Zerlegung $uvwxy$ des Rechenweges, so daß vx mindestens einen markierten Buchstaben und vwx höchstens n markierte Buchstaben enthält und zusätzlich $uv^iwx^iy \in B_M$ für alle $i \geq 0$ ist. Nach Voraussetzung enthält der Rechenweg mindestens die Konfigurationen w_1, w_2 und w_3. Unsere Markierung sichert, daß Teile aus $\#w_2^R\#$ gepumpt werden, aber nicht sowohl Teile von w_1 als auch von w_3. Wenn kein Teil von w_1 gepumpt wird, ist $uv^2wx^2y \notin B_M$, da der Rechenweg für die Anfangskonfiguration w_1 eindeutig ist. Gleiches gilt, wenn beim Pumpen von Teilen von $w_1\#$ der Anfang $w_1\#$ erhalten bleibt. Es bleibt also noch der Fall zu betrachten, daß v ein Teil von w_1 ist. Dann wird das Eingabewort für große i sehr lang. Damit die richtige Nachfolgekonfiguration folgt, muß $x \neq \varepsilon$ ein Teil von w_2^R sein. Dann bleibt aber w_3 die unveränderte dritte Konfiguration, die für großes i viel zu kurz ist. Damit führt die Annahme, daß B_M kontextfrei ist, zum Widerspruch. □

Um zu gewährleisten, daß ein String zu B_M gehört, müssen wir für alle Positionen sicherstellen, daß Konfiguration und Nachfolgekonfiguration zusammengehören. Für das Komplement $\overline{B}_M$ genügt es, einen „Fehler“ im String nachzuweisen. Daher ist das folgende Ergebnis nicht überraschend.

6.6.6 Lemma Für alle Turingmaschinen M ist $\overline{B}_M$, das Komplement von B_M, eine kontextfreie Sprache, für die sich eine kontextfreie Grammatik berechnen läßt.

Beweis Wir tragen die Fehlerquellen zusammen, die dafür sorgen, daß ein String w nicht zu B_M gehört:

- w ist nicht von der Form $w_1\#w_2^R\#w_3\#w_4^R\#\ldots w_n^R\#$ für gerades n oder $w_1\#w_2^R\#w_3\#w_4^R\#\ldots w_n\#$ für ungerades n, wobei alle w_i Konfigurationen sind, w_1 eine Anfangskonfiguration und w_n eine akzeptierende Endkonfiguration ist (derartige w heißen nicht wohlgeformt).

- w ist zwar wohlgeformt, aber für ein ungerades i steht zwischen dem $(i-1)$-ten und $(i+1)$-ten Trennsymbol ein String $w_i\#w_{i+1}^R$, so daß w_{i+1} nicht die direkte Nachfolgekonfiguration von w_i ist.

- w ist zwar wohlgeformt, aber für ein gerades i steht zwischen dem $(i-1)$-ten und dem $(i+1)$-ten Trennsymbol ein String $w_i^R\#w_{i+1}$, so daß w_{i+1} nicht direkte Nachfolgekonfiguration von w_i ist.

Da die Vereinigung kontextfreier Sprachen kontextfrei ist und entsprechende kontextfreie Grammatiken konstruiert werden können, genügt es, für die oben angegebenen drei Teilsprachen kontextfreie Grammatiken zu konstruieren. Die erste Sprache ist das Komplement des regulären Ausdrucks

$$q_0\Sigma^*\#\,(\Gamma^*Q\Gamma^*\#)^*\,\Gamma^*F\Gamma^*\#$$

und damit sogar regulär.

Wir kommen zur Konstruktion einer kontextfreien Grammatik für die zweite Sprache. Die Anfangsregeln werden so aufgebaut, daß aus S alle Folgen über S_1, S_2 und S_3 konstruiert werden können, die mindestens ein S_2 und höchstens ein S_3 und dieses gegebenenfalls am Ende enthalten. Aus S_3 soll die Sprache $\Gamma^*F\Gamma^*\#$ ableitbar sein und aus S_1 die Sprache „richtiger Paare" $y\#z^R\#$, so daß z direkte Nachfolgekonfiguration von y ist. Wie diese Regeln zu gestalten sind, haben wir bereits im Beweis von Lemma 6.6.4 kennengelernt. Schließlich soll aus S_2 die Sprache „falscher Paare" $y\#z^R\#$ ableitbar sein, wobei y und z zwar Konfigurationen sind, aber z nicht direkte Nachfolgekonfiguration von y ist. Wir gehen dabei zunächst wie bei der Konstruktion der kontextfreien Grammatik für die Sprache richtiger Paare vor. Wir ermöglichen aber auch stets Regeln, die zu nicht passenden Konfigurationen führen. Nach dem ersten Fehler wird die Variablenmenge gewechselt. Es werden alle möglichen weiteren Fehler erlaubt. Eine Abschlußregel, die die Variable eliminiert, ist nur für Variablen vorgesehen, die erst nach einem Fehler erreicht werden. Die Ausgestaltung der Einzelheiten dieser Grammatik überlassen wir der Leserin und dem Leser. Die kontextfreie Grammatik für die dritte Sprache kann auf analoge Weise konstruiert werden. □

Nun sind wir für weitere Unentscheidbarkeitsbeweise vorbereitet.

6.6.7 Satz *Die folgenden Probleme sind nicht rekursiv, wobei die gegebenen Grammatiken stets kontextfrei sind.*

(1) Ist $\overline{L(G)}$, das Komplement von $L(G)$, kontextfrei?

(2) Ist $L(G_1) \cap L(G_2)$ kontextfrei?

(3) Ist $L(G) = T^*$?

(4) Ist $L(G_1) = L(G_2)$?

(5) Ist $L(G_1) \subseteq L(G_2)$?

Beweis (1) Wir nehmen an, daß es eine Turingmaschine M' gibt, die für G entscheidet, ob $\overline{L(G)}$ kontextfrei ist. Daraus konstruieren wir im Widerspruch zum Satz von Rice eine Turingmaschine M'', die für $\langle M \rangle$ entscheidet, ob $L(M)$ endlich ist. Dabei können wir uns o. B. d. A. auf Turingmaschinen beschränken, die auf jeder Eingabe mindestens zwei Rechenschritte durchführen. Die Turingmaschine M'' berechnet für die Eingabe $\langle M \rangle$ mit Hilfe von Lemma 6.6.6 eine kontextfreie Grammatik G_M für $\overline{B}_M$. Dann simuliert M'' die Turingmaschine M' auf der Eingabe G_M und entscheidet somit, ob $B_M = \overline{L(G_M)}$ kontextfrei ist. Nach Lemma 6.6.5 ist dies äquivalent zu der Entscheidung, ob $L(M)$ endlich ist.

(2) Wir nehmen an, daß es eine Turingmaschine M' gibt, die für G_1 und G_2 entscheidet, ob $L(G_1) \cap L(G_2)$ kontextfrei ist. Die Turingmaschine M'' soll auf Eingaben $\langle M \rangle$ folgendermaßen arbeiten. Mit Hilfe von Lemma 6.6.4 konstruiert sie kontextfreie Grammatiken $G_{1,M}$ und $G_{2,M}$, so daß $L(G_{1,M}) \cap L(G_{2,M}) = B_M$ ist. Dann simuliert sie M' auf $G_{1,M}$ und $G_{2,M}$. Damit entscheidet sie, ob B_M kontextfrei ist, und damit, ob $L(M)$ endlich ist. Wir erhalten den gleichen Widerspruch wie im Beweis von (1).

(3) Wir nehmen an, daß es eine Turingmaschine M' gibt, die für G entscheidet, ob $L(G) = T^*$ ist. Wir konstruieren daraus im Widerspruch zum Satz von Rice eine Turingmaschine M'', die für $\langle M \rangle$ entscheidet, ob $L(M) = \emptyset$ ist. Die Turingmaschine M'' berechnet für $\langle M \rangle$ zunächst mit Hilfe von Lemma 6.6.6 eine kontextfreie Grammatik G_M für $\overline{B}_M$. Dann simuliert sie M' auf G_M und entscheidet, ob $\overline{B}_M = L(G_M) = (\Gamma \cup \{\#\})^*$ ist. Dies ist äquivalent zu der Entscheidung, ob $B_M = \emptyset$ und damit $L(M) = \emptyset$ ist.

(4) und (5) Bereits der Spezialfall, daß $L(G_1) = T^*$ ist, ist nicht rekursiv, da wir dann entscheiden müssen, ob $L(G_2) = T^*$ ist. □

6.7 Eine inhärent mehrdeutige kontextfreie Sprache

Zum Abschluß dieses Kapitels wollen wir für eine kontextfreie Sprache explizit nachweisen, daß sie inhärent mehrdeutig ist. Wir untersuchen in diesem Abschnitt die Sprache

$$L = \{a^i b^j c^k \mid i = j \text{ oder } j = k\}.$$

Diese Sprache ist kontextfrei, sie läßt sich als Vereinigung von $L' = \{a^i b^i \mid i \geq 0\}\{c\}^*$ und $L'' = \{a\}^*\{b^i c^i \mid i \geq 0\}$ beschreiben. Die Sprachen L' und L'' sind als Konkatenation kontextfreier Sprachen selber kontextfrei.

Der Schnitt von L' und L'' ist jedoch nicht kontextfrei, es ist die Sprache $\{a^i b^i c^i \mid i \geq 0\}$. Intuitiv glauben wir daher, daß es Wörter aus diesem Teil der Sprache L geben muß, für die es mehrere Syntaxbäume gibt. Wir wollen also für eine beliebige kontextfreie Grammatik G für L ein m finden, so daß es für $a^m b^m c^m$ zwei Syntaxbäume bzgl. G gibt. Der eine Syntaxbaum wird auf Regeln basieren, die testen, ob die Anzahl der Buchstaben a und b gleich ist, während der andere Syntaxbaum auf Regeln basiert, die testen, ob die Anzahl der Buchstaben b und c gleich ist.

Es ist leicht zu sehen, daß der in Kapitel 6.2 beschriebene Algorithmus für die Umwandlung einer kontextfreien Grammatik in eine Grammatik in Chomsky-Normalform eine eindeutige Grammatik erzeugt, wenn die gegebene Grammatik eindeutig ist. Wir können daher annehmen, daß G in Chomsky-Normalform ist.

Sei $n \geq 4$ mindestens so groß wie die Konstante aus Ogden's Lemma für die Sprache L. Wir betrachten zunächst das Wort $z = a^n b^n c^{n+n!} \in L$ und markieren alle Buchstaben a. Sei nun $z = uvwxy$ die nach Ogden's Lemma existierende Zerlegung. Da $uv^i wx^i y \in L$ für alle $i \geq 0$ ist, gilt $v, x \in a^* \cup b^* \cup c^*$. Wegen unserer Wahl der Markierung besteht mindestens eines der Wörter v oder x nur aus Buchstaben a.

1. Fall $x \in a^*$. Dann ist $vx = a^p$ mit $1 \leq p \leq n$. Aber dann ist $uv^2wx^2y = a^{n+p}b^n c^{n+n!} \notin L$ im Widerspruch zu Ogden's Lemma.

2. Fall $x \in c^*$. Dann ist $v \in a^+$, also $v = a^p$ mit $1 \leq p \leq n$. Wieder ist $uv^2wx^2y \notin L$ im Widerspruch zu Ogden's Lemma.

3. Fall $x \in b^*$, d. h. $x = b^j$ mit $0 \leq j \leq n$. Dann ist $v = a^p$ mit $1 \leq p \leq n$. Damit $uv^2wx^2y = a^{n+p}b^{n+j}c^{n+n!} \in L$ ist, muß $j = p$ sein.

Damit muß es innerhalb von G (siehe den Beweis von Ogden's Lemma) die folgende Ableitung für eine Variable A geben:

$$S \stackrel{*}{\rightarrow} uAy \stackrel{*}{\rightarrow} uv^kAx^ky \stackrel{*}{\rightarrow} uv^kwx^ky \in L.$$

Für den oben konstruierten Wert p gilt $1 \leq p \leq n$. Sei $k = \frac{n!}{p} + 1$. Dann ist

$$uv^kwx^ky = a^{n+n!}b^{n+n!}c^{n+n!}.$$

Wir haben also einen Syntaxbaum für $a^{n+n!}b^{n+n!}c^{n+n!}$ gefunden, in dem $A \stackrel{*}{\rightarrow} v^kwx^k$ gilt und wobei in diesem Teil der Ableitung aus A nur die Buchstaben a und b erzeugt werden.

Wir führen nun die gleichen Überlegungen durch, indem wir mit dem Wort $z' = a^{n+n!}b^n c^n \in L$ starten. Wir erhalten auf gleiche Weise einen Syntaxbaum für $a^{n+n!}$ $b^{n+n!}c^{n+n!}$, in dem aus der Variablen B, die in diesen Überlegungen die Rolle von A übernimmt, nur die Buchstaben b und c abgeleitet werden. Wenn die gegebene Grammatik G eindeutig ist, sind die beiden Syntaxbäume isomorph. Da der Teilbaum mit Wurzel A, der v^kwx^k erzeugt, a-Blätter und keine c-Blätter enthält, während der entsprechende Teilbaum mit Wurzel B c-Blätter und keine a-Blätter enthält, liegen diese beiden Knoten in dem Syntaxbaum nicht auf demselben Weg. Es gibt also eine Ableitung gemäß diesem Syntaxbaum, die folgendermaßen aussieht:

$$S \xrightarrow{*} t_1 A t_2 B t_3 \text{ mit } t_1, t_2, t_3 \in T^*.$$

Außerdem gilt

$$A \xrightarrow{*} v^k w x^k \text{ für } k \geq 0,\ v = a^p \text{ und } x = b^p \text{ für ein } p > 0.$$

Analog gilt

$$B \xrightarrow{*} (v')^k w' (x')^k \text{ für } k \geq 0,\ v' = b^q \text{ und } x' = c^q \text{ für ein } q > 0.$$

Es folgt

$$S \xrightarrow{*} t_1 a^{pk} w b^{pk} t_2 b^{qk} w' c^{qk} t_3 \in L.$$

Jede Erhöhung von k erhöht die Zahl der a-Buchstaben um p, die Zahl der b-Buchstaben um $p+q$ und die Zahl der c-Buchstaben um q. Für genügend großes k ist die Zahl der b-Buchstaben sowohl größer als die Zahl der a-Buchstaben als auch größer als die Zahl der c-Buchstaben. Dies steht im Widerspruch dazu, daß die so erzeugten Wörter alle in L liegen. Wir haben also folgendes Resultat bewiesen.

6.7.1 Satz *Die Sprache $L = \{a^i b^j c^k \mid i = j \text{ oder } j = k\}$ ist inhärent mehrdeutig.*

Übungen

1.) Konstruiere eine kontextfreie Grammatik für die Sprache $L = \{a^i b^j c^k \mid i \neq j \text{ oder } j \neq k\}$.

2.) Die kontextfreie Grammatik $G = (V, \Sigma, P, S)$ sei gegeben durch $V = \{S\}$, $\Sigma = \{a, b\}$ und die Ableitungsregeln $S \to \varepsilon$, $S \to aS$ und $S \to aSbS$. Beschreibe $L(G)$ in Worten.

3.) Konstruiere eine kontextfreie Grammatik für die Menge aller arithmetischen Ausdrücke über $\{+, *, a, (,)\}$, wobei die Ausdrücke keine überflüssigen Klammern enthalten und die Regel „Punktrechnung geht vor Strichrechnung“ beachtet wird.

4.) Sei $G = (V, \Sigma, P, S)$ eine kontextfreie Grammatik mit m Variablen. Wenn alle rechten Seiten von Ableitungsregeln höchstens k Zeichen enthalten ($k > 1$) und ε zu $L(G)$ gehört, dann kann ε aus S in höchstens $(k^m - 1)/(k - 1)$ Schritten abgeleitet werden. Gib eine kontextfreie Grammatik an, in der so viele Schritte gebraucht werden.

5.) Gibt es für kontextfreie Sprachen, die ε nicht enthalten, stets eine kontextfreie Grammatik der folgenden Normalform? Alle Ableitungsregeln sind von der Form $A \rightarrow a$ oder $A \rightarrow BCD$, wobei $a \in \Sigma$ und $A, B, C, D \in V$ sind.

6.) Die Sprache $L = \{ww \mid w \in \{0,1\}^*\}$ ist nicht kontextfrei.

7.) Welche der folgenden Sprachen sind kontextfrei?

a) $\{a^i b^j \mid j = i^2\}$.

b) $\{a^i b^j \mid i = j \text{ oder } i = 2j\}$.

c) $\{a^n b^n c^i \mid i \neq n\}$.

d) $\{a^n b^{n!} \mid n \geq 1\}$.

e) $\{a^i b^k c^m \mid i + k = m\}$.

8.) Wenn im Beweis des Satzes 6.5.2 zur Erkennung der Menge der nutzlosen Variablen die beiden Hauptschritte in ihrer Reihenfolge vertauscht werden, erkennt der entstehende Algorithmus ebenfalls die Menge der nutzlosen Variablen?

9.) Wie effizient können Terminalzeichen, die in keinem Wort aus $L(G)$ vorkommen, erkannt werden?

10.) Die Sprache aller Paare (G_1, G_2) kontextfreier Grammatiken mit $L(G_1) \neq L(G_2)$ ist rekursiv aufzählbar.

11.) Sei G in Chomsky-Normalform.

a) Sei $L(G)$ endlich. Gib eine obere Schranke für die Länge des längsten Wortes in $L(G)$ an.

b) Sei $L(G)$ unendlich. Gib eine obere Schranke für die Länge des kürzesten Wortes in $L(G)$ an.

c) Helfen die Ergebnisse aus a) und b) beim Entwurf eines effizienten Algorithmus, der testen soll, ob $L(G)$ endlich ist?

12.) Ist es für eine kontextfreie Grammatik G und eine reguläre Grammatik G' entscheidbar, ob $L(G) = L(G')$ ist?

13.) Ist es für eine kontextfreie Grammatik G und eine reguläre Grammatik G' entscheidbar, ob $L(G') \subseteq L(G)$ ist?

14.) Vervollständige den Beweis von Lemma 6.6.4.

15.) Vervollständige den Beweis von Lemma 6.6.6.

7 Kellerautomaten und kontextfreie Sprachen

7.1 Die Greibach-Normalform für kontextfreie Grammatiken

Für die Klasse rekursiv aufzählbarer und die Klasse regulärer Sprachen haben wir zunächst maschinenorientierte Definitionen benutzt und erst später zugehörige Grammatiken kennengelernt. Die Klasse kontextfreier Sprachen ist dagegen, da sie eine Basis zur Entwicklung von Programmiersprachen bilden soll, durch kontextfreie Grammatiken definiert worden. Da wir aber bereits die vielen Vorteile einer maschinenorientierten Sichtweise kennengelernt haben, wollen wir ein Maschinenmodell, das genau die kontextfreien Sprachen akzeptieren kann, entwickeln.

Da die Klasse der kontextfreien Sprachen zwischen der Klasse der regulären und der Klasse der kontextsensitiven Sprachen angesiedelt ist, müssen die zugehörigen Maschinen mehr können als DFA's und weniger als linear bandbeschränkte Turingmaschinen. DFA's können die Eingabe nur von links nach rechts lesen und haben nur einen endlichen Speicher. Linear bandbeschränkte Turingmaschinen können verschiedene Spuren des Bandes als linearen Speicher benutzen. Ein Zwischenmodell könnte so aussehen, daß die Eingabe zwar nur von links nach rechts gelesen werden kann, aber ein spezieller Speicher zur Verfügung steht, der nicht endlich, aber schwächer als ein lineares Band ist. Um die Speicherstruktur zu motivieren, leiten wir zunächst eine weitere Normalform kontextfreier Grammatiken ab. Diese soll auf das andiskutierte Maschinenmodell hinführen und daher die Wörter von links nach rechts so erzeugen, daß in jedem Ableitungsschritt genau ein Terminalzeichen erzeugt wird (Greibach (1965)).

7.1.1 Definition Eine kontextfreie Grammatik ist in Greibach-Normalform, wenn alle Ableitungsregeln von der Form $A \to a\alpha$ mit $A \in V$, $a \in T$ und $\alpha \in V^*$ sind.

Wir beschränken uns wieder auf kontextfreie Sprachen, die das leere Wort nicht enthalten, da Grammatiken in Greibach-Normalform offensichtlich nicht in der Lage sind, das leere Wort zu erzeugen. Dies ist aber keine wesentliche Einschränkung.

7.1.2 Satz *Es sei G eine kontextfreie Grammatik für eine Sprache L, die das leere Wort nicht enthält. Es gibt einen Algorithmus, der aus G eine kontextfreie Grammatik G′ in Greibach-Normalform konstruiert, so daß $L(G') = L$ ist.*

Beweis Wir stellen zunächst zwei Methoden vor, um Regeln durch andere Regeln zu ersetzen, ohne die von der Grammatik erzeugte Sprache zu verändern.

Methode 1: Sei $A \to \alpha_1 B \alpha_2$ eine Regel und seien $B \to \beta_1, \ldots, B \to \beta_r$ alle Regeln mit linker Seite B. Dann kann die Regel $A \to \alpha_1 B \alpha_2$ durch die Regeln $A \to \alpha_1 \beta_1 \alpha_2, \ldots, A \to \alpha_1 \beta_r \alpha_2$ ersetzt werden.

Methode 2: Sei $A \to A\alpha_1, \ldots, A \to A\alpha_r$ und $A \to \beta_1, \ldots, A \to \beta_s$, wobei die Strings β_i nicht mit A beginnen, die Aufzählung aller Regeln mit linker Seite A. Sei B eine neue Variable. Dann können die Regeln $A \to A\alpha_1, \ldots, A \to A\alpha_r$ ersetzt werden durch die Regeln $A \to \beta_1 B, \ldots, A \to \beta_s B,\ B \to \alpha_1, \ldots, B \to \alpha_r, B \to \alpha_1 B, \ldots, B \to \alpha_r B$.

Die Korrektheit der ersten Methode ist offensichtlich. Zum Nachweis der Korrektheit der zweiten Methode betrachten wir alle Linksableitungen von A bis zum ersten Wort, das nicht mit A beginnt und kein B enthält. Vor und nach Anwendung der zweiten Ersetzungsmethode sind dies genau alle Wörter von der Form $\beta_j \alpha_{i(1)} \cdots \alpha_{i(t)}$.

Nun kommen wir zur Umformung der gegebenen Grammatik G, von der wir nach den Ergebnissen aus Kapitel 6.2 annehmen können, daß sie in Chomsky-Normalform ist. Wir numerieren die Variablen mit $A_1, \ldots, A_m$ und die Terminalbuchstaben mit $a_1, \ldots, a_n$. Also sind alle Regeln von der Form $A_i \to A_j A_k$ oder $A_i \to a_j$. Die Grammatik in Greibach-Normalform wird zusätzlich die Variablen $B_1, \ldots, B_m$ benutzen. Die Variablenmenge $\{A_1, \ldots, A_m, B_1, \ldots, B_m\}$ bezeichnen wir mit V'.

Wir geben nun sechs Eigenschaften von Grammatiken an, von denen die gegebene Grammatik die ersten fünf erfüllt. Die sechste Eigenschaft ist das Ziel des ersten Schrittes unserer Umformung. Wir stellen in den Zwischenschritten sicher, daß die ersten fünf Eigenschaften erfüllt bleiben.

E1: Für alle Regeln, deren rechte Seite mit einer Variablen beginnt, besteht die rechte Seite nur aus Variablen.

E2: Für alle Regeln, deren rechte Seite mit einer Variablen beginnt, ist dies eine A-Variable.

E3: Terminalzeichen kommen in Regeln auf der rechten Seite nur als erste Zeichen vor.

E4: Beginnt die rechte Seite einer A-Regel mit einer A-Variablen, dann beginnt sie sogar mit zwei A-Variablen.

E5: Für alle B-Regeln besteht die rechte Seite nur aus Variablen.

E6: Für alle Regeln $A_i \to A_j\alpha$ ist $j > i$.

Die ersten fünf Eigenschaften sind für die gegebene Grammatik in Chomsky-Normalform erfüllt. Dabei ist E5 erfüllt, weil es gar keine B-Regeln gibt.

Wir wollen E6 durch mehrmalige Anwendung unserer beiden Methoden erreichen, wobei E1 – E5 jeweils erhalten bleiben sollen. Dabei gehen wir folgendermaßen vor:

Ersetze alle $A_1 \to A_1\alpha$-Regeln nach Methode 2.
Ersetze alle $A_2 \to A_1\alpha$-Regeln nach Methode 1.
Ersetze alle $A_2 \to A_2\alpha$-Regeln nach Methode 2.
Ersetze alle $A_3 \to A_1\alpha$-Regeln nach Methode 1.
Ersetze alle $A_3 \to A_2\alpha$-Regeln nach Methode 1.
Ersetze alle $A_3 \to A_3\alpha$-Regeln nach Methode 2, usw.

Insgesamt wird also Methode 1 $\binom{m}{2}$-mal und Methode 2 m-mal aufgerufen. Die Reihenfolge der Regelersetzungen ist wichtig. Bei der Ersetzung der $A_3 \to A_1\alpha$-Regeln entstehen z. B. neue $A_3 \to A_2\alpha'$- und $A_3 \to A_3\alpha''$-Regeln.

Nach Ersetzung der $A_k \to A_j\alpha$-Regeln für $j < k$ gilt E6 für alle $i < k$, und für alle $A_k \to A_l\alpha$-Regeln gilt $l > j$. Nach Ersetzung der $A_k \to A_k\alpha$-Regeln gilt E6 für alle $i \leq k$. Bei Anwendung von Methode 1 bleiben E1 – E5 erhalten. Nach Anwendung von Methode 2 auf die $A_k \to A_k\alpha$-Regeln sind die neuen Regeln vom Typ $A_k \to \beta_i B_k$, $B_k \to \alpha_i$ und $B_k \to \alpha_i B_k$. Da die Strings β_i bereits vorher rechte Seiten von Regeln waren, erfüllen die Regeln $A_k \to \beta_i B_k$ die Eigenschaften E1 – E5. Zuvor war $A_k\alpha_i$ die rechte Seite einer Regel. Wegen E4 beginnt α_i mit einer A-Variablen. Die Regeln $B_k \to \alpha_i$ und $B_k \to \alpha_i B_k$ erfüllen somit E1 – E3 und E5. Außerdem bleibt E4 erfüllt, da diese für B-Regeln nichts fordert. Da β_i nicht mit A_k begann, gilt nun für alle Regeln $A_k \to A_j\alpha$, daß $j > k$ ist. Am Ende des Algorithmus erfüllt die neue Grammatik E1 – E6.

Es sind nun alle Regeln von der Form $A \to a\alpha$ oder $A \to \alpha$ mit $\alpha \in (V')^*$. Es wurden auch keine ε-Regeln oder Kettenregeln erzeugt. Für die Regeln $A \to \alpha$ ist also $|\alpha| \geq 2$.

Wegen E2 und E6 gibt es keine Regeln vom Typ $A_m \to \alpha$. Alle Regeln $A_{m-1} \to \alpha$ beginnen wegen E2 und E6 mit A_m. Nachdem wir die störenden Regeln nach Methode 1 entfernt haben, sind E1 – E6 weiterhin erfüllt. Alle A_{m-1}-Regeln sind vom gewünschten Typ $A \to a\alpha$. Auf gleiche Weise behandeln wir die $A_k \to \alpha$-Regeln für fallendes k. Wenn wir die $A_k \to \alpha$-Regeln behandeln, beginnen die störenden rechten Seiten mit Variablen A_i und $i > k$, während alle A_i-Regeln bereits von der gewünschten Form $A_i \to a\alpha$ sind. Nach Ersetzung der $A_k \to \alpha$-Regeln nach Methode 1 sind auch die A_k-Regeln von der gewünschten Form $A_k \to a\alpha$. Schließlich sind alle

A-Regeln von der gewünschten Form. Wegen E2 und E5 beginnen alle B-Regeln mit einer A-Variablen. Nachdem sie nach Methode 1 ersetzt worden sind, haben auch sie die gewünschte Form. Die Grammatik ist nun in Greibach-Normalform, ohne daß wir die erzeugte Sprache verändert haben. □

Bei diesem Algorithmus kann die Größe der Grammatik gewaltig wachsen.

7.1.3 Beispiel Sei $V = \{A_1, A_2, A_3\}$, $T = \{a, b\}$, $S = A_1$. P enthalte die folgenden fünf Regeln.
R1: $A_1 \to A_2A_3$ *R2*: $A_2 \to A_3A_1$ *R3*: $A_2 \to b$ *R4*: $A_3 \to A_1A_2$ *R5*: $A_3 \to a$

Diese Grammatik wollen wir in Greibach-Normalform umformen. Glücklicherweise erfüllen die A_1- und A_2-Regeln bereits E6. R4 wird nach Methode 1 ersetzt durch *R6*: $A_3 \to A_2A_3A_2$. Die neu entstandene störende Regel wird wieder nach Methode 1 ersetzt durch *R7*: $A_3 \to A_3A_1A_3A_2$ und *R8*: $A_3 \to bA_3A_2$.

Nun wird die Regel R7 nach Methode 2 ersetzt durch *R9*: $A_3 \to aB_3$, *R10*: $A_3 \to bA_3A_2B_3$, *R11*: $B_3 \to A_1A_3A_2$ und *R12*: $B_3 \to A_1A_3A_2B_3$.

Am Ende des ersten Schrittes haben wir die Regelmenge R1 - R3, R5, R8 - R12 erhalten. Darunter haben R3, R5 und R8 - R10 die gewünschte Form, also, wie behauptet, alle A_3-Regeln. Unter den A_2-Regeln ist nur R2 nicht von der gewünschten Form. Sie wird ersetzt durch *R13*: $A_2 \to aB_3A_1$ (aus R9), *R14*: $A_2 \to bA_3A_2A_1$ (aus R8), *R15*: $A_2 \to aA_1$ (aus R5), *R16*: $A_2 \to bA_3A_2B_3A_1$ (aus R10). Unter den A_1-Regeln muß noch R1 ersetzt werden. Es entstehen die Regeln R17 - R21. Schließlich müssen die beiden B-Regeln R11 und R12 ersetzt werden. Wir erhalten die folgende Grammatik in Greibach-Normalform mit 24 Regeln.

R3:	$A_2 \to b$	*R5*:	$A_3 \to a$
R8:	$A_3 \to bA_3A_2$	*R9*:	$A_3 \to aB_3$
R10:	$A_3 \to bA_3A_2B_3$	*R13*:	$A_2 \to aB_3A_1$
R14:	$A_2 \to bA_3A_2A_1$	*R15*:	$A_2 \to aA_1$
R16:	$A_2 \to bA_3A_2B_3A_1$	*R17*:	$A_1 \to bA_3$
R18:	$A_1 \to aB_3A_1A_3$	*R19*:	$A_1 \to bA_3A_2A_1A_3$
R20:	$A_1 \to aA_1A_3$	*R21*:	$A_1 \to bA_3A_2B_3A_1A_3$
R22:	$B_3 \to bA_3A_3A_2$	*R23*:	$B_3 \to aB_3A_1A_3A_3A_2$
R24:	$B_3 \to bA_3A_2A_1A_3A_3A_2$	*R25*:	$B_3 \to aA_1A_3A_3A_2$
R26:	$B_3 \to bA_3A_2B_3A_1A_3A_3A_2$	*R27*:	$B_3 \to bA_3A_3A_2B_3$
R28:	$B_3 \to aB_3A_1A_3A_3A_2B_3$	*R29*:	$B_3 \to bA_3A_2A_1A_3A_3A_2B_3$
R30:	$B_3 \to aA_1A_3A_3A_2B_3$	*R31*:	$B_3 \to bA_3A_2B_3A_1A_3A_3A_2B_3$

Der soeben vorgestellte Algorithmus beantwortet nicht die Frage, wie groß die kürzeste Grammatik in Greibach-Normalform für eine gegebene kontextfreie Grammatik sein muß. Wir wollen daher einen weiteren Algorithmus zur Umformung von Grammatiken in Greibach-Normalform kennenlernen, mit dem wir diese Frage zumindest fast beantworten können. Dabei werden wir eine interessante und häufig nützliche strukturelle Darstellung von Grammatiken und Sprachen kennenlernen.

In der Mathematik dienen Potenzreihen der Darstellung und Approximation wichtiger Funktionen. In der Informatik werden sie als erzeugende Funktionen zur Analyse von Algorithmen benutzt. Hier betrachten wir formale Potenzreihen, d. h. wir wollen die Variablen nicht später durch Zahlen ersetzen. Für unser endliches Alphabet T stehen die Wörter in T^* als Summanden zur Verfügung. Dabei ist $w_1 \dots w_n$ das formale Produkt der Buchstaben (oder Variablen) $w_1, \dots, w_n$. Die Multiplikation entspricht somit der Konkatenation und ist assoziativ, aber nicht kommutativ.

7.1.4 Definition Für eine Funktion $\varphi : T^* \to \mathbb{N}_0$ bildet

$$\Phi = \sum_{w \in T^*} \varphi(w) w$$

eine formale Potenzreihe. Die Sprache L aller w mit $\varphi(w) \neq 0$ heißt Träger der Potenzreihe.

Wenn wir für eine Sprache $L \subseteq T^*$ die Funktion φ so definieren, daß $\varphi(w) = 0$, falls $w \notin L$, und $\varphi(w) = 1$, falls $w \in L$ ist, erhalten wir die sogenannte charakteristische Potenzreihe der Sprache L. Die Motivation für die Betrachtung dieser Potenzreihen beruht auf der Hoffnung, daß wir aus Grammatiken für L Potenzreihen ableiten können, wobei φ Strukturmerkmale ausdrückt. So könnte z. B. $\varphi(w)$ die Zahl der Syntaxbäume für w sein. Dann haben wir neue Möglichkeiten, über die Mehrdeutigkeit von Grammatiken zu reden. Wir setzen im folgenden stets $\varphi(\varepsilon) = 0$ voraus.

Mit Potenzreihen läßt sich (zumindest formal) gut rechnen. Für $\varphi_1, \varphi_2 : T^* \to \mathbb{N}_0$ definieren wir für $w \in T^*$

$$\begin{aligned} (\varphi_1 + \varphi_2)(w) &:= \varphi_1(w) + \varphi_2(w), \\ (\varphi_1 \varphi_2)(w) &:= \sum_{w = w_1 w_2} \varphi_1(w_1) \varphi_2(w_2) \text{ und} \\ \varphi^+(w) &:= \lim_{m \to \infty} \sum_{1 \leq k \leq m} \varphi^k. \end{aligned}$$

Mit diesen Operationen können wir die Kleene Operationen nachempfinden. Der Summe entspricht die Vereinigung. Wenn wir zwei Grammatiken G_1 und G_2 mit Hilfe der neuen Startvariablen S und den beiden neuen Regeln $S \to S_1$ und $S \to S_2$ „vereinigen“, erhalten wir eine Potenzreihe für $L(G_1) \cup L(G_2)$, wobei sich die Anzahlen der Syntaxbäume addieren. Dem Produkt entspricht auf analoge Weise die Konkatenation. Schließlich ist $\varphi^+(w)$ wohldefiniert und stellt L^+ dar.

Wir kommen nun zu unserem eigentlichen Problem. Aus einer kontextfreien Grammatik G wollen wir eine formale Potenzreihe herleiten, deren Träger gerade die von G erzeugte Sprache L darstellt. Unser Ziel ist noch etwas weitreichender: $\varphi(w)$ soll die Zahl der Syntaxbäume für w bzgl. G sein. Wir nehmen dabei an, daß die Grammatik reduziert und separiert ist, d. h. sie enthält weder ε-Regeln noch Kettenregeln, und die rechten Seiten enthalten entweder nur Variablen oder nur ein Terminalzeichen. Dadurch stellen wir sicher, daß alle Ableitungen von Wörtern der Länge m höchstens $2m-1$ Regelanwendungen benutzen.

Die Variablen unserer Grammatik bezeichnen wir mit $A_1, \ldots, A_n$, wobei A_1 die Startvariable ist. Es seien $\alpha_1^i, \ldots, \alpha_{r(i)}^i$ die rechten Seiten der A_i-Regeln. Die formale Summe

$$\alpha_1^i + \ldots + \alpha_{r(i)}^i$$

bezeichnen wir mit β_i. Die formale Summe φ_i^k soll beschreiben, welche Wörter in T^* aus A_i mit Syntaxbäumen der Tiefe k ableitbar sind. Daher setzen wir für alle i

$$\varphi_i^0 \equiv 0.$$

Für die Konstruktion von φ_i^k schreiben wir zunächst den Ausdruck β_i hin und ersetzen dann jedes Vorkommen von A_j durch φ_j^{k-1}. Anschließend wird ausmultipliziert und zusammengefaßt. Der Ausdruck β_i enthält alle Syntaxbäume der Tiefe 1 mit Wurzel A_i. Wir ersetzen dann nach Induktionsvoraussetzung alle Variablen A_j durch die Wörter, die aus ihnen in Syntaxbäumen der Tiefe höchstens $k-1$ ableitbar sind. Insgesamt erhalten wir für jedes Wort w die Zahl der Syntaxbäume für w, deren Tiefe durch k beschränkt ist. Mit

$$\varphi := \lim_{k\to\infty} \varphi_1^k$$

erhalten wir die gewünschte Darstellung der Sprache L. Dabei ist für Wörter w bereits $\varphi(w) = \varphi_1^{2|w|-1}(w)$, da w keine Syntaxbäume größerer Tiefe hat.

Diese neue Betrachtungsweise kontextfreier Sprachen und Grammatiken ermöglicht einen neuen Algorithmus zur Erzeugung einer Grammatik in Greibach-Normalform aus einer reduzierten und separierten kontextfreien Grammatik G (Rosenkrantz (1967)). Wir stellen die gegebene Grammatik G durch Gleichungen dar. Für jede Variable A_i entsteht eine Gleichung mit linker Seite A_i und einer rechten Seite, die die formale Summe aller rechten Seiten der A_i-Regeln ist. Wir greifen auf das Beispiel 7.1.3 zurück. Es entstehen die folgenden Gleichungen:

$$\begin{aligned} A_1 &= A_2A_3 \\ A_2 &= A_3A_1 + b \\ A_3 &= A_1A_2 + a \end{aligned}$$

Für den Vektor A aller Variablen wollen wir diese Gleichungen zu einer Matrixgleichung

$$A = B + AD$$

zusammenfassen, wobei die Einträge in B formale Summen von Buchstaben aus T und die Einträge in D formale Summen von Wörtern in V^* sind. Dabei ist die leere Summe $\emptyset$ zugelassen. Es gilt $\emptyset X = \emptyset$. Diese Darstellung ist offensichtlich immer möglich. In unserem Beispiel ergibt sich

$$(A_1, A_2, A_3) = (\emptyset, b, a) + (A_1, A_2, A_3) \begin{pmatrix} \emptyset & \emptyset & A_2 \\ A_3 & \emptyset & \emptyset \\ \emptyset & A_1 & \emptyset \end{pmatrix}$$

Wie schon im Beweis zu Satz 7.1.2 gezeigt, können wir, ohne die beschriebene Sprache zu verändern, jedes Vorkommen von A_i wieder durch die rechte Seite der A_i-Gleichung ersetzen. Wir führen dies für den gesamten Vektor A in der Gleichung $A = B + AD$ durch und erhalten den Ausdruck

$$A = B + (B + AD)D = B + BD + AD^2$$

für unsere Sprache. Zunächst waren nur die Regeln, die B darstellt, in Greibachform, nun gilt dies auch für die durch BD dargestellten Regeln. Mit einer einfachen Induktion erhalten wir folgende Darstellung

$$A = B + BD + BD^2 + \ldots + BD^{k-1} + AD^k$$

für unsere Sprache $L = L(G)$. Die hierdurch beschriebene Grammatik wird mit G_k bezeichnet. Mit G'_k bezeichnen wir die durch

$$A = B + BD + BD^2 + \ldots + BD^{k-1}$$

beschriebene Grammatik. Da diese Grammatik nur eine Teilmenge der Regeln von G_k enthält, gilt

$$L(G'_k) \subseteq L(G_k) = L(G).$$

Wir führen nun n^2 neue Variablen Y_{ij}, $1 \leq i, j \leq n$ ein, die wir in einer quadratischen Matrix $Y = (Y_{ij})$ darstellen. Hiermit bilden wir die Grammatik H, die durch

$$\begin{aligned} A &= B + BY \\ Y &= D + DY \end{aligned}$$

dargestellt wird.
Die Grammatik H_k sei dargestellt durch:

$$\begin{aligned} A &= B + BD + \ldots + BD^{k-1} + BD^{k-1}Y \\ Y &= D + DY. \end{aligned}$$

Da wir H_k durch mehrfaches Ersetzen von Y aus der Grammatik H erhalten, ist $L(H) = L(H_k)$. Andererseits enthält H_k alle Regeln von G'_k, also gilt

$$L(G'_k) \subseteq L(H_k) = L(H).$$

7.1.5 Lemma Mit den obigen Bezeichnungen gilt $L(G) = L(H)$.

Beweis Die Grammatiken G_k für die Sprache $L(G)$ und H_k haben die formale Summe $B + BD + \ldots + BD^{k-1}$ gemeinsam. Alle Einträge in AD^k und $BD^{k-1}Y$ haben Länge $k+1$. Da wir keine ε- und Kettenregeln haben, kommen diese Wörter in Ableitungen von Wörtern w mit höchstens k Buchstaben nicht vor. Ein Wort w mit höchstens k Buchstaben gehört also genau dann zu $L(H)$ bzw. $L(G)$, wenn es aus $B + BD + \ldots + BD^{k-1}$ erzeugt werden kann. □

Wir benutzen nun die Grammatik H, die durch

$$\begin{aligned} A &= B + BY \\ Y &= D + DY \end{aligned}$$

gegeben ist. Was haben wir bisher gewonnen? Alle A-Regeln sind bereits in Greibachform, und alle Y-Regeln beginnen mit A-Variablen. Analog zum Beweis von Satz 7.1.2 können die Y-Regeln durch einmaliges Ersetzen nach Methode 1 in die passende Form gebracht werden. Wir wollen dies jedoch in der neuen Notation noch einmal durchführen.

Mit $D^{(i)}$ und $Y^{(i)}$ bezeichnen wir die i-ten Zeilen von D und Y. Da alle Einträge in D mit einer A-Variablen beginnen, gibt es quadratische Matrizen T_i, so daß gilt

$$D^{(i)} = AT_i.$$

In unserem Beispiel ist

$$\begin{aligned} D^{(1)} &= (\emptyset, \emptyset, A_2) = (A_1, A_2, A_3) \begin{pmatrix} \emptyset & \emptyset & \emptyset \\ \emptyset & \emptyset & \varepsilon \\ \emptyset & \emptyset & \emptyset \end{pmatrix} \\ D^{(2)} &= (A_3, \emptyset, \emptyset) = (A_1, A_2, A_3) \begin{pmatrix} \emptyset & \emptyset & \emptyset \\ \emptyset & \emptyset & \emptyset \\ \varepsilon & \emptyset & \emptyset \end{pmatrix} \\ D^{(3)} &= (\emptyset, A_1, \emptyset) = (A_1, A_2, A_3) \begin{pmatrix} \emptyset & \varepsilon & \emptyset \\ \emptyset & \emptyset & \emptyset \\ \emptyset & \emptyset & \emptyset \end{pmatrix} \end{aligned}$$

Aus $Y = D + DY$ erhalten wir allgemein

$$Y^{(i)} = D^{(i)} + D^{(i)}Y \qquad (1 \leq i \leq n).$$

Daraus wird nun

$$Y^{(i)} = AT_i + AT_iY \qquad (1 \leq i \leq n)$$

und nach Ersetzung von A gemäß $A = B + BY$

$$Y^{(i)} = BT_i + BYT_i + BT_iY + BYT_iY \quad (1 \leq i \leq n).$$

Insgesamt erhalten wir für $L(G)$ die folgende Grammatik in Greibach-Normalform

$$\begin{aligned} A &= B + BY \\ Y^{(i)} &= BT_i + BYT_i + BT_iY + BYT_iY \quad (1 \leq i \leq n). \end{aligned}$$

Es läßt sich nun leicht nachrechnen, daß wir in unserem Beispiel eine Greibach-Normalform mit sogar 30 Regeln erhalten. Allgemein hat dieser Algorithmus jedoch einige wichtige Vorteile.

Wenn wir mit einer Grammatik in Chomsky-Normalform starten (wie in unserem Beispiel), besteht D aus formalen Summen von einzelnen Variablen. Damit enthalten alle T_i nur die Einträge ε und $\emptyset$. Daher ist die von uns konstruierte Greibach-Normalform von einer sehr speziellen Form. Die Regeln $A \to a\alpha$ haben zusätzlich die Eigenschaft $|\alpha| \leq 2$. Dieses Ergebnis halten wir in einem Satz fest.

7.1.6 Satz *Es sei G eine kontextfreie Grammatik für eine Sprache L, die das leere Wort nicht enthält. Es gibt einen Algorithmus, der aus G eine kontextfreie Grammatik G' in Greibach-Normalform konstruiert, so daß $L(G') = G$ ist und die rechten Seiten der Regeln höchstens zwei Variablen enthalten.*

Darüber hinaus hat die von dem neuen Algorithmus konstruierte Grammatik in Greibach-Normalform in jedem Fall nicht sehr viele Regeln (Kelemenova (1984)).

7.1.7 Satz *Es sei G eine kontextfreie Grammatik über n Variablen mit p Regeln. Die Grammatik sei frei von ε-Regeln und Kettenregeln und separiert, d. h. die rechten Seiten enthalten entweder nur Variablen oder nur ein Terminalzeichen. Dann gibt es eine kontextfreie Grammatik G' in Greibach-Normalform mit $L(G') = L(G)$, die maximal p^3 Regeln enthält, falls $p \geq 4$.*

Beweis Mit b und d bezeichnen wir die Zahl der Wörter in B bzw. D. Da jedes Wort eine Regel darstellt, ist $b + d = p$.

Durch $A = B + BY$ werden $(n+1)b$ Regeln ausgedrückt, da jedes B-Wort allein und mit jeder Variablen einer Y-Zeile vorkommt. Die Zahl der Wörter in D ist d und die Zahl der Wörter in DY daher dn. Damit ist die Zahl der Wörter in $D + DY$ genau $d(n+1)$. In $A = B + BY$ gibt es für jedes A_i höchstens $2b$ Regeln, nämlich diejenigen in der i-ten Komponente von B (höchstens b) und diejenigen, die durch

Multiplikation von B mit der i-ten Spalte von Y entstehen (genau b). Wenn nun in $D + DY$ jedes A_i-Vorkommen am Beginn eines Wortes gemäß $B + BY$ ersetzt wird, entstehen maximal $2bd(n + 1)$ Wörter. Die Gesamtzahl der Regeln unserer Grammatik in Greibach-Normalform ist also durch

$$(n+1)b + 2bd(n+1) = (2bd + b)(n+1)$$

beschränkt. Da $b + d = p$, ist $bd \leq p^2/4$. Da jede Variable mindestens für eine Regel linke Seite ist, gilt $n \leq p$. Also ist die Zahl der Regeln beschränkt durch

$$(p^2/2 + p)(p+1) = p^3/2 + 3p^2/2 + p.$$

□

Wir wollen noch bemerken, daß wir die Grammatik in Greibach-Normalform auch in Zeit $O(p^3)$ konstruieren können. Dazu werden direkt die Regeln zu $A = B + BY$ konstruiert und ebenso die Regeln zu $Y = D + DY$. Auf die zweite Gruppe von Regeln wird dann die Methode 1 aus Satz 7.1.2 angewendet.

Nachdem wir uns so viel Mühe gegeben haben, interessiert uns die Güte unseres Resultats. Bisher ist noch nicht bekannt, ob p^3 Regeln notwendig sind. Wir wissen nur, daß p^2 Regeln notwendig sein können.

7.1.8 Beispiel Es sei L_n die Sprache aller Wörter der Länge 2^i, $1 \leq i \leq n$, über dem Alphabet $T = \{b_1, \ldots, b_n\}$.

Diese Sprache kann von einer reduzierten, kontextfreien Grammatik mit $2n$ Regeln erzeugt werden:

$$\begin{array}{ll} S \rightarrow A^k & , k \in \{2^i \mid 1 \leq i \leq n\} \\ A \rightarrow b_i & , 1 \leq i \leq n. \end{array}$$

Grammatiken in Greibach-Normalform benötigen jedoch mindestens n^2 Regeln. Es sei n_i die Zahl der Regeln, deren rechte Seite mit b_i beginnt und n_j die kleinste aller n_i-Zahlen. Dann beträgt die Zahl der Regeln mindestens nn_j. Wir betrachten nun die eingeschränkte Grammatik, die die n_j Regeln, deren rechte Seite mit b_j beginnt, enthält. Diese Grammatik muß genau die Wörter aus $\{b_j\}^*$ der Länge 2^i, $1 \leq i \leq n$, erzeugen. Es ist schließlich noch eine Denksportaufgabe, sich zu überlegen, daß dazu mindestens n Regeln nötig sind.

7.2 Kellerautomaten

Linksableitungen für Grammatiken in Greibach-Normalform haben nach i Schritten die ersten i Buchstaben $w_1 \dots w_i$ des zu erzeugenden Wortes abgeleitet. Es folgt ein String aus Variablen, für den im nächsten Ableitungsschritt nur ein Zugriff auf die erste Variable A nötig ist. Diese wird aus dem Speicher gelöscht. Falls die Regel $A \rightarrow a\alpha$ angewendet wird, ist a der $(i+1)$-te Buchstabe des erzeugten Wortes. Im Speicher wird der String α vor den noch abgespeicherten String geschrieben. Die Ableitung des Wortes wird beendet, wenn der Variablenstring leer ist. Die Speicherstruktur erinnert uns an einen Stack (früher im Deutschen auch Keller genannt). Wir haben nur Zugriff auf das Topelement und speichern auch nur oben auf dem Stack ab (LIFO-Prinzip). Eine Maschine, die nur von links nach rechts die Eingabe lesen darf, könnte also folgendermaßen vorgehen. Sie initialisiert ihren Speicher, der nur als Stack benutzt werden darf, mit dem Startsymbol der Grammatik. Es werden im allgemeinen die oberste Stackvariable A und der nächste Buchstabe a des Wortes w gelesen. Dann wird nichtdeterministisch eine Regel $A \rightarrow a\alpha$ ausgewählt. Auf dem Stack wird A durch α ersetzt. Falls $\alpha = X_1 \dots X_r$, wird α in der Reihenfolge $X_r, \dots, X_1$ in den Stack eingefügt. Wenn der Stack leer oder die Eingabe zu Ende bearbeitet ist, endet die Rechnung. Eine Eingabe wird akzeptiert, wenn die beiden Ereignisse (Eingabe zu Ende gelesen und Stack leer) gleichzeitig eintreten. Dieser Typ von Kellerautomaten (Stackautomaten, Pushdown Automata PDA) ist also in der Lage, Grammatiken in Greibach-Normalform zu simulieren. Auf natürliche Weise ergibt sich die nichtdeterministische Maschinenvariante NPDA. Störend an diesem Maschinentyp ist der ungewöhnliche Akzeptanzmodus. Wir würden lieber eine Menge akzeptierender Zustände auszeichnen. Wir werden daher Kellerautomaten mit zwei verschiedenen Akzeptanzvarianten definieren und dann ihre Äquivalenz beweisen. Hierfür ist es allerdings notwendig, daß ein PDA (in einem akzeptierenden Zustand) seinen Stack leeren kann, ohne weitere Buchstaben zu lesen. Daher erlauben wir sogenannte ε-Bewegungen, dies sind normale Rechenschritte, nur wird anstelle eines Buchstabens a nichts (oder ε) gelesen.

Ein nichtdeterministischer Kellerautomat (NPDA) wird durch die folgenden Komponenten beschrieben:

- Q, die endliche Zustandsmenge
- Σ, das endliche Eingabealphabet
- Γ, das endliche Stackalphabet
- $q_0 \in Q$, der Anfangszustand
- $Z_0 \in \Gamma$, die Initialisierung des Stacks

- die nichtdeterministische Überführungsfunktion δ, die auf $Q \times (\Sigma \cup \{\varepsilon\}) \times \Gamma$ definiert ist. Dabei besteht $\delta(q, a, Z)$ oder $\delta(q, \varepsilon, Z)$ aus einer endlichen Menge von Paaren aus $Q \times \Gamma^*$.

- (eventuell) die Menge $F \subseteq Q$ akzeptierender Zustände.

Eine Konfiguration ist ein Tripel (q, w, α), wobei $q \in Q$ der momentane Zustand, $w \in \Sigma^*$ der Teil der Eingabe, der noch nicht gelesen wurde, und $\alpha \in \Gamma^*$ der Stackinhalt ist. Ist $(q, w_1 \ldots w_k, Z_1 \ldots Z_m)$ die gegebene Konfiguration und $(q', Z_1' \ldots Z_r') \in \delta(q, w_1, Z_1)$, dann ist $(q', w_2 \ldots w_k, Z_1' \ldots Z_r' Z_2 \ldots Z_m)$ die zugehörige Nachfolgekonfiguration. Falls $(q', Z_1' \ldots Z_r') \in \delta(q, \varepsilon, Z_1)$ ist, ist $(q', w_1 \ldots w_k, Z_1' \ldots Z_r' Z_2 \ldots Z_m)$ die zugehörige Nachfolgekonfiguration. Für jedes Paar in $\delta(q, w_1, Z_1)$ und $\delta(q, \varepsilon, Z_1)$ gibt es genau die beschriebene Nachfolgekonfiguration.

Akzeptanz durch leeren Stack: Ein NPDA A akzeptiert das Wort $w \in \Sigma^*$, wenn es einen zulässigen Rechenweg gibt, der aus der Anfangskonfiguration (q_0, w, Z_0) in eine Konfiguration $(q, \varepsilon, \varepsilon)$, $q \in Q$, führt.

Akzeptanz durch akzeptierende Zustände: Ein NPDA A akzeptiert das Wort $w \in \Sigma^*$, wenn es einen zulässigen Rechenweg gibt, der aus der Anfangskonfiguration (q_0, w, Z_0) in eine Konfiguration (q, ε, γ) mit $q \in F$ und $\gamma \in \Gamma^*$ führt.

Wir beachten bei diesen Definitionen, daß nach dem Lesen des letzten Buchstabens noch ε-Bewegungen erlaubt sind.

An dieser Stelle ist nicht unmittelbar klar, welche Einschränkung aus einem NPDA einen DPDA (deterministischen Kellerautomaten) macht. Wir erinnern uns daran, daß Determinismus immer nur einen Rechenschritt ermöglichen darf. Die „richtige" Einschränkung besteht also darin, zu fordern, daß für jedes $(q, a, Z) \in Q \times \Sigma \times \Gamma$ die folgende Bedingung erfüllt ist:

$$|\delta(q, a, Z)| + |\delta(q, \varepsilon, Z)| \leq 1.$$

7.2.1 Beispiel Es gibt einen DPDA für die Sprache $L = \{w\#w^R | w \in \{0,1\}^*\}$. Es genügt, diesen DPDA in Worten zu beschreiben. Solange nicht der Buchstabe # gelesen wird, wird das gelesene Wort auf den Stack geschrieben. Beim Lesen von # wird der Zustand gewechselt. Danach wird der Rest der Eingabe mit dem Stackinhalt verglichen: Wenn ein Wort w buchstabenweise auf einem Stack gespeichert und dann der Stackinhalt gelesen wird, wird gerade das gespiegelte Wort w^R gelesen. Bei Nichtübereinstimmung wird die Eingabe nicht akzeptiert. Enthält der Stack nur noch Z_0, wechselt der DPDA in einen akzeptierenden Zustand, um die Eingabe zu akzeptieren, oder er entfernt Z_0 vom Stack, um mit leerem Stack zu akzeptieren. Ist die Eingabe zu diesem Zeitpunkt noch nicht zu Ende gelesen, wird sie nach Definition der Akzeptanzvarianten nicht akzeptiert. Es ist eine gute Übung, diesen DPDA formal zu definieren.

7.2.2 Beispiel Es gibt einen PDA, d. h. NPDA, für die Sprache $L = \{ww^R | w \in \{0,1\}^*\}$. Der PDA arbeitet wie der im vorherigen Beispiel definierte DPDA, nur wechselt er nichtdeterministisch aus dem Lesezustand in den Vergleichszustand.

Intuitiv glauben wir, daß es für die Sprache aus Beispiel 7.2.2 keinen DPDA gibt, da ein DPDA nicht raten kann, wo die Schnittstelle zwischen w und w^R ist. Dies ist allerdings kein Beweis. Wir belassen es bei dem Hinweis, daß unsere Intuition nicht trügt.

Wie angekündigt, wollen wir in diesem Abschnitt noch beweisen, daß sich die Sprachklassen, die von PDA's nach den verschiedenen Akzeptanzvarianten erkannt werden, nicht unterscheiden.

7.2.3 Satz *Sei A_1 ein PDA, der die Sprache L mit Hilfe der Menge F_1 akzeptierender Zustände erkennt. Dann kann in linearer Zeit ein PDA A_2 konstruiert werden, der L nach der Akzeptanzvariante „leerer Stack“ akzeptiert.*

B e w e i s Wir haben bei der Simulation nur zwei kleine Probleme zu lösen. A_1 kann bei nicht leerem Stack in einen akzeptierenden Zustand gelangen. Dann muß A_2 in der Lage sein, den Stack zu leeren. Diese neuen Rechenschritte dürfen aber keine akzeptierenden Rechenwege für Eingaben $w \notin L$ erzeugen. Außerdem kann A_1 einen leeren Stack erzeugen, ohne die Eingabe akzeptieren zu wollen. Wir werden also die Zustandsmenge Q_1 von A_1 um einen Zustand erweitern, der nur am Ende eines akzeptierenden Rechenwegs erreicht werden kann und in dem der Stack geleert werden kann. Außerdem wird zu Beginn der Rechnung ein neues Stacksymbol auf den Boden des Stacks gelegt, so daß der Stack nicht aus Versehen leer wird. Diese Ideen werden im folgenden formalisiert.

$Q_2 = Q_1 \uplus \{q_0^2, q_E\}$, q_0^2 ist Anfangszustand von A_2, wobei q_0^1 Anfangszustand von A_1 ist. $\Gamma_2 = \Gamma_1 \uplus \{Z_0^2\}$, Z_0^2 Initialisierung des Stacks von A_2, während Z_0^1 Initialisierung des Stacks von A_1 ist. Die Menge $\delta_2(q, a, Z)$ enthält für $a \in \Sigma \cup \{\varepsilon\}$ genau die Paare, die ihr durch die Regeln (1) – (4) zugewiesen werden.

(1) $\delta_2(q_0^2, \varepsilon, Z_0^2) = \{(q_0^1, Z_0^1 Z_0^2)\}$, $\delta_2(q_0^2, a, X) = \emptyset$ sonst.

(2) $\delta_2(q, a, Z) \supseteq \delta_1(q, a, Z)$ für $q \in Q_1, a \in \Sigma \cup \{\varepsilon\}$, $Z \in \Gamma_1$.

(3) $(q_E, \varepsilon) \in \delta_2(q, \varepsilon, Z)$ für $q \in F_1, Z \in \Gamma_2$.

(4) $(q_E, \varepsilon) \in \delta_2(q_E, \varepsilon, Z)$ für $Z \in \Gamma_2$.

Da A_2 den Buchstaben Z_0^2 nur in q_E vom Stack entfernen kann und q_E nur von Zuständen aus F_1 erreicht werden kann, haben wir unsere Ideen korrekt formalisiert.

□

7.2.4 Satz *Sei A_1 ein PDA, der die Sprache L nach der Akzeptanzvariante „leerer Stack" akzeptiert. Dann kann in linearer Zeit ein PDA A_2 konstruiert werden, der L mit Hilfe der Menge F_2 akzeptierender Zustände erkennt.*

Beweis Diese Aussage kann auf ähnliche Weise wie die von Satz 7.2.3 bewiesen werden. Wir legen auf den Boden des Stacks eine Markierung ab, die nur zum Ende einer Rechnung gelöscht werden kann. Auf diese Weise kann die simulierende Maschine noch in einen akzeptierenden Zustand wechseln.

Der PDA A_1 sei gegeben durch $Q_1, \Sigma, \Gamma_1, \delta_1, q_0^1$ und Z_0^1. Wir definieren A_2 auf folgende Weise.

$Q_2 = Q_1 \dot{\cup} \{q_0^2, q_F\}$, wobei q_0^2 Anfangszustand von A_2 wird, $F_2 = \{q_F\}$ und $\Gamma_2 = \Gamma_1 \dot{\cup} \{Z_0^2\}$, wobei Z_0^2 die Initialisierung des Stacks von A_2 bildet. Die Menge $\delta_2(q, a, Z)$ enthält für $a \in \Sigma \dot{\cup} \{\varepsilon\}$ genau die Paare, die ihr durch die Regeln (1) - (3) zugewiesen werden.

(1) $\delta_2(q_0^2, \varepsilon, Z_0^2) = \{(q_0^1, Z_0^1 Z_0^2)\}$, $\delta_2(q_0^2, a, X) = \emptyset$ sonst.

(2) $\delta_2(q, a, Z) = \delta_1(q, a, Z)$ für $q \in Q_1, a \in \Sigma \cup \{\varepsilon\},\ Z \in \Gamma_1$.

(3) $\delta_2(q, \varepsilon, Z_0^2) = \{(q_F, \varepsilon)\}$ für $q \in Q_1$.

Es ist offensichtlich, daß A_2 ebenfalls die Sprache L akzeptiert. □

7.3 Kellerautomaten und kontextfreie Sprachen

Unsere Untersuchung von Kellerautomaten ist nur dadurch motiviert, daß wir ein Maschinenmodell gesucht haben, das genau die kontextfreien Sprachen akzeptiert. Wir werden also zeigen, daß die Kellerautomaten die ihnen zugedachte Rolle ausfüllen können.

7.3.1 Satz *Es sei G eine Grammatik in Greibach-Normalform, die die Sprache L erzeugt. Dann kann in linearer Zeit ein PDA A konstruiert werden, der L nach der Akzeptanzvariante „leerer Stack" erkennt.*

B e w e i s Die Konstruktion von A haben wir informal bereits zu Beginn von Kapitel 7.2 durchgeführt. Der PDA A kommt mit einem Zustand q_0 aus, der natürlich Anfangszustand ist. Als Bandalphabet Γ wählen wir die Variablenmenge V der gegebenen Grammatik, als Eingabealphabet Σ die Menge der Terminalzeichen T. Das Startsymbol S der Grammatik wird zur Initialisierung des Stacks benutzt. Schließlich ist

$$\delta(q_0, a, A) = \{(q_0, \alpha) | (A \to a\alpha) \in P\}.$$

Die Korrektheit dieser Definition folgt aus der folgenden Aussage, wenn der Stackinhalt das leere Wort ist. Genau dann, wenn es in G eine Linksableitung $S \xrightarrow{*} w_1 \dots w_i$ $A_1 \dots A_m$ der Länge i gibt, kann der PDA A das Wort $w_1 \dots w_i$ lesen und dabei die Stackinschrift $A_1 \dots A_m$ erzeugen.

Diese Aussage wird mit Induktion nach i gezeigt. Für $i = 0$ ist die Aussage trivial. Sei nun $i \geq 1$. Die Notation $\xrightarrow{j}$ stehe für eine Ableitung der Länge j. Es gilt nun

$S \xrightarrow{i} w_1 \dots w_i A_1 \dots A_m$

$\Leftrightarrow$ $\exists A' \in V, r \in \{1, \dots, m\} : S \xrightarrow{i-1} w_1 \dots w_{i-1} A' A_r \dots A_m \xrightarrow{1} w_1 \dots w_i$ $A_1 \dots A_m$

$\Leftrightarrow$ (Induktionsvoraussetzung) $\exists A' \in V, r \in \{1, \dots, m\}$: Der PDA kann $w_1 \dots w_{i-1}$ lesen und dabei die Stackinschrift $A' A_r \dots A_m$ erzeugen, und $A' \to w_i A_1 \dots A_{r-1}$ ist eine Regel von G.

$\Leftrightarrow$ (Definition des PDA) Der PDA kann $w_1 \dots w_i$ lesen und dabei die Stackinschrift $A_1 \dots A_m$ erzeugen.

□

Es ist natürlich leicht, entsprechende Kellerautomaten zu entwerfen, die zusätzlich das leere Wort akzeptieren.

7.3.2 Satz *Jede von einem PDA A akzeptierte Sprache L ist kontextfrei.*

Wir werden in dem folgenden Beweis eine kontextfreie Grammatik G für L, die sogar „fast" in Greibach-Normalform ist, konstruieren. In der Formulierung des Satzes haben wir auf eine algorithmische Aussage verzichtet, da die von uns konstruierte Grammatik exponentiell größer als die Beschreibung von A sein kann.

B e w e i s v o n S a t z 7.3.2 Wir nehmen an, daß A die Sprache nach der Akzeptanzvariante „ leerer Stack" erkennt. Wir geben die Grammatik G für L explizit an. Natürlich wählen wir $T = \Sigma$. Es sei

$$V = \{[q, X, p] | p, q \in Q, X \in \Gamma\} \cup \{S\},$$

wobei S das Startsymbol der Grammatik wird. Wegen der besonderen Form der Variablen wird diese Konstruktion auch Tripelkonstruktion genannt. Ein Tripel $[q, X, p]$ soll ausdrücken, daß wir daraus genau die Wörter w ableiten, für die der PDA A startend in Zustand q mit dem Stackinhalt X in der Lage ist, den Zustand p am Ende des Wortes bei leerem Stack zu erreichen.

Die Regelmenge P soll die folgenden Ableitungsregeln enthalten:

(1) $S \to [q_0, Z_0, q]$ für $q \in Q$.

Dabei soll q den geratenen Endzustand darstellen.

(2) $[q, X, q_{m+1}] \to a[q_1, Y_1, q_2] \dots [q_m, Y_m, q_{m+1}]$
für alle $q_2, \dots, q_{m+1}$, falls $(q_1, Y_1 \dots Y_m) \in \delta(q, a, X)$.

Für den zu simulierenden Rechenschritt gilt, daß der Stackinhalt durch m Buchstaben ergänzt wird. Dabei wird nun mit q_{i+1} der Zustand geraten, der erreicht wird, wenn Y_i wieder vom Stack entfernt wird.

Die folgende Behauptung ist der Schlüssel für den Beweis, daß G die Sprache L erzeugt.

Für $p, q \in Q$, $X \in \Gamma$ und $w \in \Sigma^*$ gilt

$$[q, X, p] \xrightarrow{*} w \Leftrightarrow (q, w, X) \overset{*}{\vdash} (p, \varepsilon, \varepsilon).$$

Dabei steht $\xrightarrow{*}$ für Ableitungen in G und $\overset{*}{\vdash}$ für Konfigurationsfolgen bzgl. A.

Zunächst folgern wir die Aussage des Satzes aus der Behauptung. Es gilt

$$\begin{aligned} w \in L &\Leftrightarrow \exists p \in Q : (q_0, w, Z_0) \overset{*}{\vdash} (p, \varepsilon, \varepsilon) \\ &\ \text{(dabei ist } (q_0, w, Z_0) \text{ die Anfangskonfiguration von } A) \\ &\Leftrightarrow \exists p \in Q : [q_0, Z_0, p] \xrightarrow{*} w \\ &\Leftrightarrow \exists p \in Q : S \to [q_0, Z_0, p] \xrightarrow{*} w \\ &\Leftrightarrow w \in L(G) \end{aligned}$$

Es bleibt also die obige Äquivalenz zu zeigen.

„⇒“: Induktion über die Länge k einer Ableitung von w aus $[q, X, p]$. Für $k = 1$ ist $[q, X, p] \to w$ eine Regel, also $(p, \varepsilon) \in \delta(q, w, X)$ und $|w| \leq 1$. Insbesondere gilt $(q, w, X) \overset{1}{\vdash} (p, \varepsilon, \varepsilon)$.

Wir betrachten nun eine Ableitung $[q, X, p] \xrightarrow{k} w$ und nehmen an, daß die Behauptung für Ableitungen kürzerer Länge richtig ist. Wir schreiben nun den ersten Ableitungsschritt explizit hin, wobei wir $q_{m+1} = p$ setzen:

$$[q, X, p] \to a[q_1, Y_1, q_2][q_2, Y_2, q_3] \dots [q_m, Y_m, q_{m+1}] \xrightarrow{k-1} w.$$

Nun läßt sich w zerlegen zu $w = aw_1 \dots w_m$ mit $w_i \in \Sigma^*$ und $[q_j, Y_j, q_{j+1}] \stackrel{\leq k-1}{\longrightarrow} w_j$. Nach Induktionsvoraussetzung gilt

$$(q_j, w_j, Y_j) \stackrel{*}{\vdash} (q_{j+1}, \varepsilon, \varepsilon),$$

wobei der Stack nur am Ende der Rechnung leer wird. Also gilt auch

$$(q_j, w_j, Y_j \dots Y_m) \stackrel{*}{\vdash} (q_{j+1}, \varepsilon, Y_{j+1} \dots Y_m).$$

Wenn wir diese Rechnungen zusammenfügen und an den Beginn den Rechenschritt setzen, der dem ersten Ableitungsschritt entspricht, erhalten wir die Behauptung:

$$\begin{aligned}(q, w, X) &\vdash (q_1, w_1 \dots w_m, Y_1 \dots Y_m)\\ &\stackrel{*}{\vdash} (q_2, w_2 \dots w_m, Y_2 \dots Y_m)\\ &\stackrel{*}{\vdash} (q_3, w_3 \dots w_m, Y_3 \dots Y_m) \stackrel{*}{\vdash} \dots\\ &\stackrel{*}{\vdash} (q_m, w_m, Y_m) \stackrel{*}{\vdash} (q_{m+1}, \varepsilon, \varepsilon) = (p, \varepsilon, \varepsilon).\end{aligned}$$

„$\Leftarrow$“ Induktion über die Länge k der Rechnung von A, die die Konfiguration (q, w, X) in die Konfiguration $(p, \varepsilon, \varepsilon)$ überführt. Für $k = 1$ muß $w \in \Sigma \cup \{\varepsilon\}$ und $(p, \varepsilon) \in \delta(q, w, X)$ sein. Dann ist $[q, X, p] \to w$ eine Regel von G, wobei $m = 0$ ist.

Wir betrachten nun eine Rechnung der Länge k. Wir zerlegen w zu $w = aw'$, wobei $a = \varepsilon$ ist, falls der erste Rechenschritt von A eine ε-Bewegung ist, und a ansonsten der erste Buchstabe von w ist. Sei $(q_1, w', Y_1 \dots Y_m)$ die Konfiguration des PDA nach dem ersten Schritt der betrachteten Rechnung. Dann gilt

$$(q, aw', X) \vdash (q_1, w', Y_1 \dots Y_m) \stackrel{\leq k-1}{\vdash} (p, \varepsilon, \varepsilon).$$

Wir zerlegen w' weiter zu $w' = w_1 \dots w_m$ mit $w_j \in \Sigma^*$, wobei w_j so gewählt wird, daß A startend in der Konfiguration $(q_1, w', Y_1 \dots Y_m)$ während der betrachteten Rechnung zum ersten Mal die Stackinschrift $Y_{j+1} \dots Y_m$ erzeugt, nachdem $w_1 \dots w_j$ gelesen wurde. Es sei q_{j+1} der zu diesem Zeitpunkt erreichte Zustand. Damit gilt $q_{m+1} = p$ und

$$(q_j, w_j \dots w_m, Y_j \dots Y_m) \stackrel{\leq k-1}{\vdash} (q_{j+1}, w_{j+1} \dots w_m, Y_{j+1} \dots Y_m),$$

während dieser Rechnung steht $Y_{j+1} \dots Y_m$ stets unten auf dem Stack, und Y_{j+1} wird nie gelesen. Also gilt auch

$$(q_j, w_j, Y_j) \stackrel{\leq k-1}{\vdash} (q_{j+1}, \varepsilon, \varepsilon)$$

Nach Induktionsvoraussetzung folgt hieraus

$$[q_j, Y_j, q_{j+1}] \xrightarrow{*} w_j.$$

Indem wir den ersten Rechenschritt mit der Grammatik simulieren und dann die eben gefundenen Ableitungen durchführen, erhalten wir die Behauptung:

$$[q, X, p] \rightarrow a[q_1, Y_1, q_2][q_2, Y_2, q_3] \dots [q_m, Y_m, q_{m+1}] \xrightarrow{*} aw_1w_2 \dots w_m = w.$$

□

Wir fassen die Ergebnisse dieses Abschnitts noch einmal zusammen.

7.3.3 Satz *Die Klasse der von nichtdeterministischen Kellerautomaten akzeptierten Sprachen ist gleich der Klasse der kontextfreien Sprachen.*

Der Beweis von Satz 7.3.1 hat uns sogar gezeigt, daß Kellerautomaten im wesentlichen mit einem Zustand auskommen. Das, was wir uns im Zustand merken wollen, können wir uns auch im Stack merken.

7.4 Weitere effiziente Algorithmen im Zusammenhang mit kontextfreien Sprachen

Wir ergänzen nun Kapitel 6.5 um zwei Resultate, die sich aus der maschinenorientierten Sichtweise leichter zeigen lassen als aus der in Kapitel 6.5 benutzten grammatikorientierten Sichtweise.

7.4.1 Satz *Sei A ein PDA, der die Sprache $L \subseteq \Delta^*$ mit Hilfe akzeptierender Zustände erkennt und $|A|$ die Länge seiner Beschreibung. Sei $h : \Sigma \rightarrow \Delta^*$ ein Homomorphismus und $|h|$ die Länge seiner Beschreibung. Dann kann in Zeit $O(|A|\,(|\Sigma| + |h|))$ ein PDA $A_{h^{-1}}$ für $h^{-1}(L)$ konstruiert werden. Insbesondere ist $h^{-1}(L)$ kontextfrei, wenn L kontextfrei ist.*

B e w e i s Wir erinnern uns zunächst, daß

$$h^{-1}(L) = \{w \in \Sigma^* \mid h(w) \in L\}$$

und $h(w) = h(w_1)\dots h(w_n)$ für $w = w_1 \dots w_n$ ist. Der PDA für $h^{-1}(L)$ soll die ε-Bewegungen von A direkt simulieren. Wenn er Buchstaben $a \in \Sigma$ liest, soll er simulieren, was A auf dem Wort $h(a)$ tun kann. Dazu muß er sich merken, wieviel des Wortes $h(a)$ der simulierte Kellerautomat bereits verarbeitet hat. Daher wählen wir $Q_{h^{-1}} = Q \times S_h$, wobei S_h alle Suffixe der Wörter $h(a)$, $a \in \Sigma$, darunter $h(a)$ selbst und ε, enthält. Als Anfangszustand wählen wir (q_0, ε) und als akzeptierende Zustände alle (q, ε) mit $q \in F$.

Es bleibt die Definition der Zustandsüberführungsfunktion $\delta_{h^{-1}}$. Für $a \in \Sigma$ sei

$$\begin{aligned} \delta_{h^{-1}}((q,\varepsilon),a,Y) &= \{((q,h(a)),Y)\} \text{ und} \\ \delta_{h^{-1}}((q,x),a,Y) &= \emptyset, \text{ falls } x \neq \varepsilon. \end{aligned}$$

Beim Lesen von a speichert sich $A_{h^{-1}}$ nur ab, daß A auf $h(a)$ simuliert werden muß. Die eigentliche Simulation geht in ε-Bewegungen vonstatten. Zunächst werden die ε-Bewegungen von A übernommen. Falls $(p, \gamma) \in \delta(q, \varepsilon, Y)$, ist $((p, x), \gamma) \in \delta_{h^{-1}}((q, x), \varepsilon, Y)$ für alle $x \in S_h$. Zusätzlich sollen die Rechenschritte von A simuliert werden. Falls $(p, \gamma) \in \delta(q, a, Y)$, ist $((p, x), \gamma) \in \delta_{h^{-1}}((q, ax), \varepsilon, Y)$ für alle $ax \in S_h$. Damit ist $\delta_{h^{-1}}$ vollständig beschrieben.

Falls A die Eingabe $h(w) = h(w_1)\dots h(w_n)$ akzeptiert, kann $A_{h^{-1}}$ diese Rechnung auf der Eingabe w simulieren und w akzeptieren. Andererseits haben wir $A_{h^{-1}}$ so konstruiert, daß dieser PDA auf Eingabe w gezwungen ist, den PDA A auf der Eingabe $h(w)$ zu simulieren. Also ist $h^{-1}(L)$ die von $A_{h^{-1}}$ akzeptierte Sprache. □

Wir haben in Satz 6.5.6 gesehen, daß die Klasse der kontextfreien Sprachen im Gegensatz zu der Klasse der regulären Sprachen nicht gegen Durchschnittsbildung abgeschlossen ist. Um den Durchschnitt zweier regulärer Sprachen von einem DFA zu erkennen, konnten wir DFA's für die beiden geschnittenen Sprachen parallel laufen lassen (formal $Q = Q_1 \times Q_2$). Bei den kontextfreien Sprachen ist es nicht möglich, zwei Stacks parallel in einem Stack zu verarbeiten. Nach diesen Vorbemerkungen sollte jedoch das folgende Ergebnis nicht überraschen.

7.4.2 Satz *Es sei A_1 ein PDA, der L_1 mit Hilfe akzeptierender Zustände erkennt, und A_2 ein DFA für L_2. Dann kann in Zeit $O(|A_1|\,|A_2|)$ ein PDA A konstruiert werden, der $L_1 \cap L_2$ mit Hilfe akzeptierender Zustände erkennt. Insbesondere ist der Durchschnitt einer kontextfreien Sprache mit einer regulären Sprache stets kontextfrei.*

Beweis Wir wollen A_1 und A_2 parallel arbeiten lassen. Die Zustandsmenge Q für A sei daher definiert durch $Q = Q_1 \times Q_2$, wobei wir die Parameter für A_1 und A_2 mit den entsprechenden Indizes versehen. Anfangszustand sei $q_0 = (q_0^1, q_0^2)$. Eingaben sollen nur akzeptiert werden, wenn sie in L_1 und in L_2 enthalten sind. Daher sei $F = F_1 \times F_2$. Die Initialisierung des Stacks wird von A_1 übernommen.

Wenn der Buchstabe a gelesen wird, arbeiten A_1 und A_2 parallel. Also genau dann, wenn $(p',\gamma) \in \delta_1(p,a,Y)$ und $\delta_2(q,a) = q'$ gelten, ist $((p',q'),\gamma) \in \delta((p,q),a,Y)$. Bei ε-Bewegungen des PDA muß der DFA „warten“, da $\delta_2(q,\varepsilon) = q$ ist. Also sei $((p',q),\gamma) \in \delta((p,q),\varepsilon,Y)$ genau dann, wenn $(p',\gamma) \in \delta_1(p,\varepsilon,Y)$ ist.

Aus dieser Definition folgt leicht, daß A genau dann eine akzeptierende Konfiguration $((p,q),\varepsilon,\gamma)$ mit $(p,q) \in F_1 \times F_2$ erreichen kann, wenn A_1 die akzeptierende Konfiguration (p,ε,γ) erreichen kann und A_2 den Endzustand q erreicht. □

Übungen

1.) Sei $G = (V,\Sigma,P,S)$ definiert durch $V = \{A,S\}$, $\Sigma = \{0,1\}$ und die Ableitungsregeln $S \to 0$, $S \to AA$, $A \to 1$, $A \to SS$. Gib eine äquivalente Grammatik in Greibach-Normalform an.

2.) Sei G eine kontextfreie Grammatik. Dann gibt es eine Konstante c, so daß jedes Wort $w \in L(G) - \{\varepsilon\}$ in höchstens $c|w|$ Schritten aus S ableitbar ist.

3.) Gibt es für kontextfreie Sprachen, die ε nicht enthalten, stets eine kontextfreie Grammatik der folgenden Normalform? Alle Ableitungsregeln sind von der Form $A \to a$ oder $A \to a\alpha b$ mit $a,b \in \Sigma$, $A \in V$ und $\alpha \in V^*$.

4.) Entwerfe einen deterministischen Kellerautomaten für die Klammersprache über „(“ und „)“, in der jedes Wort gleich viele „(“ wie „)“ und jeder Präfix mindestens so viele „(“ wie „)“ enthält.

5.) Bilden Kellerautomaten mit zwei Stacks ein Maschinenmodell für eine uns unbekannte Sprachklasse oder sind sie einem bekannten Maschinenmodell äquivalent (bzgl. der Klasse akzeptierter Sprachen)?

6.) Es ist für eine kontextfreie Grammatik G und eine reguläre Grammatik G' entscheidbar, ob $L(G) \subseteq L(G')$ ist. Hinweis: Wir müssen hier mehrere Resultate anwenden. Was gilt für den Durchschnitt einer kontextfreien mit einer regulären Sprache? Was gilt für das Komplement einer regulären Sprache? Für welche Sprachklassen kann der Test, ob eine Sprache leer ist, algorithmisch durchgeführt werden?

8 Deterministisch kontextfreie Sprachen

8.1 Deterministische Kellerautomaten

Wenn wir uns für kontextfreie Grammatiken als Regelsysteme für Programmiersprachen entscheiden, haben wir Regelsysteme, die mächtig genug sind, um moderne Programmiersprachen (zumindest bis auf Details von untergeordneter Bedeutung) beschreiben zu können. Die besten von uns behandelten Algorithmen für das Wort- und das Syntaxanalyseproblem haben kubische Laufzeit und sind daher für praktische Zwecke zu langsam. Ein Algorithmus von Valiant (1975) kommt mit Zeit $O(n^{\log 7}) = O(n^{2.81})$ aus, ist aber aus praktischer Sicht kaum eine Verbesserung. Der praktisch beste Algorithmus geht auf Earley (1970) zurück. Zwar kann seine Rechenzeit allgemein nur durch $O(n^3)$ abgeschätzt werden, für eindeutige kontextfreie Grammatiken sinkt die Rechenzeit jedoch auf $O(n^2)$. Für viele Grammatiken ist die Rechenzeit sogar linear. Dennoch sind wir an Grammatikklassen interessiert, die einerseits noch die modernen Programmiersprachen beschreiben können, andererseits aber stets Linearzeitalgorithmen für das Wort- und das Syntaxanalyseproblem ermöglichen. Dies wird die Klasse der deterministisch kontextfreien Grammatiken sein. Bisher haben wir nur Rechner, Maschinen und Automaten als deterministisch oder nichtdeterministisch klassifiziert und nicht Grammatiken. Es fällt uns zu diesem Zeitpunkt auch schwer, uns vorzustellen, wann wir eine kontextfreie Grammatik oder Sprache deterministisch nennen können. Einfacher ist dies für Kellerautomaten. Deterministische Kellerautomaten (DPDA's) „sind" deterministische Algorithmen für das Wortproblem für die von ihnen akzeptierten Sprachen, und die Rechenzeit auf der Eingabe w ist „bis auf die ε-Bewegungen" linear. Wir werden daher zunächst DPDA's näher untersuchen und dann die Klasse der kontextfreien Grammatiken so einschränken, daß diese zu den DPDA's „passen" und es effiziente Syntaxanalysealgorithmen gibt. Die von DPDA's akzeptierten Sprachen nennen wir deterministisch kontextfrei.

Nach den Definitionen in Kapitel 7.2 ist ein Kellerautomat (PDA) deterministisch, wenn für alle $(q, a, Z) \in Q \times \Sigma \times \Gamma$

$$|\delta(q, a, Z)| + |\delta(q, \varepsilon, Z)| \leq 1$$

gilt. Damit ist δ eine partiell definierte Funktion $\delta : Q \times (\Sigma \cup \{\varepsilon\}) \times \Gamma \rightarrow Q \times \Gamma^*$.

8.1.1 Definition Ein deterministischer Kellerautomat ist in Normalform, wenn er Wörter mit Hilfe akzeptierender Zustände akzeptiert und die folgenden Bedingungen erfüllt.

1.) Falls $\delta(q, a, X) = (p, \gamma)$ für $a \in \Sigma \cup \{\varepsilon\}$, ist $\gamma = \varepsilon$, $\gamma = X$ oder $\gamma = YX$ für ein $Y \in \Gamma$.

2.) Der deterministische Kellerautomat liest jedes Eingabewort $w \in \Sigma^*$ vollständig.

8.1.2 Satz *Zu jedem DPDA A kann ein äquivalenter DPDA A' in Normalform konstruiert werden.*

Beweis Im ersten Schritt wollen wir erreichen, daß $|\gamma| \leq 2$ ist, falls (p, γ) im Bildbereich der Überführungsfunktion δ liegt. Bei der Umwandlung kontextfreier Grammatiken in Chomsky-Normalform haben wir die Länge der rechten Seiten von Regeln auf einfache Weise auf höchstens 2 verringert (s. Kap. 6.2). Genauso gehen wir hier vor. Wenn $|\gamma| \geq 3$ ist, soll der Stack um $|\gamma| - 1$ Buchstaben wachsen. Diesen Schritt zerlegen wir in $|\gamma| - 1$ Schritte, für die wir Extrazustände benutzen.

Im zweiten Schritt soll die spezielle Form der γ, die in Definition 8.1.1 gefordert wird, erreicht werden. Dazu arbeiten wir mit einem neuen Symbol Z_0^* zur Initialisierung des Stacks, das stets auf dem Boden des Stacks bleibt. Das oberste Symbol des simulierten Stacks wird nun nicht auf dem Stack, sondern in der Zustandsmenge gespeichert. Eine Konfiguration mit Zustand q und Stackinhalt $X_1 \ldots X_m$ wird also simuliert durch den Zustand (q, X_1) und den Stackinhalt $X_2 \ldots X_m Z_0^*$. Anfangszustand ist (q_0, Z_0), wenn Z_0 für den simulierten Stack die Initialisierung darstellt. Durch den zusätzlichen Buchstaben Z_0^* wird der Stack genau dann leer, wenn dies für den simulierten Stack geschieht. Die Rechenschritte können leicht simuliert werden. Falls $|\gamma| = 0$, wird das oberste Stacksymbol vom Stack entfernt und im Zustand gespeichert. Falls $|\gamma| = 1$, geschieht die Änderung im Zustand, und der Stack bleibt unverändert. Falls schließlich $\gamma = XY$, wird Y auf dem Stack abgelegt und X im Zustand abgespeichert. Das zuvor oberste Stacksymbol bleibt erhalten.

Im dritten Schritt soll das vorzeitige Stoppen des Kellerautomaten, d. h. $\delta(q, \varepsilon, X) \cup \delta(q, a, X) = \emptyset$ für ein $a \in \Sigma$, verhindert werden. Dieses Problem können wir leicht beseitigen, indem wir in diesem Fall beim Lesen von a einen Übergang in einen neuen nicht akzeptierenden Zustand vorsehen, in dem der Kellerautomat dann den Rest der Eingabe liest.

Im vierten Schritt wollen wir verhindern, daß der Kellerautomat mitten in der Eingabe unendlich viele ε-Bewegungen durchführt, ohne einen Buchstaben zu lesen. Wir betrachten zunächst Konfigurationen (q, ε, X) und schätzen die Maximalzahl M von ε-Bewegungen ab, die ein Kellerautomat mit z Zuständen und s Buchstaben im Stackalphabet in dieser Situation durchführen kann, ohne gezwungen zu sein, unendlich viele ε-Bewegungen durchzuführen. Sei $M := z(s^{sz+1} - s)/(s-1)$, falls $s > 1$, und $M = z^2$ sonst. Falls der Stack bei Start in (q, ε, X) jemals mehr als sz Buchstaben enthält, werden unendlich viele ε-Bewegungen durchgeführt. Wir betrachten die Konfigurationenfolge bis zu dem Zeitpunkt, zu dem der Stack erstmals $sz+1$ Buchstaben enthält. Aus dieser Folge wählen wir die jeweils letzte Konfiguration, in der der Stack $j \in \{1, \ldots, sz+1\}$ Buchstaben enthält. Nach unseren Vorbetrachtungen wächst der Stack stets um höchstens einen Buchstaben, d. h. wir betrachten tatsächlich $sz+1$ Konfigurationen. Nach dem Schubfachprinzip stimmen zwei Konfigurationen im Zustand q' und im obersten Stacksymbol X' überein, d. h. für den Kellerautomaten gilt

$$(q, \varepsilon, X) \overset{*}{\vdash} (q', \varepsilon, X'\alpha) \overset{*}{\vdash} (q', \varepsilon, X'\beta\alpha)$$

mit $\alpha \in \Gamma^*$ und $\beta \in \Gamma^+$. Daher erreicht der Kellerautomat die unendlich vielen verschiedenen Konfigurationen $(q', \varepsilon, X'\beta^i\alpha)$ für $i \geq 0$ und führt unendlich viele ε-Bewegungen durch. Wenn die Länge des Stackinhaltes durch sz beschränkt ist, gibt es bei Eingabe ε nur $z(s + s^2 + \ldots + s^{sz}) = M$ verschiedene Konfigurationen. Falls mehr als M ε-Bewegungen durchgeführt worden sind, ist der Kellerautomat in eine Schleife geraten.

Wir können also konstruktiv feststellen, für welche (q, X) der Kellerautomat in der Konfiguration (q, ε, X) unendlich viele ε-Bewegungen durchführt und, da die Zustandsfolge ggf. periodisch ist, ob dabei ein akzeptierender Zustand erreicht wird. Falls der Kellerautomat bei den unendlich vielen ε-Bewegungen keinen akzeptierenden Zustand erreicht, ersetzen wir $\delta(q, \varepsilon, X)$ durch Bewegungen, bei denen ein beliebiger Buchstabe $a \in \Sigma$ gelesen und ein nicht akzeptierender Zustand erreicht wird, in dem der Kellerautomat dann den Rest der Eingabe liest. Falls der Kellerautomat bei den unendlich vielen ε-Bewegungen einen akzeptierenden Zustand erreicht, ersetzen wir $\delta(q, \varepsilon, X)$ durch eine ε-Bewegung in einen neuen akzeptierenden Zustand, in dem bei Lesen eines beliebigen Buchstabens ein nicht akzeptierender Zustand erreicht wird, in dem der Rest der Eingabe gelesen wird. In der Konfiguration $(q, w, X_1 \ldots X_m Z_0^*)$ mit $w = w_1 w'$ werden die unendlich vielen ε-Bewegungen verhindert, wenn der Kellerautomat auf (q, ε, X_1) unendlich viele ε-Bewegungen durchführt. Ansonsten wird entweder nach endlich vielen ε-Bewegungen der Buchstabe w_1 gelesen oder der Stack verkürzt und eine Konfiguration $(q', w, X_2 \ldots X_m Z_0^*)$ erreicht. Die Argumentation kann nun analog fortgeführt werden. Entweder wird nun nach endlich vielen Schritten w_1 gelesen, oder der Kellerautomat versucht, Z_0^* vom Stack zu entfernen. Dann lassen wir den Kellerautomaten den nächsten Buchstaben lesen und in einen nicht akzeptierenden Zustand wechseln, in dem der Rest der Eingabe gelesen wird. □

Sprachklassen, die durch deterministische Automaten beschrieben sind, sollten gegen Komplementbildung abgeschlossen sein. Dies läßt sich für die Klasse regulärer und die Klasse rekursiver Sprachen leicht durch einen Austausch akzeptierender und nicht akzeptierender Zustände beweisen. Für deterministisch kontextfreie Sprachen haben wir das Problem, daß nach dem Lesen der Eingabe durch ε-Bewegungen akzeptierende und nicht akzeptierende Zustände erreicht werden können, zu überwinden.

8.1.3 Satz *Die Klasse der deterministisch kontextfreien Sprachen ist gegen Komplementbildung abgeschlossen.*

Beweis Sei L eine Sprache, die von einem deterministischen Kellerautomaten A in Normalform akzeptiert wird. Wir ersetzen die Zustandsmenge Q von A durch $Q\times\{1,2,3\}$. Der Zustand $(q,1)$ wird erreicht, wenn A den Zustand q erreicht und seit dem Lesen des zuletzt gelesenen Buchstabens (bzw. seit Start der Rechnung, falls noch kein Buchstabe gelesen wurde) einen akzeptierenden Zustand erreicht hat. Der Zustand $(q,2)$ wird dagegen erreicht, wenn seit dem Lesen des letzten Buchstabens kein akzeptierender Zustand erreicht wurde. Es ist klar, wie ε-Bewegungen auf diesen Zuständen simuliert werden. Anfangszustand ist $(q_0,1)$, falls $q_0\in F$, und $(q_0,2)$ sonst. Falls A im Zustand q und bei Stacksymbol X einen Buchstaben $a\in\Sigma$ liest, soll dies der neue DPDA A' im Zustand $(q,1)$ ebenfalls tun. Im Zustand $(q,2)$ soll er jedoch mit einer ε-Bewegung in den Zustand $(q,3)$ wechseln, ohne den Stack zu verändern, und erst dann das Lesen des nächsten Buchstaben simulieren. Als Menge akzeptierender Zustände für A' wählen wir alle Zustände $(q,3)$. Diese werden am Ende der Eingabe genau dann erreicht, wenn A am Ende der Eingabe keinen akzeptierenden Zustand erreicht. Also ist A' ein DPDA für das Komplement von L. □

Wir haben sogar gezeigt, daß der DPDA für $\overline{L}$ in Linearzeit konstruiert werden kann. Für deterministisch kontextfreie Sprachen kennen wir kein Pumping Lemma. Um zu zeigen, daß eine kontextfreie Sprache L nicht deterministisch kontextfrei ist, genügt es aber nach Satz 8.1.3, zu zeigen, daß $\overline{L}$ nicht kontextfrei ist. Methoden dafür kennen wir aus Kapitel 6.

8.1.4 Beispiel Sei $L=\{a^ib^jc^k\mid i=j \text{ oder } j=k\}$. Wir wissen, daß diese Sprache kontextfrei, aber inhärent mehrdeutig ist (s. Kap. 6.7). Nehmen wir an, daß L sogar deterministisch kontextfrei ist. Dann ist $\overline{L}$ kontextfrei. Da $a^*b^*c^*$ regulär ist, ist nach Satz 7.4.2 auch

$$\overline{L}\cap a^*b^*c^*=\{a^ib^jc^k\mid i\neq j \text{ und } j\neq k\}$$

kontextfrei. Dies können wir analog zu Beispiel 6.4.6 widerlegen (Übungsaufgabe). Also ist L nicht deterministisch kontextfrei.

Wir haben für die Klasse der kontextfreien Sprachen in Kapitel 7.4 zwei Abschlußeigenschaften mit Hilfe von NPDA's gezeigt. Wenn wir in diesen Sätzen und Beweisen die gegebenen NPDA's durch DPDA's ersetzen, erhalten wir auf gleich effiziente Weise auch DPDA's für die Sprachen $h^{-1}(L)$ und $L_1 \cap L_2$. Also gilt

8.1.5 Satz *Die Klasse der deterministisch kontextfreien Sprachen ist abgeschlossen gegen inverse Homomorphismen und den Durchschnitt mit regulären Sprachen.*

Ansonsten ist die Klasse der deterministisch kontextfreien Sprachen gegen die üblichen Operationen nicht abgeschlossen.

8.1.6 Satz *Die Klasse der deterministisch kontextfreien Sprachen ist nicht abgeschlossen gegen Vereinigungen, Durchschnitte, Homomorphismen, Konkatenationen oder Kleeneschen Abschluß.*

Beweis Die Sprachen $L_1 = \{a^n b^n \mid n \geq 1\}c^*$ und $L_2 = a^*\{b^n c^n \mid n \geq 1\}$ lassen sich offensichtlich durch deterministische Kellerautomaten erkennen. Dagegen ist der Durchschnitt $L_1 \cap L_2 = \{a^n b^n c^n \mid n \geq 1\}$ bekanntermaßen nicht einmal kontextfrei. Wäre die Klasse der deterministisch kontextfreien Sprachen abgeschlossen gegen Vereinigungen, dann wäre sie, da sie gegen Komplementbildung abgeschlossen ist, nach den de Morgan Regeln auch gegen Durchschnitte abgeschlossen im Widerspruch zum obigen Beispiel.

Sei nun $L_3 = \{\#\}L_1 \cup \{\$\}L_2$. Durch die Markierungen am Anfang läßt sich L_3 von einem DPDA erkennen. Die Sprache $h(L)$ für $h(\#) = h(\$) = \varepsilon$, $h(a) = a$, $h(b) = b$ und $h(c) = c$ ist dagegen nicht deterministisch kontextfrei (s. Beispiel 8.1.4).

Auch die Sprache $L_4 = \{\#\}L_1 \cup L_2$ läßt sich von einem DPDA erkennen. Die Sprache $\#^*$ ist sogar regulär. Die Konkatenation dieser beiden Sprachen ist $\#^* L_4 = \#^+ L_1 \cup \#^* L_2$. Aus einem DPDA für $\#^* L_4$ würden wir nach Satz 8.1.5 einen DPDA für $\#^* L_4 \cap \{\#\}a^*b^*c^* = \{\#\}L_1 \cup \{\#\}L_2$ erhalten und daraus leicht einen DPDA für $L_1 \cup L_2$ im Widerspruch zu Beispiel 8.1.4.

Schließlich betrachten wir die deterministisch kontextfreie Sprache $L_5 = \{\#\} \cup L_4$. Da $L_5^* \cap \{\#\}a^*b^*c^* = \{\#\} \cup \{\#\}L_1 \cup \{\#\}L_2$ ist, erhalten wir aus der Annahme, daß die Klasse der deterministisch kontextfreien Sprachen gegen den Kleeneschen Abschluß abgeschlossen ist, ebenfalls einen Widerspruch zu Beispiel 8.1.4. □

Zum Abschluß unserer Untersuchung deterministischer Kellerautomaten interessieren wir uns dafür, welche Probleme über deterministisch kontextfreie Sprachen entscheidbar bzw. nicht entscheidbar sind. Entscheidbar sind natürlich der Leerheits- und der Endlichkeitstest, da diese Probleme bereits für die Klasse der kontextfreien Sprachen entscheidbar sind.

8.1.7 Satz *Es seien die deterministisch kontextfreie Sprache L durch einen DPDA und die reguläre Sprache R durch einen DFA gegeben. Dann ist entscheidbar, ob $R = L$ ist, ob $R \subseteq L$ ist und ob $L = \Sigma^*$ ist.*

Beweis Es ist $R = L$ ($R \subseteq L$) genau dann, wenn $R \cap \overline{L} = \emptyset$ und $\overline{R} \cap L = \emptyset$ ($R \cap \overline{L} = \emptyset$) ist. Für die Sprache $\overline{L}$ können wir (Satz 8.1.3) einen DPDA konstruieren und für die Sprache $\overline{R}$ einen DFA. Mit Satz 8.1.5 und der vorhergehenden Bemerkung können wir DPDA's für $R \cap \overline{L}$ und $\overline{R} \cap L$ konstruieren und für diese den Leerheitstest durchführen. Die letzte Aussage folgt aus den vorherigen, da Σ^* regulär ist. □

8.1.8 Satz *Die folgenden Probleme sind für durch DPDA's gegebene deterministisch kontextfreie Sprachen L und L' nicht entscheidbar.*

(1) Ist $L \cap L' = \emptyset$?

(2) Ist $L \subseteq L'$?

(3) Ist $L \cap L'$ deterministisch kontextfrei?

(4) Ist $L \cap L'$ kontextfrei?

(5) Ist $L \cup L'$ deterministisch kontextfrei?

Beweis Wir verallgemeinern zunächst Lemma 6.6.4 auf die folgende Aussage. Für alle Turingmaschinen M ist B_M, die Sprache der akzeptierenden Rechenwege von M in der in Kapitel 6.6 angegebenen Codierung, der Durchschnitt zweier deterministisch kontextfreier Sprachen L_1 und L_2, für die DPDA's A_1 und A_2 aus M konstruiert werden können. In Beispiel 7.2.1 haben wir gezeigt, daß $L = \{w\#w^R \mid w \in \{0,1\}^*\}$ deterministisch kontextfrei ist und sich ein DPDA für L leicht konstruieren läßt. Im Beweis von Lemma 6.6.4 haben wir B_M als Durchschnitt zweier Sprachen L_1 und L_2 dargestellt, die aus ähnlichen Bausteinen wie L aufgebaut sind. Für Turingmaschinen unterscheiden sich eine Konfiguration w_1 und die Nachfolgekonfiguration w_2 nur so lokal, daß wir auch leicht für die Sprache L' aller $w_1\#w_2^R$, wobei w_2 direkte Nachfolgekonfiguration von w_1 ist, einen DPDA konstruieren können. Dies gilt trotz Satz 8.1.6 auch für $(L'\{\#\})^*$, da der DPDA an den Trennzeichen $\#$ die Konfigurationsenden erkennen kann. Damit ist $B_M = L_1 \cap L_2$, wobei wir DPDA's für L_1 und L_2 konstruieren können.

In Lemma 6.6.5 haben wir gezeigt, daß B_M, falls M, was wir in Zukunft für alle Turingmaschinen M o. B. d. A. annehmen, auf jeder Eingabe mindestens zwei Rechenschritte macht, genau dann kontextfrei ist, wenn $L(M)$, die von M akzeptierte Sprache, endlich ist. Dann ist B_M aber sogar regulär und deterministisch kontextfrei.

Nun können wir analog zum Beweis von Satz 6.6.7 vorgehen. Wäre Problem (1) entscheidbar, dann auch das Problem, ob eine Turingmaschine M die leere Sprache akzeptiert. Dies steht jedoch im Widerspruch zum Satz von Rice (Satz 2.6.11). Damit ist auch Problem (2) unentscheidbar. Es ist nämlich $L \subseteq L'$ genau dann, wenn $L \cap \overline{L'} = \emptyset$ ist, und ein DPDA für $\overline{L'}$ kann aus einem DPDA für L' konstruiert werden.

Wäre Problem (3) oder Problem (4) entscheidbar, dann im Widerspruch zum Satz von Rice auch das Problem, zu entscheiden, ob $L(M)$ endlich ist. Aus der Entscheidbarkeit von Problem (5) könnten wir durch Konstruktion von DPDA's für $\overline{L}$, $\overline{L'}$ und $\overline{(\overline{L} \cup \overline{L'})} = L \cap L'$ einen Algorithmus für Problem (3) ableiten im Widerspruch zu unseren obigen Überlegungen. □

Ob das Problem, für zwei DPDA's zu entscheiden, ob sie die gleichen Sprachen akzeptieren, algorithmisch lösbar ist, ist noch ein offenes Problem.

8.1.9 Satz *Es ist für kontextfreie Sprachen L nicht entscheidbar, ob sie deterministisch kontextfrei sind.*

Beweis Nach den Ergebnissen aus Kapitel 7 ist es unerheblich, ob L durch eine kontextfreie Grammatik oder durch einen PDA gegeben ist. Sei M eine Turingmaschine, die auf jeder Eingabe mindestens zwei Rechenschritte macht. Wir können nach Lemma 6.6.6 eine kontextfreie Grammatik für $\overline{B_M}$ konstruieren. Wenn wir entscheiden können, ob $\overline{B_M}$ deterministisch kontextfrei ist, können wir wegen der Abgeschlossenheit der deterministisch kontextfreien Sprachen gegen Komplementbildung auch entscheiden, ob B_M deterministisch kontextfrei ist. Dies ist nach Lemma 6.6.5 und den oben diskutierten Verallgemeinerungen äquivalent zu der Entscheidung, ob $L(M)$ endlich ist. Das Problem, ob $L(M)$ endlich ist, ist jedoch nach dem Satz von Rice unentscheidbar. □

Die Klasse deterministisch kontextfreier Sprachen ist also durch ein deterministisches Maschinenmodell beschrieben, und es gibt die Hoffnung, daß das Wort- und das Syntaxanalyseproblem in Linearzeit lösbar sind. Aber es bleibt festzuhalten, daß die Klasse der deterministisch kontextfreien Sprachen gegen viele gängige Operationen nicht abgeschlossen ist und daß viele Probleme, die wir gerne effizient lösen würden, nicht entscheidbar sind.

8.2 Bottom-up Syntaxanalysealgorithmen

Das Syntaxanalyseproblem besteht darin, für eine Grammatik G, wobei wir nur noch kontextfreie Grammatiken betrachten, und ein Wort w zu entscheiden, ob $w \in L(G)$ ist (Wortproblem), und ggf. einen Syntaxbaum für w bzgl. G zu erzeugen. Für die Konstruktion von Bäumen fallen uns graphentheoretisch sofort zwei Algorithmentypen ein: Top-down und Bottom-up. Wir behandeln nur Bottom-up Syntaxanalysealgorithmen, da diese für alle deterministisch kontextfreien Sprachen Linearzeitalgorithmen ermöglichen.

Zu einem Syntaxbaum gehören im allgemeinen viele Ableitungen des erzeugten Wortes. Bisher haben wir vor allem Linksableitungen benutzt, da diese das Wort im wesentlichen von links nach rechts, also in der üblichen Leserichtung, erzeugen. Bei der Bottom-up Vorgehensweise wird eine Ableitung in umgekehrter Reihenfolge konstruiert. Für eine Linksableitung müßten wir also den rechtesten inneren Knoten des Syntaxbaumes zuerst berechnen. Daher arbeiten wir mit Rechtsableitungen, Notation: $\xrightarrow{r}$ und $\xrightarrow{*r}$ statt $\rightarrow$ und $\xrightarrow{*}$ für beliebige Ableitungen. Unter den Knoten v des Syntaxbaumes, die nur Blätter als Söhne haben, müssen wir jetzt den linkesten zuerst erzeugen und ihn mit einer Variablen versehen. Die Söhne von v müssen nicht mehr betrachtet werden, v wird also (gedanklich) neues Blatt, und wir fahren analog fort.

Der Syntaxanalysealgorithmus soll wie ein deterministischer Kellerautomat mit Ausgabe (analog zu den DFA's mit Ausgabe, s. Kap. 4.1) arbeiten, d. h. in jedem Schritt darf ein Ausgabesymbol erzeugt werden. Die Ausgabe besteht aus der Nummer der Regel, die im Syntaxbaum angewendet wurde. Wenn wir die Regeln in der umgekehrten Reihenfolge, in der sie erzeugt werden, auf das Startsymbol der Grammatik anwenden, wollen wir eine Rechtsableitung des betrachteten Wortes erhalten.

Es kann notwendig sein, das gesamte Eingabewort zunächst auf den Stack zu schreiben, bevor die letzte Produktion einer Rechtsableitung erkannt werden kann. Die Grammatik mit den Regeln $S \rightarrow aS$ und $S \rightarrow b$ bildet dafür ein einfaches Beispiel. Die eigentliche Arbeit geschieht dann mit ε-Bewegungen.

Es scheint auch unmöglich zu sein, direkt nach dem Lesen von w_j zu erkennen, daß $A \rightarrow w_i \dots w_j$ die letzte Produktion in einer Rechtsableitung von w ist. Dazu betrachten wir die Grammatik mit den Regeln $S \rightarrow AB$, $S \rightarrow CD$, $A \rightarrow a$, $B \rightarrow bc$, $C \rightarrow a$ und $D \rightarrow cb$ für die Sprache $\{abc, acb\}$. Erst nach dem Lesen des zweiten Buchstabens kann entschieden werden, ob $A \rightarrow a$ oder $C \rightarrow a$ der letzte Schritt in einer Rechtsableitung für das gegebene Wort ist. In Linearzeit können wir aber von jedem Buchstaben nur eine konstante Zahl von Buchstaben „vorausschauen". Wir erlauben daher für eine Konstante k einen Lookahead von k Buchstaben. Wenn also $A \rightarrow w_i \dots w_j$ die letzte Regelanwendung in einer Rechtsableitung von w ist, muß dies aus der Kenntnis von $w_1 \dots w_j w_{j+1} \dots w_{j+k}$ effizient entscheidbar sein. Informell soll der Bottom-up Syntaxanalysealgorithmus (Bottom-up Parser) folgendes Aussehen haben.

8.2.1 Algorithmus (informelle Beschreibung eines LR(k)-Parsers)
Ein LR(k)-Parser soll wie ein deterministischer Kellerautomat arbeiten, die Eingabe w von links nach rechts lesen (dafür steht das L in LR(k)), die Ausgabe error berechnen, falls w nicht von der zugehörigen Grammatik erzeugt wird, ansonsten eine Rechtsableitung für w konstruieren (dafür steht das R in LR(k)) und mit einem Lookahead von k Buchstaben auskommen.

Algorithmus 8.2.1 ist zu diesem Zeitpunkt ein Wunschalgorithmus. Wir suchen die „größtmögliche" Klasse von Grammatiken, für die ein Syntaxanalysealgorithmus nach der in Algorithmus 8.2.1 beschriebenen Methode arbeiten kann. Wir versuchen, die Probleme, die ein LR(k)-Parser beherrschen muß, herauszufiltern.

8.2.2 Definition Für eine kontextfreie Grammatik G heißt jeder String $\alpha \in (V \cup \Sigma)^*$, der in einer Rechtsableitung eines Wortes w vorkommt, Rechtssatzform. D. h., α ist Rechtssatzform, wenn es ein $w \in \Sigma^*$ mit $S \xrightarrow{*r} \alpha \xrightarrow{*r} w$ gibt.

Sei nun $S \xrightarrow{*r} \alpha A w \xrightarrow{r} \alpha\beta w \xrightarrow{*r} xw$ eine Rechtsableitung des Wortes xw. Wenn der LR(k)-Parser den String $\alpha\beta w$ „erzeugt" hat, d. h. aus xw die Rechtsableitung $\alpha\beta w \xrightarrow{*r} xw$ konstruiert hat, muß er, ohne mehr als k Buchstaben von w zu kennen, entscheiden können, daß zuvor die Regel $A \to \beta$ angewendet worden ist. Das Erkennen von β als rechter Seite der zuletzt angewendeten Regel ist also der Schlüssel für den nächsten Parsingschritt.

8.2.3 Definition Falls $\alpha A w \xrightarrow{r} \alpha\beta w$ für zwei Rechtssatzformen $\alpha A w$ und $\alpha\beta w$ gilt, heißt der String β unter Angabe seiner Position in $\gamma = \alpha\beta w$ Schlüssel von γ (englisch handle, manche Bücher verwenden die wörtliche, weniger intuitive Übersetzung Henkel).

Die folgenden Aufgaben müssen von einem Bottom-up Parser effizient gelöst werden.

1.) Ist das Schlüsselende erreicht? Im positiven Fall soll der Schlüsselanfang gesucht werden, ansonsten wird die Eingabe weiter vom Eingabeband auf den Stack geshiftet (Shift-Schritte).

2.) Wo ist der Schlüsselanfang? Mit ε-Bewegungen wird auf dem Stack gelesen und der Stackinhalt im Zustand gespeichert. Dies sind Reduce-Schritte, da die Größe des Stacks reduziert wird.

3.) Aus welcher Variablen wurde der Schlüssel abgeleitet? In unserer neuen Sprechweise suchen wir nach der Variablen, auf die der Schlüssel reduziert werden soll. Die Variable wird auf dem Stack gespeichert und die Nummer der Regel in die Ausgabe geschrieben.

Falls $\alpha A w \xrightarrow{r} \alpha\beta w$ für die Rechtssatzformen $\alpha A w$ und $\alpha\beta w$ mit $\alpha\beta = X_1 \ldots X_r$ gilt, müssen folgende Forderungen erfüllt sein.

1.) Bei Kenntnis von $X_1 \ldots X_j$ für $j < r$ und der ersten k Symbole von $X_{j+1} \ldots X_r w$ kann der Parser sicher sein, das rechte Schlüsselende noch nicht erreicht zu haben.

2.) Bei Kenntnis von $X_1 \ldots X_r$ und der ersten k Symbole von w kann der Parser sicher sein, daß β der Schlüssel ist und auf A reduziert werden muß.

Bei einer Reduktion auf das Startsymbol wollen wir sicher sein, eine Rechtsableitung berechnet zu haben. Daher fügen wir o. B. d. A. jeder Grammatik die neue Startvariable S' und die Regel $S' \rightarrow S$ hinzu. Da wir k Symbole vorausschauen dürfen, wollen wir für Strings $\alpha \in (V \cup \Sigma)^*$ angeben, welche Wörter aus $\Sigma^{\leq k} := \Sigma^0 \cup \ldots \cup \Sigma^k$ aus α erzeugt werden können und welche Wörter aus Σ^k Präfixe der aus α ableitbaren Strings sind.

8.2.4 Definition

$$\mathrm{FIRST}_k(\alpha) := \{x \in \Sigma^{\leq k} \mid \alpha \xrightarrow{*} x\} \cup \{x \in \Sigma^k \mid \exists\, \beta : \alpha \xrightarrow{*} x\beta\}.$$

Für Wörter $w \in \Sigma^*$ besteht $\mathrm{FIRST}_k(w)$ also nur aus w, falls $|w| \leq k$, und ansonsten aus dem Präfix der Länge k von w. Wir sind nun auf die Definition der Klasse von Grammatiken vorbereitet, für die wir (später) LR(k)-Parser entwerfen. Informell sollen die Grammatiken so beschaffen sein, daß es im String $\alpha\beta w$ genügt, $\alpha\beta$ und $\mathrm{FIRST}_k(w)$ zu kennen, um zu entscheiden, ob $A \rightarrow \beta$ die letzte Regel in einer Rechtsableitung von $\alpha\beta w$ war.

8.2.5 Definition Eine kontextfreie Grammatik G ist eine LR(k)-Grammatik, wenn folgendes gilt

$$\left.\begin{array}{ll} (1) & S' \xrightarrow{*r} \alpha A w \xrightarrow{r} \alpha\beta w \\ (2) & S' \xrightarrow{*r} \gamma B x \xrightarrow{r} \alpha\beta y \\ (3) & \mathrm{FIRST}_k(w) = \mathrm{FIRST}_k(y) \end{array}\right\} \Rightarrow \alpha = \gamma,\ A = B \text{ und } y = x.$$

Bevor wir zeigen, daß der LR(k)-Parser für LR(k)-Grammatiken die weiter oben beschriebenen drei Probleme lösen kann, wollen wir die Definition an Beispielen veranschaulichen.

8.2.6 Beispiel Die Grammatik G_1 enthalte die folgenden Regeln: $S' \to S$, $S \to C$, $S \to D$, $C \to aC$, $C \to c$, $D \to aD$, $D \to d$.

Wir erkennen, daß $L(G_1)$ durch den regulären Ausdruck a^*c+a^*d beschrieben werden kann. Diese Grammatik ist eine LR(1)-Grammatik. Zunächst wird die Eingabe auf den Stack geshiftet. Am letzten Buchstaben kann erkannt werden, ob auf C oder auf D reduziert werden muß. Formal können wir folgendermaßen argumentieren. Die Rechtssatzformen von G_1 sind S', S, a^iC, a^iD, a^ic und a^id für $i \geq 0$. Sie enthalten maximal eine Variable und diese ggf. am rechten Ende. In den Bedingungen von Definition 8.2.5 muß also $w = x = y = \varepsilon$ und somit $\alpha\beta w = \alpha\beta x = \alpha\beta$ sein. Zu jeder Rechtssatzform $\alpha\beta \neq S'$ existiert genau eine Rechtssatzform α' mit $\alpha' \xrightarrow{r} \alpha\beta$.

8.2.7 Beispiel Die Grammatik G_2 enthalte die folgenden Regeln: $S' \to S$, $S \to Cc$, $S \to Dd$, $C \to Ca$, $C \to \varepsilon$, $D \to Da$, $D \to \varepsilon$.

Offensichtlich ist $L(G_2) = L(G_1)$, aber G_2 ist für kein k eine LR(k)-Grammatik. Rechtsableitungen sind von der Form

$$S' \to S \to Cc \to \ldots \to Ca^kc \to a^kc \text{ oder}$$
$$S' \to S \to Dd \to \ldots \to Da^kd \to a^kd.$$

Informal muß sich der Parser für die Wörter a^kc und a^kd die ersten $k+1$ Buchstaben anschauen, bevor er weiß, ob der Schlüssel ε auf C oder D reduziert werden muß. Formal setzen wir für die oben beschriebenen Ableitungen

$$\alpha = \varepsilon,\ A = C,\ \beta = \varepsilon,\ w = a^kc,\ \gamma = \varepsilon,\ B = D \text{ und } x = y = a^kd$$

und erhalten die Bedingungen (1), (2) und (3) aus Definition 8.2.5. Die Folgerung $A = B$ ist jedoch nicht erfüllt.

8.2.8 Beispiel Die Grammatik G_3 enthalte die Regeln: $S' \to S$, $S \to CD$, $C \to a$, $D \to EF$, $D \to aG$, $E \to ab$, $F \to bb$, $G \to bba$.

Es gibt offensichtlich nur zwei Rechtsableitungen:

$$S' \to S \to CD \to CEF \to CEbb \to Cabbb \to aabbb$$
$$S' \to S \to CD \to CaG \to Cabba \to aabba$$

Die Grammatik G_3 ist keine LR(1)-Grammatik. In Definition 8.2.5 setzen wir $\alpha = C$, $A = E$, $w = bb$, $\beta = ab$, $\gamma = Ca$, $B = G$, $x = \varepsilon$ und $y = ba$. Da $\text{FIRST}_1(w) = b = \text{FIRST}_1(y)$, sind die Bedingungen (1)–(3) in Definition 8.2.5 erfüllt, aber die Folgerungen $\alpha = \gamma$, $A = B$ und $y = x$ sind nicht erfüllt. Die Grammatik G_3 ist jedoch eine LR(2)-Grammatik. Im obigen Beispiel ist Bedingung (3) nicht mehr erfüllt, da $\text{FIRST}_2(w) = bb \neq ba = \text{FIRST}_2(y)$. Die LR(2)-Eigenschaft ist nun in den wenigen Fällen, in denen die Bedingungen gelten, leicht nachzuprüfen.

Nun wollen wir zeigen, daß bei LR(k)-Grammatiken die früher diskutierten Probleme nicht auftauchen. Sei also $\alpha Aw \xrightarrow{r} \alpha\beta w$ für zwei Rechtssatzformen αAw und $\alpha\beta w$.

Problem 1: Schlüsselende erreicht? Nehmen wir an, daß es eine Rechtssatzform $\alpha\beta y$ mit $\mathrm{FIRST}_k(y) = \mathrm{FIRST}_k(w)$ gibt, bei der das Schlüsselende später liegt, d. h. es gibt eine Zerlegung $y = y_1y_2y_3$ mit $y_3 \neq y$, so daß $\gamma By_3 \xrightarrow{r} \alpha\beta y_1y_2y_3 = \alpha\beta y$ für eine Rechtssatzform $\gamma By_3 = \alpha\beta y_1By_3$ gilt. Dies widerspricht, da $y_3 \neq y$, der Definition von LR(k)-Grammatiken.

Problem 2: Eindeutiger Schlüsselanfang? Nehmen wir an, daß es eine Rechtssatzform $\alpha\beta y$ mit $\mathrm{FIRST}_k(y) = \mathrm{FIRST}_k(w)$ gibt, bei der das Schlüsselende ebenfalls am Ende von β, aber der Schlüsselanfang nicht zwischen α und β liegt. Es gilt also $\gamma By \xrightarrow{r} \gamma\beta' y = \alpha\beta y$. Aus der Definition der LR(k)-Grammatiken folgt $\alpha = \gamma$ und $A = B$ und damit $\beta' = \beta$. Also liegt der Schlüsselanfang doch zwischen α und β.

Problem 3: Auf welche Variable muß reduziert werden? Der Schlüssel β ist nun eindeutig bestimmt. Falls $\alpha Aw \xrightarrow{r} \alpha\beta w$, $\alpha By \xrightarrow{r} \alpha\beta y$ und $\mathrm{FIRST}_k(w) = \mathrm{FIRST}_k(y)$ gelten, folgt aus Definition 8.2.5 direkt $A = B$.

Wir sind jetzt auf eine weitergehende Spezifikation des Bottom-up Parsers aus Algorithmus 8.2.1 vorbereitet. Der zugehörige deterministische Kellerautomat mit Ausgabe soll mit einer endlichen Parsetabelle arbeiten, wobei er sich die aktuelle Zeile ebenso im Zustand merkt wie den String der folgenden k noch nicht verarbeiteten Buchstaben, d. h. zu Beginn bilden die ersten k Buchstaben den Lookahead, werden aber noch nicht „gelesen". Die Buchstaben des Eingabewortes gelangen also zunächst in den Lookahead und werden erst, wenn sie sich in diesem String „nach vorne gearbeitet" haben, gelesen. Wenn das Ende der Eingabe erreicht wird, wird ε zum Lookahead hinzugefügt, der Lookahead ist also ein String aus $\Sigma^{\leq k}$.

Wir stellen Konfigurationen des Parsers durch Tripel (stack,w',output) dar. Die erste Komponente beschreibt den Stack und wird mit T_0 initialisiert, d. h. der Parser beginnt in Zeile 0 der Parsetabelle. Allgemein steht auf dem Stack ein String ungerader Länge, der eine alternierende Folge aus Symbolen T_i, die auf Zeilen der Parsetabelle hinweisen, und aus Symbolen aus $V \cup \Sigma$ bildet. Der aus den Buchstaben und Variablen gebildete Teilstring ist der linke noch nicht reduzierte Teil unseres Syntaxbaumes (also der String $\alpha\beta$ in der bisherigen Bezeichnung). Der leichteren Lesbarkeit wegen benutzen wir in Zukunft für den Stackinhalt die gespiegelte Schreibweise, bei der das Topsymbol rechts steht. Die zweite Tripelkomponente ist der noch nicht verarbeitete Teil der Eingabe und wird mit w initialisiert. Hieraus ist $u := \mathrm{FIRST}_k(w')$ stets direkt ablesbar. Die dritte Komponente enthält den bereits produzierten Output und wird mit ε initialisiert.

Die Parsefunktion ist eine Abbildung $f : \mathcal{T} \times \Sigma^{\leq k} \to \{0, \ldots, p, \text{shift}, \text{accept}, \text{error}\}$, wobei $\mathcal{T} = \{T_0, \ldots, T_z\}$ die Menge der Zeilen der Parsetabelle ist und $0, \ldots, p$ die Nummern der Ableitungsregeln der LR(k)-Grammatik sind. Die Übergangsfunktion ist eine Abbildung goto: $\mathcal{T} \times (V \cup \Sigma) \to \mathcal{T} \cup \{\text{error}\}$.

8.2.9 Algorithmus (LR(k)-Parser für die Parsefunktion f, die Übergangsfunktion goto und die LR(k)-Grammatik G)

Input: $w \in \Sigma^*$.

Output: error, falls $w \notin L(G)$, und ansonsten eine Folge $i_1, \ldots, i_j \in \{0, \ldots, p\}$, so daß bei Anwendung der Regeln mit Nummern $i_j, \ldots, i_1$ auf das Startsymbol eine Rechtsableitung von w bzgl. G erzeugt wird.

Initialisierung: Der Stack wird mit T_0 initialisiert, w ist das Eingabewort, der Lookahead u ist $\text{FIRST}_k(w)$, und der Output wird mit ε initialisiert.

Der Algorithmus führt bzgl. $f(T, u)$ für das oberste Stacksymbol T und den aktuellen Lookahead u die folgende Fallunterscheidung durch, bis er abbricht.

1. Fall: $f(T, u) = \text{shift}$. Es wird der nächste Buchstabe a des Eingabewortes gelesen und auf dem Stack abgelegt. Außerdem wird u aktualisiert. Falls $\text{goto}(T, a) = \text{error}$, bricht der Algorithmus mit error ab. Ansonsten wird $T' = \text{goto}(T, a)$ auf dem Stack abgelegt.

2. Fall: $f(T, u) = i$. Sei $A \to X_1 \ldots X_r$ die Regel von G mit Nummer i. Teste, ob die obersten $2r$ Stacksymbole von der Form $X_1 T_{i(1)} \ldots X_r T_{i(r)}$ sind. Bei negativem Testausgang bricht der Algorithmus mit error ab. Ansonsten wird der Stack um die betrachteten $2r$ Symbole reduziert und i in die Ausgabe geschrieben. Der Schlüssel $X_1 \ldots X_r$ wird dabei mit der Regel i auf A reduziert. Sei nun T_l das oberste Stacksymbol. Falls $\text{goto}(T_l, A) = \text{error}$, bricht der Algorithmus mit error ab. Ansonsten werden A und $\text{goto}(T_l, A)$ auf dem Stack abgelegt.

3. Fall: $f(T, u) = \text{error}$. Der Algorithmus bricht mit error ab.

4. Fall: $f(T, u) = \text{accept}$. Der Algorithmus bricht mit accept ab.

Auch Algorithmus 8.2.9 ist noch ein Wunschalgorithmus, da wir bisher nicht wissen, wie wir f und goto zu einer LR(k)-Grammatik so konstruieren, daß der Parser die behaupteten Eigenschaften hat. Die Ziele sind aber wesentlich konkreter geworden. Bevor wir uns der Berechnung von f und goto für G zuwenden, übernehmen wir ein Beispiel aus Aho und Ullman (1972) zur Veranschaulichung des Algorithmus.

8.2.10 Beispiel Die LR(1)-Grammatik G enthalte die folgenden Regeln: $S' \to S$ (Regel 0), $S \to SaSb$ (Regel 1) und $S \to \varepsilon$ (Regel 2). Es ist $\Sigma^{\leq 1} = \{a, b, \varepsilon\}$. Die folgende Parsetabelle müssen wir zu diesem Zeitpunkt als Geschenk des Himmels ansehen. Später kann bewiesen werden, daß sie zu G „paßt".

	f			goto		
	a	b	ε	S	a	b
T_0	2	error	2	T_1	error	error
T_1	shift	error	accept	error	T_2	error
T_2	2	2	error	T_3	error	error
T_3	shift	shift	error	error	T_4	T_5
T_4	2	2	error	T_6	error	error
T_5	1	error	1	error	error	error
T_6	shift	shift	error	error	T_4	T_7
T_7	1	1	error	error	error	error

Tabelle 8.2.1

Wir betrachten das Wort $aabb \in L(G)$ und starten mit der Konfiguration $(T_0, aabb, \varepsilon)$, wobei $u = a$.

- $f(T_0, a) = 2$; für Regel 2 geht der Test stets positiv aus, da die rechte Seite 0 Symbole enthält; es werden 0 Symbole vom Stack entfernt; es wird 2 in die Ausgabe geschrieben; da $\text{goto}(T_0, S) = T_1$, kommen S und T_1 auf den Stack; neue Konfiguration $(T_0ST_1, aabb, 2)$.

- $f(T_1, a) = \text{shift}$; also a vom Input auf den Stack; $u := a$; da $\text{goto}(T_1, a) = T_2$, T_2 auf den Stack; neue Konfiguration $(T_0ST_1aT_2, abb, 2)$.

- $f(T_2, a) = 2$; Regel 2 anwenden; Test positiv; 2 in die Ausgabe; S und $\text{goto}(T_2, S) = T_3$ auf den Stack; neue Konfiguration $(T_0ST_1aT_2ST_3, abb, 22)$.

- $f(T_3, a) = \text{shift}$; also a vom Input auf den Stack; $u := b$; $\text{goto}(T_3, a) = T_4$ auf den Stack; neue Konfiguration $(T_0ST_1aT_2ST_3aT_4, bb, 22)$.

- $f(T_4, b) = 2$; Regel 2 anwenden; Test positiv; 2 in die Ausgabe; S und $\text{goto}(T_4, S) = T_6$ auf den Stack; neue Konfiguration $(T_0ST_1aT_2ST_3aT_4ST_6, bb, 222)$.

- $f(T_6, b) = \text{shift}$; also b vom Input auf den Stack; $u := b$; $\text{goto}(T_6, b) = T_7$ auf den Stack; neue Konfiguration $(T_0ST_1aT_2ST_3aT_4ST_6bT_7, b, 222)$.

- $f(T_7, b) = 1$; Regel 1 ist $S \to SaSb$; auf dem Stack steht oben $ST_3aT_4ST_6bT_7$; also Test positiv; diese acht Symbole werden vom Stack entfernt; 1 in die Ausgabe; nun ist T_2 oben auf dem Stack; S und $\text{goto}(T_2, S) = T_3$ auf den Stack; neue Konfiguration $(T_0ST_1aT_2ST_3, b, 2221)$.

- $f(T_3, b)$ = shift; also b vom Input auf den Stack; $u := \varepsilon$; goto$(T_3, b) = T_5$ auf den Stack; neue Konfiguration $(T_0ST_1aT_2ST_3bT_5, \varepsilon, 2221)$.

- $f(T_5, \varepsilon) = 1$; Regel 1 ist $S \to SaSb$; auf dem Stack steht oben $ST_1aT_2ST_3bT_5$; also Test positiv; diese acht Symbole werden vom Stack entfernt; 1 in die Ausgabe; nun ist T_0 oben auf dem Stack; S und goto$(T_0, S) = T_1$ auf den Stack; neue Konfiguration $(T_0ST_1, \varepsilon, 22211)$.

- $f(T_1, \varepsilon)$ = accept; also entsteht $aabb$ aus S mit einer Rechtsableitung durch Anwendung der Regeln 1, 1, 2, 2, 2: $S \xrightarrow{r} SaSb \xrightarrow{r} SaSaSbb \xrightarrow{r} SaSabb \xrightarrow{r} Saabb \xrightarrow{r} aabb$.

8.3 Eine weitere Charakterisierung von LR(k)-Grammatiken

Für kontextfreie Grammatiken G, die nicht LR(k)-Grammatiken sind, gibt es mindestens ein Beispiel, das die Bedingungen aus Definition 8.2.5 nicht erfüllt. Wir zeigen zunächst, daß wir sogar ein Beispiel mit einer weiteren Eigenschaft finden können.

8.3.1 Lemma Falls G keine LR(k)-Grammatik ist, gibt es Rechtssatzformen, die die folgenden Bedingungen erfüllen.

(1) $S' \xrightarrow{*r} \alpha A w \xrightarrow{r} \alpha\beta w$.

(2) $S' \xrightarrow{*r} \gamma B x \xrightarrow{r} \gamma\delta x = \alpha\beta y$.

(3) $\text{FIRST}_k(w) = \text{FIRST}_k(y)$.

(4) $(\alpha, A, y) \neq (\gamma, B, x)$.

(5) $|\gamma\delta| \geq |\alpha\beta|$.

Beweis Nach Definition 8.2.5 gibt es Rechtssatzformen, die die Bedingungen (1)–(4) erfüllen. Unter allen Beispielen wählen wir eines, für das $|\alpha\beta|$ minimal ist. Unter der Annahme $|\gamma\delta| < |\alpha\beta|$ konstruieren wir Rechtssatzformen, die die Bedingungen (1)–(4) erfüllen und für die der String $\alpha'\beta'$, der die Rolle von $\alpha\beta$ übernimmt, im Widerspruch zur Wahl von $\alpha\beta$ kürzer als $\alpha\beta$ ist.

Da $\gamma\delta x = \alpha\beta y$ und $|\gamma\delta| < |\alpha\beta|$, existiert ein String z positiver Länge mit $\gamma\delta z = \alpha\beta$. Also gilt

(1) $S' \xrightarrow{*r} \gamma Bx \xrightarrow{r} \gamma\delta x$.
(2) $S' \xrightarrow{*r} \alpha Aw \xrightarrow{r} \alpha\beta w = \gamma\delta zw$.

Da $\gamma\delta z = \alpha\beta$ und $\alpha\beta y = \gamma\delta x$, folgt $\gamma\delta zy = \gamma\delta x$ und $zy = x$. Aus $\text{FIRST}_k(w) = \text{FIRST}_k(y)$ folgt $\text{FIRST}_k(zw) = \text{FIRST}_k(zy)$ und

(3) $\text{FIRST}_k(x) = \text{FIRST}_k(zw)$.

Gilt die LR(k)-Bedingung für die so gewählten Rechtssatzformen, folgt $\alpha = \gamma$, $A = B$ und $zw = w$ im Widerspruch zu $z \neq \varepsilon$. Also gilt

(4) $(\gamma, B, w) \neq (\alpha, A, zw)$.

Wir haben also Rechtssatzformen, die die Bedingungen (1)–(4) erfüllen und bei denen $\gamma\delta$ die Rolle von $\alpha\beta$ spielt, konstruiert. Außerdem ist $|\gamma\delta| < |\alpha\beta|$ im Widerspruch zur Wahl von $\alpha\beta$. □

Für die angestrebte neue Charakterisierung von LR(k)-Grammatiken benötigen wir einige neue Bezeichnungen. Aus der Beschreibung des LR(k)-Parsers in Algorithmus 8.2.9 geht hervor, daß für eine Rechtssatzform $\alpha\beta w$ mit Schlüssel β nur Symbole von $\alpha\beta$ (zusammen mit Symbolen aus $\mathcal{T}$) auf dem Stack gespeichert sein dürfen.

8.3.2 Definition Ein String $\gamma \in (V \cup \Sigma)^*$ heißt lebensfähiger Präfix für die LR(k)-Grammatik G, wenn er Präfix einer Rechtssatzform ist und nicht über das Schlüsselende hinausragt.

Lebensfähige Präfixe γ können beliebig lang sein. Da die Längen der rechten Seiten aller Ableitungsregeln von G durch eine Konstante r beschränkt sind, kann der Schlüssel in γ nur an einer der letzten r Positionen in γ beginnen, oder der Schlüsselanfang ist gar nicht in γ enthalten. Dies impliziert, daß es für die unendlich vielen lebensfähigen Präfixe nur endlich viele Möglichkeiten gibt, die wir zu jedem Zeitpunkt unterscheiden müssen. Diesen endlichen Speicher kann ein Automat in die Zustandsmenge integrieren. Mit unserer üblichen Notation können wir Trennstellen in Strings nicht angeben. Für $\alpha = a, \beta = bc, \gamma = ab$ und $\delta = c$, ist $\alpha\beta = \gamma\delta$, aber $\alpha \cdot \beta \neq \gamma \cdot \delta$.

8.3.3 Definition Der Ausdruck $[A \to \beta_1 \cdot \beta_2, u]$ bildet ein LR(k)-Item für die LR(k)-Grammatik G, wenn $A \to \beta_1\beta_2$ eine Ableitungsregel in G und $u \in \Sigma^{\leq k}$ ist. Dieses LR(k)-Item ist gültig für den lebensfähigen Präfix $\gamma = \alpha\beta_1$, falls es Rechtssatzformen mit $S' \xrightarrow{*r} \alpha Aw \xrightarrow{r} \alpha\beta_1\beta_2 w$ und $u = \text{FIRST}_k(w)$ gibt.

Definitionsgemäß muß es für jeden lebensfähigen Präfix mindestens ein gültiges LR(k)-Item geben. Andererseits ist die Menge aller LR(k)-Items offensichtlich endlich. Für jeden lebensfähigen Präfix γ müßte es doch möglich sein, die Menge der für

γ gültigen LR(k)-Items effizient zu berechnen. Wenn zu dieser Menge das LR(k)-Item $[A \to \beta\cdot, u]$ gehört, sind wir, falls β auf A reduziert werden soll, in γ am Ende des Schlüssels angelangt. Die LR(k)-Eigenschaft der zugrundeliegenden Grammatik müßte also gefühlsmäßig garantieren, daß wir aus der Kenntnis der Gültigkeit von $[A \to \beta\cdot, u]$, falls der Lookahead tatsächlich u ist, eindeutig schließen können, daß β auf A reduziert werden muß. Der Nachweis, daß uns unser Gefühl nicht trügt, ist leider technisch etwas aufwendig. Da die Markierung „·" für den Schlüssel ε nicht eindeutig ist (es ist $\varepsilon\cdot = \cdot\varepsilon$), werden Ableitungen mit Schlüssel ε gesondert behandelt.

8.3.4 Definition $\text{EFF}_k(\alpha)$ (ε-free first Funktion) ist gleich $\text{FIRST}_k(\alpha)$, falls α mit einem Buchstaben aus Σ beginnt, und ansonsten definiert durch

$$\text{EFF}_k(\alpha) := \{w \in \text{FIRST}_k(\alpha) \mid \exists \alpha \xrightarrow{*r} \beta \xrightarrow{r} wx \text{ und } \forall A \in V : \beta \neq Awx\}.$$

8.3.5 Beispiel Die kontextfreie Grammatik G sei gegeben durch die Regeln $S \to AB$, $A \to Ba$, $A \to \varepsilon$, $B \to Cb$, $B \to C$, $C \to c$, $C \to \varepsilon$. Dann ist B ableitbar in die Wörter ε, c, b und cb, A in die Wörter ε, a, ca, ba und cba und S in die Wörter $\varepsilon, c, b, cb, a, ac, ab, acb, ca, cac, cab, cacb, ba, bac, bab, bacb, cba, cbac, cbab$ und $cbacb$. Somit ist $\text{FIRST}_2(S) = \{\varepsilon, c, b, cb, a, ac, ab, ca, ba\}$. Da

$$S \to AB \to AC \to A \to Ba \to Cba \to cba \text{ und}$$

$$S \to AB \to ACb \to Ab \to Bab \to Cab \to cab,$$

sind $ca, cb \in \text{EFF}_2(S)$. Es ist leicht zu überprüfen, daß alle anderen $\alpha \in \text{FIRST}_2(S)$ nicht in $\text{EFF}_2(S)$ enthalten sind.

8.3.6 Satz *Die kontextfreie Grammatik G ist genau dann eine LR(k)-Grammatik, wenn folgende Bedingung erfüllt ist. Falls $[A \to \beta\cdot, u]$ ein gültiges LR(k)-Item für den lebensfähigen Präfix $\alpha\beta$ ist, gibt es für $\alpha\beta$ kein anderes gültiges LR(k)-Item $[A_1 \to \beta_1 \cdot \beta_2, v]$ mit $u \in \text{EFF}_k(\beta_2 v)$.*

Beweis Wir nehmen zunächst an, daß die im Satz angegebene Bedingung nicht erfüllt ist und folgern daraus, daß G keine LR(k)-Grammatik ist. Wenn die Bedingung nicht erfüllt ist, gibt es für einen lebensfähigen Präfix $\alpha\beta$ verschiedene gültige LR(k)-Items $[A \to \beta\cdot, u]$ und $[A_1 \to \beta_1 \cdot \beta_2, v]$ mit $u \in \text{EFF}_k(\beta_2 v)$. Also existieren die folgenden Ableitungen.

$$S' \xrightarrow{*r} \alpha A w \xrightarrow{r} \alpha\beta w \text{ und } \text{FIRST}_k(w) = u.$$

$$S' \xrightarrow{*r} \alpha_1 A_1 x \xrightarrow{r} \alpha_1\beta_1\beta_2 x \text{ und } \text{FIRST}_k(x) = v.$$

Da $[A_1 \to \beta_1 \cdot \beta_2, v]$ gültig für $\alpha\beta$ ist, folgt $\alpha\beta = \alpha_1\beta_1$. Da $u \in \mathrm{EFF}_k(\beta_2 v)$, ist $u \in \mathrm{FIRST}_k(\beta_2 v)$ und, da $\beta_2 v$ ein Präfix von $\beta_2 x$ ist, gibt es ein $y \in \Sigma^*$ mit

$$\beta_2 x \xrightarrow{*r} uy,$$

wobei im letzten Schritt nicht eine führende Variable auf ε abgeleitet wird. Wir unterscheiden drei Fälle.

1. Fall: $\beta_2 = \varepsilon$. Dann ist $u \in \mathrm{FIRST}_k(v)$ und, da $v \in \Sigma^{\leq k}, u = v$. Insbesondere gilt

$$S' \xrightarrow{*r} \alpha A w \xrightarrow{r} \alpha\beta w$$

$$S' \xrightarrow{*r} \alpha_1 A_1 x \xrightarrow{r} \alpha_1\beta_1 x = \alpha\beta x$$

$$\mathrm{FIRST}_k(w) = u = v = \mathrm{FIRST}_k(x).$$

Wenn G eine LR(k)-Grammatik ist, folgt $\alpha = \alpha_1$ und $A = A_1$. Da $\alpha\beta = \alpha_1\beta_1$, ist auch $\beta = \beta_1$, und die betrachteten LR(k)-Items sind im Widerspruch zur Annahme identisch.

2. Fall: $\beta_2 = z \in \Sigma^+$. Analog zum ersten Fall folgt

$$S' \xrightarrow{*r} \alpha A w \xrightarrow{r} \alpha\beta w$$

$$S' \xrightarrow{*r} \alpha_1 A_1 x \xrightarrow{r} \alpha_1\beta_1 z x$$

$$\mathrm{FIRST}_k(w) = u = \mathrm{FIRST}_k(zx).$$

Wenn G eine LR(k)-Grammatik ist, folgt $\alpha = \alpha_1$, $A = A_1$ und $zx = x$ im Widerspruch zu $z \in \Sigma^+$.

3. Fall: β_2 enthält eine Variable. Da $\beta_2 x \xrightarrow{*r} uy$, ist x ein Suffix von uy, d. h. $uy = u'x$ und $\beta_2 \xrightarrow{*r} u'$. Wir zerlegen u' so in drei Teile $u' = u_1u_2u_3$, daß

$$\beta_2 \xrightarrow{*r} u_1 B u_3 \xrightarrow{r} u_1u_2u_3$$

gilt. Da $u \in \mathrm{EFF}_k(\beta_2 v)$ und $\beta_2 v$ ein Präfix von $\beta_2 x$ ist, folgt aus der Definition von $\mathrm{EFF}_k(\beta_2 v)$, daß $u_1u_2 \neq \varepsilon$ ist und somit am Ende einen Buchstaben aus Σ enthält. Analog zu den anderen Fällen folgt

$$S' \xrightarrow{*r} \alpha A w \xrightarrow{r} \alpha\beta w$$

$$S' \xrightarrow{*r} \alpha_1 A_1 x \xrightarrow{r} \alpha_1\beta_1\beta_2 x \xrightarrow{*r} \alpha_1\beta_1 u_1 B u_3 x \xrightarrow{r} \alpha_1\beta_1 u_1u_2u_3 x$$

$$\mathrm{FIRST}_k(w) = u = \mathrm{FIRST}_k(u_1u_2u_3x)$$

Wenn G eine LR(k)-Grammatik ist, folgt

$$\alpha A u_1u_2u_3 x = \alpha_1\beta_1 u_1 B u_3 x,$$

und $u_1u_2 = \varepsilon$, oder u_1u_2 endet mit der Variablen B im Widerspruch zu unseren Vorüberlegungen.

Für die andere Richtung des Beweises nehmen wir an, daß G keine LR(k)-Grammatik ist. Es gibt dann Rechtssatzformen, die die Bedingungen (1)–(5) aus Lemma 8.3.1 erfüllen. Wir wollen die Bedingungen unseres Satzes falsifizieren. Dazu betrachten wir in der Ableitung $S' \xrightarrow{*r} \gamma Bx$ aus (2) die letzte Rechtssatzform $\alpha_1 A_1 y_1$ mit $y_1 \in \Sigma^*$ und $|\alpha_1 A_1| \leq |\alpha\beta| + 1$. Da $|S'| = 1$, ist $\alpha_1 A_1 y_1$ wohldefiniert. Wir erhalten die Ableitung

$$S' \xrightarrow{*r} \alpha_1 A_1 y_1 \xrightarrow{*r} \gamma Bx \xrightarrow{r} \gamma\delta x = \alpha\beta y.$$

Da $|\alpha_1 A_1| \leq |\alpha\beta| + 1$, gilt $|\alpha_1| \leq |\alpha\beta| \leq |\gamma\delta|$. In der Rechtsableitung von $\alpha_1 A_1 y_1$ wird im nächsten Schritt A_1 abgeleitet. Das Ergebnis sei $\alpha_1\beta_1\beta_2 y_1$ mit $|\alpha_1\beta_1| = |\alpha\beta|$. Es gilt sogar $\alpha_1\beta_1 = \alpha\beta$, da in der Rechtsableitung ansonsten eine spätere Rechtssatzform auftauchen würde, die wir anstelle von $\alpha_1 A_1 y_1$ gewählt hätten. Also gilt $\beta_2 y_1 \xrightarrow{*r} y$. Es ist $u := \text{FIRST}_k(y) \in \text{EFF}_k(\beta_2 y_1)$. Wäre nämlich der letzte Schritt in der Rechtsableitung von y die Ersetzung einer führenden Variablen B durch ε, dann wäre in diesem Schritt B die rechteste Variable und $|\alpha\beta B| \leq |\alpha\beta| + 1$ im Widerspruch zur Wahl von $\alpha_1 A_1 y_1$. Insgesamt haben wir gezeigt, daß $[A_1 \rightarrow \beta_1 \cdot \beta_2, v]$ mit $v := \text{FIRST}_k(y_1)$ ein gültiges LR(k)-Item für den lebensfähigen Präfix $\alpha\beta$ ist.

Da $S' \xrightarrow{*r} \alpha Aw \xrightarrow{r} \alpha\beta w$ und $\text{FIRST}_k(w) = \text{FIRST}_k(y) = u$, ist auch $[A \rightarrow \beta\cdot, u]$ ein gültiges LR(k)-Item für $\alpha\beta$. Die Bedingung des Satzes kann nur dann noch erfüllt sein, wenn die beiden LR(k)-Items identisch sind, d. h. $A_1 = A$, $\beta_1 = \beta$, $\beta_2 = \varepsilon$ und $u = v$. Aus $\beta_2 y_1 \xrightarrow{*r} y$ wird $y_1 \xrightarrow{*r} y$ und, da $y_1 \in \Sigma^*$, $y_1 = y$. Die von uns betrachtete Ableitung $S' \xrightarrow{*r} \alpha\beta y$ bekommt nun die Form

$$S' \xrightarrow{*r} \alpha_1 A_1 y \xrightarrow{r} \alpha_1 \beta y = \alpha\beta y.$$

Da $\alpha_1\beta_1 = \alpha\beta$ und $\beta_1 = \beta$, ist $\alpha_1 = \alpha$ und $\alpha_1\beta y = \alpha\beta y$. Also sind $\alpha_1 A_1 y$ und γBx die vorletzten Rechtssatzformen in der in (2) beschriebenen Ableitung $S' \xrightarrow{*r} \gamma\delta x$. Daher müssen sie identisch sein, d. h. $\alpha = \alpha_1 = \gamma$, $A = A_1 = B$ und $y = x$ im Widerspruch zur Bedingung (4) aus Lemma 8.3.1. □

8.4 Die Konstruktion eines LR(k)-Parsers

Für LR(k)-Grammatiken G wollen wir nun Parsefunktionen f und Übergangsfunktionen goto so entwerfen, daß der LR(k)-Parser aus Algorithmus 8.2.9 korrekt arbeitet. Als Nebenprodukt erhalten wir einen Algorithmus, der für kontextfreie Grammatiken G und $k \geq 0$ testet, ob G eine LR(k)-Grammatik ist.

Wir haben bereits in Kapitel 8.3 diskutiert, daß die Mengen $I_k(\gamma)$ der für den lebensfähigen Präfix γ gültigen LR(k)-Items bei der Syntaxanalyse eine wichtige Rolle spielen. Wir entwerfen daher zunächst Algorithmen zur Berechnung von $I_k(\varepsilon)$ und zur Berechnung von $I_k(X_1 \ldots X_i)$ aus $I_k(X_1 \ldots X_{i-1})$, wobei $X_j \in V \cup \Sigma$ ist. Die Algorithmen setzen ein Modul zur Berechnung von $\text{FIRST}_k(\alpha)$ voraus. Da das Wortproblem für kontextfreie Sprachen in polynomieller Zeit lösbar ist, können wir einen Algorithmus zur Berechnung von $\text{FIRST}_k(\alpha)$ entwerfen (Übungsaufgabe).

8.4.1 Algorithmus Berechnung von $I_k(\varepsilon)$, wobei ε als lebensfähiger Präfix vorausgesetzt wird (sonst ist $L(G) = \emptyset$).

1.) Füge für alle Regeln $S \rightarrow \alpha$ die Items $[S \rightarrow \cdot\alpha, \varepsilon]$ in $I_k(\varepsilon)$ und, falls α mit einer Variablen beginnt, in eine Queue Q ein.

2.) Solange Q nicht leer ist, betrachte das vorderste Item $[A \rightarrow \cdot B\alpha, u]$ in Q. Für alle Regeln $B \rightarrow \beta$ und alle $x \in \text{FIRST}_k(\alpha u)$ füge $[B \rightarrow \cdot\beta, x]$, falls es noch nicht in $I_k(\varepsilon)$ ist, zu $I_k(\varepsilon)$ hinzu, und, falls darüber hinaus β mit einer Variablen beginnt, füge das Item auch in Q ein.

Zur effizienten Implementierung des Algorithmus sollte $I_k(\varepsilon)$ als Dictionary, das die Operationen SEARCH und INSERT unterstützt, verwaltet werden.

Da Kapitel 8 nicht zum Kernbereich des Buches gehört (s. Vorwort) und die Inhalte üblicherweise nicht im Grundstudium behandelt werden, werden wir uns im Rest von Kapitel 8 häufiger mit Beweisideen zufrieden geben. Das Gebiet LR-Parsing wird ausführlich in Aho und Ullman (1972) und Chapman (1987) behandelt.

8.4.2 Satz *Algorithmus 8.4.1 berechnet $I_k(\varepsilon)$.*

Beweisidee Der Algorithmus ist endlich, da es nur endlich viele Kandidaten für $I_k(\varepsilon)$, endlich viele Ableitungsregeln und endlich viele Wörter in $\Sigma^{\leq k}$ gibt. Die in Schritt 1 in $I_k(\varepsilon)$ eingefügten Items sind offensichtlich gültig für ε. Induktiv über die Reihenfolge der Einfügungen in $I_k(\varepsilon)$ gilt dies auch für die in Schritt 2 in $I_k(\varepsilon)$ eingefügten Items. Für den lebensfähigen Präfix ε muß nach Definition 8.3.3 für jedes gültige LR(k)-Item $[A \rightarrow \beta_1 \cdot \beta_2, u]$ die Bedingung $\beta_1 = \varepsilon$ erfüllt sein. In den zugehörigen Rechtssatzformen

$$S' \xrightarrow{*r} \alpha A w \xrightarrow{r} \alpha\beta_1\beta_2 w \text{ mit } u = \text{FIRST}_k(w)$$

muß $\alpha = \varepsilon$ sein, da $\alpha\beta_1$ der lebensfähige Präfix ist. Mit Induktion über die Länge der Ableitungen folgt nun, daß alle zu $I_k(\varepsilon)$ gehörenden Items durch Algorithmus 8.4.1 in $I_k(\varepsilon)$ eingefügt werden. □

8.4.3 Algorithmus Berechnung von $I_k(X_1 \dots X_i)$ aus $I_k(X_1 \dots X_{i-1})$.

1.) Füge für alle $[A \rightarrow \alpha \cdot X_i\beta, u] \in I_k(X_1 \dots X_{i-1})$ das Item $[A \rightarrow \alpha X_i \cdot \beta, u]$ in $I_k(X_1 \dots X_i)$ und, falls β mit einer Variablen beginnt, auch in eine Queue Q ein.

2.) Solange Q nicht leer, betrachte das vorderste Item $[A \rightarrow \alpha \cdot B\beta, u]$ in Q. Für alle Regeln $B \rightarrow \delta$ und alle $x \in \mathrm{FIRST}_k(\beta u)$ füge das Item $[B \rightarrow \cdot\delta, x]$, falls es noch nicht in $I_k(X_1 \dots X_i)$ ist, in diese Menge und, falls darüber hinaus δ mit einer Variablen beginnt, auch in Q ein.

3.) Falls $I_k(X_1 \dots X_i) = \emptyset$, ist $X_1 \dots X_i$ kein lebensfähiger Präfix.

8.4.4 Satz *Algorithmus 8.4.3 berechnet $I_k(X_1 \dots X_i)$ und entscheidet, ob $X_1 \dots X_i$ ein lebensfähiger Präfix ist, falls G keine nutzlosen Variablen enthält.*

Beweisidee Der Beweis ist eine längliche, aber einfache Überprüfung, daß in $I_k(X_1 \dots X_i)$ nur Items eingefügt werden, die auch in diese Menge gehören, und daß alle zu $I_k(X_1 \dots X_i)$ gehörigen Items in diese Menge eingefügt werden. Der erste Teil wird induktiv über die zeitliche Reihenfolge der Einfügungen bewiesen und der zweite Teil induktiv über die Länge der nach Definition 8.3.3 existierenden Rechtsableitung. Als Korollar folgt, daß $I_k(X_1 \dots X_i)$ genau dann leer bleibt, wenn $X_1 \dots X_i$ kein lebensfähiger Präfix ist. □

Da es unendlich viele lebensfähige Präfixe geben kann, ist es unmöglich, alle lebensfähigen Präfixe a priori zu untersuchen. Ineffizient ist es dagegen, die Menge gültiger LR(k)-Items für jede Eingabe w neu zu berechnen. Statt dessen sollten alle I_k-Mengen, die für die Grammatik G vorkommen können, vorab bekannt sein. Wir bezeichnen mit $\mathcal{T}$ (warum wohl?) die Menge aller Mengen $I_k(\gamma)$ für alle lebensfähigen Präfixe γ. Die Menge $\mathcal{T}$ ist endlich, da die Menge aller LR(k)-Items endlich ist und daher nur endlich viele Teilmengen hat.

8.4.5 Algorithmus Berechnung von $\mathcal{T}$.

1.) Berechne mit Algorithmus 8.4.1 $I_k(\varepsilon)$ und füge diese Menge in $\mathcal{T}$ und die Queue Q ein.

2.) Solange Q nicht leer ist, betrachte das vorderste Element $I_k(\gamma)$ aus Q. Für alle $X \in V \cup \Sigma$ berechne mit Algorithmus 8.4.3 $I_k(\gamma X)$ und füge diese Menge, falls sie nicht leer und noch nicht in $\mathcal{T}$ enthalten ist, zu $\mathcal{T}$ und Q hinzu.

8.4.6 Satz *Algorithmus 8.4.5 berechnet $\mathcal{T}$.*

Beweis Es ist offensichtlich, daß wir nur Mengen zu $\mathcal{T}$ hinzufügen, die zu $\mathcal{T}$ gehören. Falls der Algorithmus nicht korrekt ist, betrachten wir unter allen Mengen $I_k(\gamma)$, die nicht zu $\mathcal{T}$ hinzugefügt werden, eine, für die $|\gamma|$ minimal ist. Wegen Schritt 1 des Algorithmus ist $\gamma \neq \varepsilon$ und somit $\gamma = \gamma' X$. Da γ lebensfähig ist, gilt dies auch für γ', und nach Wahl von γ wird $I_k(\gamma')$ zu $\mathcal{T}$ hinzugefügt. Nach Schritt 2 des Algorithmus wird dann auch $I_k(\gamma)$ zu $\mathcal{T}$ hinzugefügt. □

8.4.7 Algorithmus Test für eine kontextfreie Grammatik G und k, ob G eine LR(k)-Grammatik ist.

1.) Berechne mit Algorithmus 8.4.5 die Menge $\mathcal{T}$ zu G und k.

2.) Teste für jede Menge in $\mathcal{T}$, ob sie zwei verschiedene Items $[A \to \beta\cdot, u]$ und $[B \to \beta_1 \cdot \beta_2, v]$ mit $u \in \mathrm{EFF}_k(\beta_2 v)$ enthält. Genau dann, wenn der Test immer negativ ausgeht, wird G als LR(k)-Grammatik anerkannt.

Die Korrektheit dieses Algorithmus folgt unmittelbar aus Satz 8.3.6.

Die Bezeichnung $\mathcal{T}$ sollte bereits darauf hindeuten, daß wir die Zeilen der Parsetabelle mit den Mengen in $\mathcal{T}$ bezeichnen wollen. Sei also $\mathcal{T} = \{T_0, \ldots, T_z\}$ mit $T_0 = I_k(\varepsilon)$ und seien $0, \ldots, p$ die Nummern der Ableitungsregeln von G. Dabei habe die Regel $S \to S'$ die Nummer 0.

8.4.8 Algorithmus Konstruktion einer Parsetabelle für eine LR(k)-Grammatik G.

1.) Berechne mit Algorithmus 8.4.5 die Menge $\mathcal{T} = \{T_0, \ldots, T_z\}$ mit $T_0 = I_k(\varepsilon)$ zu G und k. Die Parsetabelle erhält Zeilen für $T_0, \ldots, T_z$.

2.) Berechnung der Parsefunktion $f : \mathcal{T} \times \Sigma^{\leq k} \to \{0, \ldots, p, \text{shift}, \text{accept}, \text{error}\}$. Wir definieren $f(T_i, u)$ gemäß der folgenden Fallunterscheidung.

   - Falls es in T_i ein Item $[A \to \beta_1 \cdot \beta_2, v]$ mit $\beta_2 \neq \varepsilon$ und $u \in \mathrm{EFF}_k(\beta_2 v)$ gibt, setze $f(T_i, u) := \text{shift}$.
   - Falls es in T_i ein Item $[A \to \beta\cdot, u]$ gibt und $j \neq 0$ die Nummer der Regel $A \to \beta$ ist, setze $f(T_i, u) := j$.
   - Falls $[S' \to S\cdot, \varepsilon]$ in T_i ist, setze $f(T_i, \varepsilon) := \text{accept}$.
   - Falls keiner der obigen Fälle eintritt, setze $f(T_i, u) := \text{error}$.

3.) Berechnung der Übergangsfunktion goto: $\mathcal{T} \times (V \cup \Sigma) \to \mathcal{T} \cup \{\text{error}\}$. Falls $T_i = I_k(\gamma)$, setze $\text{goto}(T_i, X) := I_k(\gamma X)$, falls diese Menge nicht leer ist, und ansonsten $\text{goto}(T_i, X) := \text{error}$.

8.4.9 Satz *Algorithmus 8.4.8 berechnet für* LR(k)*-Grammatiken G eine Parsetabelle, auf der Algorithmus 8.2.9 für $w \in \Sigma^*$ mit error endet, falls $w \notin L(G)$ ist, und ansonsten eine Rechtsableitung für w berechnet.*

B e w e i s i d e e Zunächst stellen wir fest, daß es nach Satz 8.3.6 bei der Fallunterscheidung in der Definition der Parsefunktion f keinen Widerspruch gibt. Die Übergangsfunktion goto liefert nach Algorithmus 8.4.5 stets Elemente aus $\mathcal{T} \cup \{\text{error}\}$.

Wir bezeichnen die Konfigurationen des Parsers auf der Eingabe w mit $K_0, K_1, \ldots$. In K_j sei α_j der Teilstring des Stackinhaltes, der nur die Symbole aus $V \cup \Sigma$ enthält, x_j der Suffix von w, der noch nicht auf den Stack geshiftet wurde und π_j der bisher produzierte Output. Dann ist $\alpha_0 = \varepsilon$, $x_0 = w$ und $\pi_0 = \varepsilon$. Falls K_t akzeptierende Endkonfiguration ist, ist $\alpha_t = S$, $x_t = \varepsilon$ und π_t eine Folge von Regelnummern, von der wir behaupten, daß die gespiegelte Folge π_t^R eine Rechtsableitung von w aus S beschreibt.

Induktiv über j kann gezeigt werden, daß solange keine error-Konfiguration erreicht wird, π_j^R eine Rechtsableitung von w aus $\alpha_t x_t$ beschreibt. Für $j = 0$ ist diese Aussage trivial. Der Induktionsschritt folgt aus der Definition der Menge gültiger LR(k)-Items und der Definition der Parsetabelle. Für akzeptierende Endkonfigurationen K_t folgt, daß π_t^R eine Rechtsableitung von w aus S beschreibt. Analog folgt, daß eine error-Konfiguration nur erreicht wird, wenn w nicht ableitbar ist. □

Die Konstruktion des LR(k)-Parsers ist sehr aufwendig, sie muß aber für jede Grammatik oder Programmiersprache nur einmal durchgeführt werden. Störend ist auch die Größe der entstehenden Parsetabelle. Auf Methoden, kleinere Parsetabellen zu konstruieren, können wir hier nicht eingehen.

8.4.10 Korollar LR(k)-Grammatiken sind eindeutig.

B e w e i s i d e e Nehmen wir an, daß es bzgl. G zwei verschiedene Rechtsableitungen des Wortes w gibt. Unter allen Rechtsableitungen wählen wir zwei, die sich möglichst wenige Schritte vor der Ableitung von w unterscheiden:

$$\begin{aligned} S \xrightarrow{r} \alpha_1 \xrightarrow{r} \alpha_2 \xrightarrow{r} \ldots \xrightarrow{r} \alpha_{m-1} \xrightarrow{r} \alpha_m &= w \\ S \xrightarrow{r} \beta_1 \xrightarrow{r} \beta_2 \xrightarrow{r} \ldots \xrightarrow{r} \beta_{n-1} \xrightarrow{r} \beta_n &= w. \end{aligned}$$

Wir wählen das minimale i, für das $\alpha_{m-i} \neq \beta_{n-i}$ gilt. Der LR(k)-Parser erzeugt zunächst die Rechtsableitung $\alpha_{m-i+1} = \beta_{n-i+1} \xrightarrow{*r} w$, die in jeder Ableitung von w enthalten ist. Bis zur nächsten Reduktion auf die Rechtssatzform α_{m-i} oder β_{n-i} muß es für den LR(k)-Parser eine zweideutige Situation geben, die aber nach Satz 8.3.6 ausgeschlossen ist. □

8.4.11 Satz *Der LR(k)-Parser aus Algorithmus 8.4.8 und Algorithmus 8.2.9 arbeitet in Linearzeit.*

B e w e i s i d e e Wenn wir auf die Konstruktion der Ausgabe verzichten und an das Ende jeder Eingabe ein Sonderzeichen anfügen, um eben dieses Ende erkennen zu können, läßt sich der LR(k)-Parser durch einen deterministischen Kellerautomaten simulieren. Dabei wird der aktuelle Lookahead im Zustand gespeichert. Deterministische Kellerautomaten haben wir in Satz 8.1.2 und seinem Beweis intensiv studiert. Wesentlich ist hier der vierte Schritt des Beweises von Satz 8.1.2. Der LR(k)-Parser kann, wie wir im Beweis von Satz 8.4.9 gezeigt haben, nicht in eine Schleife geraten. Wenn die Stackgröße zwischen zwei Shiftschritten um mehr als eine im Beweis von Satz 8.1.2 berechnete Konstante wächst, wächst der Stack unbegrenzt. Dies bedeutet, daß es Wörter mit beliebig langen Rechtsableitungen gibt, im Widerspruch zur Eindeutigkeit von LR(k)-Grammatiken. Zwischen zwei Shiftoperationen kann ein Stack der Länge l maximal l-mal „echt" reduziert werden. Also kann zwischen zwei Shift-Operationen der Stack in seiner Länge nur um $O(1)$ wachsen, und es können nur $O(l)$ Schritte ausgeführt werden. Damit ist das Gesamtwachstum des Stacks für die Eingabe w durch $O(|w|)$ ($O(1)$ für $w = \varepsilon$) beschränkt. Dies gilt dann auch für die Rechenzeit des LR(k)-Parsers. □

8.5 Deterministische Kellerautomaten und LR(k)-Grammatiken

Die Definition deterministisch kontextfreier Sprachen durch deterministische Kellerautomaten war mit dem Versprechen begründet, später eine zugehörige Klasse von Grammatiken vorzustellen. Dies ist mit den LR(k)-Grammatiken gelungen.

8.5.1 Satz *Die Klasse der von deterministischen Kellerautomaten erkannten Sprachen, also die Klasse der deterministisch kontextfreien Sprachen, stimmt für jedes $k \geq 1$ mit der Klasse der durch LR(k)-Grammatiken beschreibbaren Sprachen überein.*

B e w e i s i d e e Wenn wir den in Kapitel 8.4 entwickelten LR(k)-Parser nur für das Wortproblem benutzen wollen, können wir auf die Produktion der Ausgabe verzichten. Wir erhalten dann, wie bereits im Beweis von Satz 8.4.11 beschrieben,

„fast“ einen deterministischen Kellerautomaten. Das einzige Problem besteht bei der Aktualisierung des Lookahead in der Erkennung des Endes der Eingabe. Wir verzichten hier darauf, zu beschreiben, wie dieses Problem von untergeordneter Bedeutung überwunden werden kann.

Wir haben im Beweis von Satz 7.3.2 für nichtdeterministische Kellerautomaten mit Hilfe der Tripelkonstruktion eine kontextfreie Grammatik für die durch den Kellerautomaten erkannte Sprache L konstruiert. Diese Konstruktion können wir für den Spezialfall deterministischer Kellerautomaten übernehmen. Es ist günstig, die Tripelkonstruktion etwas abzuändern. Die Symbole $a \in \Sigma \cup \{\varepsilon\}$ am Anfang der rechten Seiten der Ableitungsregeln werden durch neue Variablen $A(q, a, X)$ ersetzt, wenn der simulierte deterministische Kellerautomat in dem betrachteten Schritt im Zustand q auf dem Stack X liest. Nachdem die Regeln $A(q, a, X) \rightarrow a$ zur Grammatik hinzugefügt worden sind, haben wir wieder eine kontextfreie Grammatik für die Sprache L. Es läßt sich zeigen, daß diese Grammatik eine LR(1)-Grammatik ist. □

Wir haben in Beispiel 6.1.3 für die Sprache L aller Wörter $w \in \{0,1\}^*$ mit gleich vielen Nullen wie Einsen eine mehrdeutige Grammatik angegeben. Mit unserer jetzigen Erfahrung sollten wir in der Lage sein, für L eine eindeutige Grammatik zu entwerfen (Übungsaufgabe). Die Existenz einer eindeutigen Grammatik folgt noch einfacher auf folgendem Weg. Es ist recht einfach, einen deterministischen Kellerautomaten für L zu konstruieren (Übungsaufgabe). Daher gibt es nach Satz 8.5.1 eine LR(1)-Grammatik für L, die nach Korollar 8.4.10 eindeutig ist.

Im Satz 8.1.9 haben wir gezeigt, daß es für kontextfreie Grammatiken G unentscheidbar ist, ob die Sprache $L(G)$ deterministisch kontextfrei ist. Nach Satz 8.5.1 können wir also nicht entscheiden, ob es für ein $k \geq 1$ (oder für $k = 1$, was äquivalent ist) eine LR(k)-Grammatik für $L(G)$ gibt. Mit Algorithmus 8.4.7 kann jedoch für jedes k entschieden werden, ob G selber eine LR(k)-Grammatik ist.

Schließlich enthält Satz 8.5.1 auch die Aussage, daß wir für jede LR(k)-Grammatik G eine LR(1)-Grammatik G' für die gleiche Sprache konstruieren können. Dies muß allerdings nicht immer vorteilhaft sein, da LR(1)-Grammatiken unter Umständen wesentlich komplizierter als die gegebene LR(k)-Grammatik sein können.

Übungen

1.) Falls L deterministisch kontextfrei ist, gibt es einen deterministischen Kellerautomaten für L, der in akzeptierenden Zuständen keine ε-Bewegungen vorsieht.

2.) Die Sprache $L = \{a^i b^j c^k \mid i \neq j \text{ und } j \neq k\}$ ist nicht kontextfrei.

3.) Entwerfe einen effizienten Algorithmus zur Berechnung von $\text{FIRST}_k(\alpha)$.

4.) Entwerfe einen effizienten Algorithmus zur Berechnung von $\text{EFF}_k(\alpha)$.

5.) Zeige, daß die in Beispiel 8.2.10 angegebene Parsetabelle korrekt ist.

6.) Führe die Beweisidee zu Satz 8.4.2 aus.

7.) Führe die Beweisidee zu Satz 8.4.4 aus.

8.) Führe die Beweisidee zu Satz 8.4.9 aus.

9.) Führe die Beweisidee zu Korollar 8.4.10 aus.

10.) Führe die Beweisidee zu Satz 8.4.11 aus.

11.) Entwerfe einen deterministischen Kellerautomaten, der genau die 0-1-Folgen mit gleich vielen Nullen wie Einsen akzeptiert.

12.) Entwerfe eine eindeutige Grammatik für die Sprache aller 0-1-Folgen mit gleich vielen Nullen wie Einsen.

9 Zusammenfassung und Testfragen

9.1 Zusammenfassung

Die Ergebnisse, die vor allem im Kernbereich (s. Vorwort) dieses Buches erarbeitet worden sind, sollen hier noch einmal zusammengefaßt werden. Durch diese knappe Nebeneinanderstellung von Resultaten sollen Querverbindungen verdeutlicht werden. Außerdem kann dieser Abschnitt als Nachschlagewerk dienen.

Basis unserer Betrachtungen ist die (verallgemeinerte) Churchsche These, daß die Fragen nach der Berechenbarkeit einer Relation oder Funktion und der Entscheidbarkeit einer Sprache ein wohldefiniertes Problem bilden, dessen Lösung nicht vom Rechnermodell abhängt. Alle Rechnermodelle führen zu der gleichen Klasse von (effizient) lösbaren Problemen. Auch Turingmaschinen und Registermaschinen lassen sich bereits programmieren und stellen universelle Rechner dar. Bei Turingmaschinen übernehmen Gödelnummern die Rolle von Programmen.

Neben den Klassen der entscheidbaren und semientscheidbaren Probleme sind auch die Klassen von Problemen von zentraler Bedeutung, die noch unter gewissen Ressourceneinschränkungen gelöst werden können. Zu diesen Beschränkungen zählen Einschränkungen an die erlaubte Rechenzeit oder den erlaubten Speicherplatz oder auch Einschränkungen an die erlaubte Form der Regeln der zugrundeliegenden Grammatik. Wir wiederholen die behandelten Problem- und Sprachklassen und die sie beschreibenden Charakteristika.

- REG, die Klasse der regulären Sprachen. Sie werden von DFA's (deterministischen endlichen Automaten), NFA's (nichtdeterministischen endlichen Automaten), Automaten mit ε-Übergängen, Zwei-Wege Automaten und Schaltwerken erkannt. Sie lassen sich durch die Klasse der Chomsky-3 (regulären, rechtslinearen) Grammatiken erzeugen und durch reguläre Ausdrücke beschreiben.

- DKF, die Klasse der deterministisch kontextfreien Sprachen. Sie lassen sich durch DPDA's (deterministische Kellerautomaten) erkennen und durch LR(k)-Grammatiken erzeugen.

- KF, die Klasse der kontextfreien Sprachen. Sie lassen sich durch NPDA's (nichtdeterministische Kellerautomaten) sowohl durch akzeptierende Zustände als auch durch leeren Stack erkennen und durch Chomsky-2 (kontextfreie) Grammatiken erzeugen. Die Grammatiken lassen sich in Chomsky- und Greibach-Normalform bringen.

- DKS, die Klasse der deterministisch kontextsensitiven Sprachen. Sie lassen sich durch DLBA's (deterministisch linear platzbeschränkte Turingmaschinen) erkennen, eine Charakterisierung durch Grammatiken ist nicht bekannt.

- KS, die Klasse der kontextsensitiven Sprachen. Sie lassen sich durch NLBA's (nichtdeterministisch linear platzbeschränkte Turingmaschinen) erkennen und durch Chomsky-1 (kontextsensitive, monotone) Grammatiken erzeugen, für die auch eine Normalform mit Regeln, deren Länge durch 4 beschränkt ist, existiert.

- P, die Klasse der in polynomieller Zeit von DTM's (deterministischen Turingmaschinen) lösbaren Probleme.

- NP, die Klasse der in polynomieller Zeit von NTM's (nichtdeterministischen Turingmaschinen) lösbaren Probleme.

- PSPACE (=NPSPACE), die Klasse der auf polynomiellem Platz von TM's (DTM's oder NTM's) lösbaren Probleme.

- REK, die Klasse der rekursiven (entscheidbaren) Probleme. Sie lassen sich von stets haltenden DTM's lösen, eine Charakterisierung der rekursiven Sprachen durch Grammatiken ist nicht bekannt.

- RA, die Klasse der rekursiv aufzählbaren (semientscheidbaren) Sprachen. Sie lassen sich von TM's (DTM's oder NTM's) erkennen (d. h. für Wörter $w \in L$ muß die TM halten und akzeptieren, und für $w \notin L$ darf sie nicht akzeptieren) und durch Chomsky-0 Grammatiken erzeugen.

- ALL, die Klasse aller Probleme.

Hinzu kommen die Klassen ZPP (irrtumsfrei), RP (einseitiger Irrtum), BPP (beschränkter zweiseitiger Irrtum) und PP (zweiseitiger Irrtum) der in polynomieller Zeit von probabilistischen Turingmaschinen lösbaren Probleme. Da manche Klassen nur für Sprachen definiert sind, bezieht sich die folgende Veranschaulichung der Beziehungen zwischen den Klassen nur auf die in den Klassen enthaltenen Sprachen.

$$\mathrm{REG} \subset \mathrm{DKF} \subset \mathrm{KF} \subset \left\{ \begin{array}{c} \mathrm{DKS} \subseteq \mathrm{KS} \subset \mathrm{PSPACE} = \mathrm{NPSPACE} \\ \mathrm{P} \subseteq \mathrm{NP} \subseteq \mathrm{PSPACE} = \mathrm{NPSPACE} \end{array} \right\} \subset \mathrm{REK} \subset \mathrm{RA} \subset \mathrm{ALL}$$

Die Einbindung der probabilistischen Komplexitätsklassen in dieses Bild kann mit der Charakterisierung am Ende von Kapitel 3.8 vorgenommen werden. Typische Sprachen, die die $\subset$-Beziehungen nachweisen, sind:

- REG $\subset$ DKF : $\{0^n 1^n \mid n \geq 1\}$.
- DKF $\subset$ KF : $\{0^k 1^l 2^m \mid k = l \text{ oder } l = m\}$, eine inhärent mehrdeutige Sprache.
- KF $\subset$ DKS : $\{0^n 1^n 2^n \mid n \geq 1\}$.
- KS $\subset$ PSPACE : nichtkonstruktiver Beweis mit dem Bandhierarchiesatz (nicht im Buch enthalten).
- KF $\subset$ P : $\{0^n 1^n 2^n \mid n \geq 1\}$.
- PSPACE $\subset$ REK : Bandhierarchiesatz.
- REK $\subset$ RA : U, die universelle Sprache.
- RA $\subset$ ALL : $\overline{U}$, das Komplement der universellen Sprache.

Wir fahren mit weiteren typischen Beispielen fort. Regulär sind die Sprache der 0-1-Folgen mit gerade vielen Nullen und Einsen und das stark eingeschränkte Rucksackproblem KP**. Der Nachweis der Nichtregularität einer Sprache ist mit dem Pumping Lemma, dem verallgemeinerten Pumping Lemma oder dem Beweis, daß der Index der Nerode-Relation unendlich ist, möglich. Nichtregulär ist die Sprache der Palindrome (die kontextfrei ist) oder auch die Sprache der Quadratzahlen ($\{0^{n^2} \mid n \geq 1\}$, sie ist auch nicht kontextfrei, aber deterministisch kontextsensitiv und in P). Der Nachweis, daß Sprachen nicht deterministisch kontextfrei sind, geht über Abschlußeigenschaften (Komplement nicht einmal kontextfrei) oder über den Beweis der inhärenten Mehrdeutigkeit. Für den Nachweis der Nichtkontextfreiheit von Sprachen stehen uns das Pumping Lemma und Ogden's Lemma zur Verfügung. Für die Sprache $\{a^i b^j c^k d^l \mid i = 0 \text{ oder } j = k = l\}$ ist Ogden's Lemma, aber nicht das Pumping Lemma erfolgreich.

Zum Nachweis der Nichtrekursivität von Sprachen steht uns das Reduktionskonzept $\leq$ zur Verfügung, nur für die Diagonalsprache D haben wir einen direkten Beweis geführt. Als nicht rekursiv haben sich erwiesen: die Diagonalsprache D, das Halteproblem H, das spezielle Halteproblem H_ε, die universelle Sprache U, jede nichttriviale Eigenschaft von Programmen (Satz von Rice), das Postsche Korrespondenzproblem PKP (auch in der modifizierten Form MPKP), dazu die Fragen, für eine kontextfreie Grammatik zu entscheiden, ob sie die Sprache aller Wörter erzeugt oder ob sie eine reguläre Sprache erzeugt, oder für zwei kontextfreie Grammatiken zu entscheiden, ob sie die gleichen Sprachen erzeugen oder ob ihr Durchschnitt leer ist. Für den Nachweis, daß Sprachen nicht rekursiv aufzählbar sind, haben wir das Strukturresultat, daß Sprachen rekursiv sind, wenn sie und ihr Komplement rekursiv aufzählbar sind, bewiesen. Daher sind u. a. die Komplemente von U und PKP nicht rekursiv aufzählbar.

Für konkrete rekursive Probleme kennen wir keine Beweise, um zu zeigen, daß die Probleme nicht in DKS oder P liegen. Die einzigen bekannten $\subset$-Beziehungen folgen daher aus Existenzbeweisen nach dem Diagonalisierungsprinzip (die Beweismethode für die Nichtrekursivität von D). Daher wird in diesen Klassen die relative Komplexität mit Hilfe von polynomiellen Reduktionen und Turing-Reduktionen gemessen. Die schwierigsten Probleme in einer Klasse werden als vollständig bezeichnet.

Als NP-vollständig erwiesen haben sich (bei Optimierungsproblemen sind die Entscheidungsvarianten gemeint) das Erfüllbarkeitsproblem SAT und dessen spezielle Variante 3-SAT, das Cliquenproblem CLIQUE, das Bin Packing Problem BPP, das Rucksackproblem KP und dessen spezielle Variante KP*, das Traveling Salesman Problem TSP, das Teilungsproblem PARTITION, die Hamiltonkreisprobleme HC und DHC, das Wortproblem für deterministisch kontextsensitive und für kontextsensitive Sprachen und das Problem, für zwei NFA's zu entscheiden, ob sie die gleiche Sprache erkennen. Die Optimierungsvarianten sind (soweit existent) NP-hart und bis auf das Schaltkreisminimierungsproblem (als Verallgemeinerung von SAT) sogar NP-äquivalent, d. h. für sie existieren polynomielle Algorithmen genau dann, wenn NP = P ist. Für den Nachweis der NP-Vollständigkeit, d. h. für polynomielle Reduktionen, haben wir die Methoden der Restriktion (z. B. PARTITION $\leq_p$ BPP), der lokalen Ersetzung (z. B. SAT $\leq_p$ 3-SAT) und der verbundenen Komponenten (z. B. 3-SAT $\leq_p$ CLIQUE) benutzt. Unter der Annahme NP $\neq$ P ist eine feinere Unterscheidung der NP-vollständigen Probleme sinnvoll. So gibt es für das KP einen pseudopolynomiellen Algorithmus, aber für stark NP-vollständige Probleme wie das TSP nicht. Auch kann die Existenz bestimmter effizienter Approximationsalgorithmen ausgeschlossen werden.

Wir wollen nun die Sprachklassen bezüglich der Algorithmen für das Wortproblem und der Abschlußeigenschaften gegenüber den grundlegenden mengentheoretischen Operationen Komplement, Vereinigung und Durchschnitt vergleichen (s. Tab. 9.1). Die Rechenzeiten sind stets mit O zu versehen.

	Wortproblem	Komplement	Vereinigung	Durchschnitt
REG	n	+	+	+
DKF	n	+	–	–
KF	n^3 (Chomsky-NF)	–	+	–
DKS	exp.	+	+	+
KS	exp.	+	+	+
P	poly.	+	+	+
NP	2^{poly}	verm. –	+	+
PSPACE	2^{poly}	+	+	+
REK	entsch.	+	+	+
RA	nicht entsch.	–	+	+
ALL	nicht entsch.	+	+	+

Tab. 9.1

Zwischen der Berechnungskraft deterministischer und nichtdeterministischer Rechnermodelle bestehen folgende Beziehungen:

- Endliche Automaten: Kein Unterschied.
- Kellerautomaten: Nichtdeterminismus erhöht Berechnungskraft.
- Linear platzbeschränkte Turingmaschinen: Unklar, vermutlich erhöht Nichtdeterminismus die Berechnungskraft, dies ist das LBA-Problem.
- Polynomiell zeitbeschränkte Turingmaschinen: Unklar, sehr wahrscheinlich erhöht Nichtdeterminismus die Berechnungskraft, dies ist die NP $\neq$ P-Hypothese.
- Turingmaschinen: Kein Unterschied.

Bei Turingmaschinen verursachen die besten bekannten Simulationen nichtdeterministischer Maschinen durch deterministische Maschinen einen exponentiellen Zeitverlust und einen quadratischen Platzverlust. Für endliche Automaten kann die minimale Zustandszahl exponentiell wachsen (n-letzter Buchstabe eines Wortes ist eine 1).

Es folgen weitere Ergebnisse zur Beschreibungskomplexität von Sprachen. Beim Übergang von DFA's und NFA's zu regulären Ausdrücken kann eine exponentielle Vergrößerung ebenso notwendig sein wie beim Übergang von regulären Ausdrücken zu DFA's. Dagegen können NFA's reguläre Ausdrücke mit nur linearem Blow-up nachbilden. Reguläre Grammatiken und NFA's können sich gegenseitig ebenfalls mit linearem Blow-up simulieren.

Beim Übergang von einer beliebigen kontextfreien Grammatik G in eine äquivalente Grammatik in Chomsky-Normalform kann der Blow-up auf $O(s(G)^2)$, aber nicht auf weniger als $\Theta(s(G)^{3/2-\varepsilon})$ beschränkt werden. Beim Übergang in eine äquivalente Grammatik in Greibach-Normalform kann der Blow-up auf $O(s(G)^3)$, aber nicht auf weniger als $\Theta(s(G)^2)$ beschränkt werden. Die Chomsky-Normalform ist die Grundlage des CYK-Algorithmus für das Wortproblem und für Beweise (z. B. Ogden's Lemma), und die Greibach-Normalform paßt gut zu Kellerautomaten.

Für endliche Automaten gelten zahlreiche weitere Abschlußeigenschaften, und für viele Operationen existieren effiziente Algorithmen. Die Simulation von NFA's durch DFA's läßt sich unter Vermeidung überflüssiger Zustände durchführen. Die Laufzeit ist fast linear in der Größe des konstruierten DFA, der aber nicht minimal sein muß. Lineare Algorithmen gibt es für DFA's und den Leerheitstest, den Vollständigkeitstest (werden alle Wörter aus Σ^* akzeptiert?), den Endlichkeitstest und die Konstruktion eines DFA für die Komplementsprache. Quadratische Algorithmen existieren für die Konstruktion eines DFA für die Vereinigung und den Durchschnitt zweier durch DFA's gegebene Sprachen. Für die Vereinigung kann ein NFA sogar in linearer Zeit berechnet werden. Polynomielle Algorithmen kennen wir auch für die Konstruktion von endlichen Automaten für Quotientensprachen (kubisch, DFA), die Konkatenation (linear, NFA), den Kleeneschen Abschluß (linear, NFA), das Bild unter Substitutionen (Polynom vom Grad 4, NFA), Homomorphismen (Polynom vom Grad 4, NFA) und inversen Homomorphismen (quadratisch, DFA). Schließlich haben wir einen quadratischen Minimierungsalgorithmus für DFA's vorgestellt.

Für die Klasse der kontextfreien Grammatiken können nutzlose Variablen in quadratischer Zeit entfernt werden. Danach ist der Leerheitstest in konstanter Zeit und der Endlichkeitstest in linearer Zeit durchführbar. Wir erinnern daran, daß der Vollständigkeitstest nicht rekursiv ist. Für durch kontextfreie Grammatiken gegebene Sprachen lassen sich auch kontextfreie Grammatiken für die durch Vereinigung, Konkatenation und Kleeneschen Abschluß oder durch Substitution oder Homomorphismen entstehenden Sprachen in linearer Zeit konstruieren. Falls die Sprache durch einen NPDA gegeben ist, gilt dies auch für die Konstruktion eines NPDA für das Bild unter inversen Homomorphismen.

9.2 Testfragen

Studierende sind vor Prüfungen oft verunsichert, da sie nicht wissen, welche Fragen sie erwarten. Die folgende Liste aus meiner Sicht typischer Prüfungsfragen soll der besseren Vorbereitung auf Prüfungen und der Beruhigung vor Prüfungen dienen. Die Fragen beziehen sich daher fast ausschließlich auf den Kernbereich (s. Vorwort) des Buches. Richtige Antworten bestehen nicht nur aus dem Zitat eines Satzes, sondern sie müssen Definitionen, Begründungen und Beweise enthalten. Bei Beweisen sollte der Wert auf den Beweisgang und die wesentlichen Ideen, nicht aber auf die technischen Details gelegt werden. Wer sich auf diese Weise auf die Testfragen vorbereitet, wird feststellen, daß sie oder er dabei den Stoff vollständig nacharbeitet, und das ist auch der Sinn der Testfragen. Wenn also im Ernstfall andere Fragen gestellt werden, macht das auch nichts. Ein guter Selbsttest ist es, sich auf Minivorträge für die Beantwortung der Fragen vorzubereiten und dann die Antworten einer Reihe zufällig (!) ausgewählter Fragen auf Band zu sprechen. Wer beim Abhören des Bandes nach den oben genannten Kriterien zufrieden (und nicht total unselbstkritisch) ist, ist gut vorbereitet und darf mit gutem Gefühl in die Prüfung gehen. Allerdings gilt auch die Umkehrung.

1.) Warum beschäftigen wir uns heutzutage noch mit Turingmaschinen?

2.) Inwieweit sind Registermaschinen realistische Rechner?

3.) Was sind universelle Rechner? Beschreibe eine universelle Turingmaschine.

4.) Wie lassen sich Registermaschinen durch Turingmaschinen und umgekehrt simulieren?

5.) Wie lautet die Churchsche These und ihre Verallgemeinerung? Warum läßt sich die Churchsche These nicht beweisen?

6.) Was folgt aus der Churchschen These?

7.) Welche Sprach- und Problemklassen kennst Du? Wie sind diese charakterisiert?

8.) In welchen Beziehungen stehen die Dir bekannten Sprachklassen? Wie lassen sich die Inklusionen beweisen? Gib Beispiele für die Ungleichheit von Sprachklassen an.

9.) Ist die Klasse der rekursiv aufzählbaren Sprachen eine sinnvolle Sprachklasse?

10.) Welche Abschlußeigenschaften gelten für die Klassen der rekursiven und der rekursiv aufzählbaren Sprachen?

11.) Welche Grammatiken gehören zu den rekursiv aufzählbaren Sprachen? Beweise die Äquivalenz.

12.) Welche Sprachen sind nicht rekursiv aufzählbar?

13.) Welche Sprachen sind zwar rekursiv aufzählbar, aber nicht rekursiv?

14.) Welche Sprachen sind nicht rekursiv? Es sind nicht nur Sprachen aus Kapitel 2 gesucht.

15.) Warum ist die Diagonalsprache nicht rekursiv?

16.) Erläutere das Reduktionskonzept $\leq$ und führe einige Beispielreduktionen vor.

17.) Beweise die Nichtrekursivität des PKP.

18.) Gibt es Gemeinsamkeiten im Beweis der Nichtrekursivität des PKP und im Beweis des Satzes von Cook?

19.) Wie läßt sich zeigen, daß ein Problem nicht in P ist?

20.) Warum sind die Entscheidungs- und Optimierungsvarianten von Problemen oft „im wesentlichen" gleich schwer?

21.) Wie können wir die Arbeitsweise von nichtdeterministischen Turingmaschinen veranschaulichen?

22.) Wozu sind nichtdeterministische Maschinenmodelle gut?

23.) Welchen Zeitverlust müssen wir bei der Simulation von NTM's durch DTM's in Kauf nehmen?

24.) Definiere polynomielle Reduktionen, erläutere Eigenschaften von $\leq_p$ und ziehe Folgerungen aus der Aussage $L_1 \leq_p L_2$.

25.) Was haben die Reduktionskonzepte $\leq$ und $\leq_p$ (falls behandelt auch $\leq_T$) mit dem Konzept der Unterprogramme in der Programmierung zu tun?

26.) Warum werden NP-Vollständigkeitsbeweise im Prinzip im Laufe der Zeit immer einfacher?

27.) *(nicht im Kernbereich)* Was kann die NP-Vollständigkeitstheorie zu der Frage der Existenz pseudopolynomieller Algorithmen beitragen?

28.) *(nicht im Kernbereich)* Was kann die NP-Vollständigkeitstheorie zu der Frage der Existenz effizienter Approximationsalgorithmen beitragen?

29.) Welche Methoden zum Entwurf polynomieller Reduktionen kennst Du? Führe jeweils eine Beispielreduktion aus.

30.) Warum war der Satz von Cook bahnbrechend und wie läßt er sich beweisen?

31.) Warum kommen in der Reduktion 3-SAT $\leq_p$ KP so große Konstanten vor?

32.) Warum ist es nützlich, die NP-Vollständigkeit von möglichst speziellen Varianten eines Problems zu beweisen?

33.) Gib möglichst viele Charakterisierungen der Klasse regulärer Sprachen an. Beweise deren Äquivalenz.

34.) Motiviere die Untersuchung endlicher Automaten.

35.) Kann es beim Entwurf von sinnvollen endlichen Automaten geschehen, daß überflüssige Zustände definiert werden?

36.) Beschreibe den Minimierungsalgorithmus für endliche Automaten und führe eine Laufzeitanalyse durch.

37.) Kann es verschiedene minimale endliche Automaten für ein Problem geben?

38.) Wie geht der Satz von Nerode in den Korrektheitsbeweis für den Minimierungsalgorithmus ein?

39.) Welche Methoden für den Beweis der Nichtregularität von Sprachen kennst Du? Wende die Methoden beispielhaft an.

40.) Vergleiche Maschinenmodelle, die sich nur bezüglich Determinismus und Nichtdeterminismus unterscheiden.

41.) Wie lassen sich NFA's durch DFA's unter Vermeidung überflüssiger Zustände simulieren?

42.) Wie effizient können für DFA's Leerheits-, Vollständigkeits-, und Endlichkeitstests durchgeführt werden?

43.) Gegen welche Operationen ist die Klasse der regulären Sprachen abgeschlossen und wie effizient lassen sich DFA's für die resultierenden Sprachen konstruieren?

44.) Warum wird nie der Abschluß gegen unendliche Vereinigungen diskutiert?

45.) Wenn wir zwischen verschiedenen Beschreibungsformen regulärer Sprachen wechseln, wie groß kann und muß dabei der Blow-up in der Beschreibungslänge werden?

46.) Warum haben wir gezeigt, wie ein NFA für die Vereinigung zweier durch DFA's gegebene Sprachen konstruiert werden kann? Warum haben wir ein ähnliches Resultat für den Durchschnitt nicht gezeigt?

47.) Beschreibe die Grammatiktypen der Chomsky-Hierarchie und ihre Normalformen.

48.) In welchen Grammatiktypen lassen sich wohlstrukturierte Klammerausdrücke erzeugen?

49.) Beschreibe das Gemeinsame aller Simulationen zwischen Grammatiken und Maschinen.

50.) Warum ist Nichtdeterminismus für Grammatiken ein natürliches und notwendiges Konzept?

51.) Gib für alle Sprachklassen den besten Dir bekannten Algorithmus für das Wortproblem an.

52.) *(nicht im Kernbereich)* Warum gibt es für (deterministisch) kontextsensitive Sprachen vermutlich keinen polynomiellen Algorithmus für das Wortproblem?

53.) Was sind Syntaxbäume und warum heißen sie so?

54.) Wann sind kontextfreie Grammatiken bzw. kontextfreie Sprachen eindeutig? Hat die Eindeutigkeit praktische Bedeutung?

55.) Zeige für eine kontextfreie Sprache, daß sie inhärent mehrdeutig ist.

56.) Wozu dienen die Chomsky- und die Greibach-Normalform?

57.) Beschreibe einen Algorithmus zur Umwandlung einer kontextfreien Grammatik in Chomsky-Normalform.

58.) Beschreibe einen Algorithmus zur Umwandlung einer kontextfreien Grammatik in Greibach-Normalform.

59.) Wie groß müssen äquivalente Grammatiken in Chomsky- bzw. Greibach-Normalform für gegebene kontextfreie Grammatiken werden?

60.) Welcher Entwurfsmethode für effiziente Algorithmen folgt der CYK-Algorithmus?

61.) Welche Methoden zum Beweis der Nichtkontextfreiheit von Sprachen kennst Du? Wende sie beispielhaft an.

62.) Für welche kontextfreie Sprachen betreffende Probleme kennst Du effiziente Algorithmen?

63.) Welche kontextfreie Sprachen betreffende Probleme sind nicht rekursiv?

64.) Gegen welche Operationen ist die Klasse der kontextfreien Sprachen abgeschlossen und wie effizient lassen sich die zugehörigen kontextfreien Grammatiken oder Kellerautomaten konstruieren?

65.) Gegen welche Operationen ist die Klasse der kontextfreien Sprachen nicht abgeschlossen?

66.) Zeige die Äquivalenz der beiden Akzeptanzmodi für Kellerautomaten.

67.) Zeige, daß Kellerautomaten genau die Klasse der kontextfreien Sprachen erkennen können.

68.) Ist die Theoretische Informatik ein spannendes Teilgebiet der Informatik?

Schriftenverzeichnis

Abrahamson,K.R. (1987). Succinct representation of regular sets using gotos and Boolean variables. Journal of Computer and System Sciences 34, 129–148.

Aho,A.V. und Ullman,J.D. (1972). The theory of parsing, translation and compiling, Vol. 1. Prentice-Hall.

Albert,J. und Ottmann,T. (1982). Automaten, Sprachen und Maschinen für Anwender. BI.

Arora,S., Lund,C., Motwani,R., Sudan M. und Szegedy,M. (1992). Proof verification and hardness of approximation problems. Preprint.

Blum,N. (1982). Chain rules really help. Acta Informatica 17, 425–433.

Blum,N. (1983). More on the power of chain rules in context-free grammars. Theoretical Computer Science 27, 287–295.

Bollobás,B. (1978). Extremal graph theory. Academic Press.

Börger,E. (1985). Berechenbarkeit, Komplexität, Logik. Vieweg.

Chapman,N.P. (1987). LR parsing. Theory and practice. Cambridge University Press.

Chomsky,N. (1956). Three models for the description of language. IRE Trans. on Information Theory 2, 113–124.

Cook,S.A. (1971). The complexity of theorem proving procedures. 3. ACM Symp. on Theory of Computing, 151–158.

Earley,J. (1970). An efficient context-free parsing algorithm. Communications of the ACM 13, 94–102.

Ehrenfeucht,A. und Zeiger,P. (1976). Complexity measures for regular expressions. Journal of Computer and System Sciences 12, 134–146.

Engeler,E. und Läuchli,P. (1988). Berechnungstheorie für Informatiker. Teubner.

Garey,M.R. und Johnson,D.B. (1979). Computers and intractability. A guide to the theory of NP-completeness. W.H.Freeman.

Greibach,S.A. (1965). A new normal form theorem for context-free phrase structure grammars. Journal of the ACM 12, 42–52.

Harrison,M.A. (1978). Introduction to formal language theory. Addison-Wesley.

Hopcroft,J.E. und Ullman,J.D. (1969). Formal languages and their relation to automata. Addison-Wesley.

Hopcroft,J.E. und Ullman,J.D. (1979). Introduction to automata theory, languages, and computation. Addison-Wesley.

Huffman,D.A. (1954). The synthesis of sequential switching circuits. J.Franklin Institute 257, 161–190, 275–303.

Immerman,N. (1988). NSPACE is closed under complement. SIAM J. on Computing 17, 935–938.

Karmarkar,N. und Karp,R. (1982). An efficient approximation scheme for the one-dimensional bin packing problem. 23. Symp. on Foundations of Computer Science, 312–320.

Kelemenova,A. (1984). Complexity of normal form grammars. Theoretical Computer Science 28, 299–314.

Knuth,D.E., Morris,J. und Pratt,V. (1977). Fast pattern matching in strings. SIAM Journal on Computing 6, 323–350.

Ladner,R.E. (1975). On the structure of polynomial time reducibility. Journal of the ACM 22, 155–171.

van Leeuwen,J. (1990) (Hrsg.). Handbook of theoretical computer science. Elsevier, MIT Press.

Lewis,H. und Papadimitriou,C. (1981). Elements of the theory of computation. Prentice-Hall.

Nerode,A. (1958). Linear automaton transformations. Proc. of the American Math. Soc. 9, 541–544.

Ogden,W. (1968). A helpful result for proving inherent ambiguity. Math. Systems Theory 2, 191–194.

Ottmann,T. und Widmayer,P. (1990). Algorithmen und Datenstrukturen. BI.

Papadimitriou,C.H. und Steiglitz,K. (1982). Combinatorial optimization: algorithms and complexity. Prentice-Hall.

Paul,W.J. (1978). Komplexitätstheorie. Teubner.

Post,E. (1946). A variant of a recursively unsolvable problem. Bull. AMS 52, 264–268.

Pratt,V. (1975). Every prime has a succinct certificate. SIAM J. on Computing 4, 214–220.

Reingold,E.M., Nievergelt,J. und Deo, N. (1977). Combinatorial algorithms: theory and practice. Prentice-Hall.

Reischuk,K.R. (1990). Einführung in die Komplexitätstheorie. Teubner.

Rice,H.G. (1953). Classes of recursively enumerable sets and their decision problems. Trans. of the American Math. Soc. 89, 25–59.

Rosenkrantz,D.J. (1967). Matrix equations and normal forms for context-free grammars. Journal of the ACM 14, 501–507.

Salomaa,A.K. (1978). Formale Sprachen. Springer.

Salomaa,A.K. (1985). Computation and automata. Cambridge University Press.

Savitch,W. (1970). Relationships between nondeterministic and deterministic tape complexities. Journal of Computer and System Sciences 4, 177–192.

Schöning,U. (1992). Theoretische Informatik kurz gefaßt. BI.

Sippu,S. und Soisalon-Soininen,E. (1988). Parsing theory. Vol. I: Languages and Parsing. EATCS Monographs on Theoretical Computer Science. Springer.

Solovay,R. und Strassen,V. (1977). A fast Monte-Carlo test for primality. SIAM J. on Computing 6, 84–85.

Szelepcsényi,R. (1988). The method of forced enumeration for nondeterministic automata. Acta Informatica 26, 279–284.

Turing,A.M. (1936). On computable numbers with an application to the Entscheidungsproblem. Proc. London Math. Soc. 42, 230–265 und 43, 544–546.

Valiant,L.G. (1975). General context-free recognition in less than cubic time. Journal of Computer and System Sciences 10, 308–315.

Wegener,I. (1989). Effiziente Algorithmen für grundlegende Funktionen. Teubner.

Wegener,I. (1992). Didaktische Überlegungen zu einer algorithmenorientierten Einführung in die Theoretische Informatik. Eingereicht bei Log In.

Wood,D. (1987). Theory of computation. Wiley.

Younger,D.H. (1967). Recognition and parsing of context-free languages in time n^3. Information and Control 10, 189–208.

Index

Heinemann/
Weihrauch
Logik für Informatiker

Eine Einführung

Das Buch bietet einen Einstieg in diejenigen Begriffe, Methoden und Resultate der Mathematischen Logik, die in zunehmendem Maße Anwendung in verschiedenen Gebieten der Informatik finden. Es richtet sich hauptsächlich an Studenten der Informatik nach dem ersten Studienjahr. Nach einem einleitenden Kapitel über Erzeugungssysteme und Termmengen wird die Aussagenlogik behandelt. Im Mittelpunkt der Darstellung steht die Prädikatenlogik 1. Stufe, insbesondere die rekursive Aufzählbarkeit der allgemeingültigen Formeln. Darauf aufbauend werden einführend theoretische Grundlagen der Logischen Programmierung entwickelt. Den Abschluß bildet ein Kapitel über modale Aussagenlogik. Ziel des Buches ist es, dem Leser den Zugang zu aktuellen Fragestellungen der Informatik-orientierten Logik zu ermöglichen.

Aus dem Inhalt:

Einführung in die Fragestellung – Allgemeine mathematische Grundbegriffe – Berechenbarkeit – Erzeugungssysteme, Termmengen – Aussagenlogische Formeln, die Syntax – Interpretationen und Belegungen – Tautologien und logische Äquivalenz – Ausdrucksstärke, Normalformen, Kompaktheitssatz – Syntax der Prädikatenlogik – Semantik und logische Grundbegriffe – Formalisierung des logischen Schließens – Normalformen prädikatenlogischer Formeln – Herbrand-Strukturen, Kompaktheit und rekursive Aufzählbarkeit der logischen Konsequenz – Die Unentscheidbarkeit der Prädikatenlogik – Prädikatenlogik mit Gleichheit – Theorien – Ausdrucksstärke der Prädikatenlogik 1. Stufe – Logik-Programme – Unifikation – Berechnungen von Logik-Programmen – Korrektheit und Vollständigkeit des Resolutionsverfahrens – Einführung in die Modallogik – Entscheidbarkeit – Von der Modallogik zur temporären Logik.

Von Dr.
Bernhard Heinemann,
FernUniversität Hagen, und
Prof. Dr. **Klaus Weihrauch,**
FernUniversität Hagen

2., durchgesehene Auflage.
1992. VIII, 230 Seiten.
16,2 x 22,9 cm.
Kart. DM 38,–
ISBN 3-519-12248-0

(Leitfäden und Monographien der Informatik)

Preisänderungen vorbehalten.

B. G. Teubner Stuttgart